知识就在得到

佛畏系统

System Thinking

用系统思维全面提升你的决策力

in

Daily Life

万维钢 著

新星出版社 NEW STAR PRESS

前言　掌控全局靠系统

　　绝大多数人在事情的沉浮中一惊一乍，偶尔有人敢问一问事情的原理，而只有极少数人能够统筹一些事情，取得对生活的掌控。想要不被事情安排，就得主动安排事情。为此你必须从"一事一议"的被动应对模式中跳出来，你必须以俯视的姿态，"系统性"地考虑一系列事情，你需要系统思维。

　　这本书的目的是提供一些日常事务的"高观点"，以此启发你建立工作、学习、做事、情感等各方面的系统，帮你提升处理日常事务的决策力。为此我们可能会用到一点数学和逻辑知识，不过别担心，我们用到的知识都很简单。但是，我们的确要求严格冷静的思考。能思考，你就已经超越了大多数人；会严格冷静地思考，你就超越了大多数读书人。

　　有的人上了二十多年学，还整天号称"做学问"，都不会严格冷静地思考。这些人读书只读了个价值观审美，遇到事情只会感叹，对命运除了恐慌就是抱怨，动不动就说什么"啊，懂得很多道理，依然过不好这一生"。我们钻研学问可不能只学个多愁善感。你要是真有学问，就不至于陷入恐慌和抱怨。

　　什么叫有学问？有学问的基本表现是有办法、有底气、有掌控感。为此你必须透过世界的表象，看到背后的数学和逻辑本质。你会意识到，这个世界是非常、非常讲理的。

跟世界打交道的最基本方法是掌握"因果关系"。为什么小张学历那么高，收入却不高？因为他的专业不是现今市场稀缺的。为什么小王的脾气那么坏？因为他小时候的家庭环境有问题。为什么小李不喜欢弹钢琴，钢琴却还是弹得那么好？因为她经过了一万小时的刻意练习。

理解事物背后的因果，人就不至于对什么都感到迷茫，人会对未来有打算，对事情有预案。我遵守交通规则并不是因为我怕违章罚款，而是因为我知道遵守规则对包括我在内的所有人的安全都有好处。

理解了因果关系，我们真正应该在意的不是出了事儿以后的那个结果，而是引发那个事情的原因。正所谓"菩萨畏因，凡夫畏果"，君子应该见微知著，履霜而知坚冰至。我们会成为小心谨慎的人，重视事物发展的苗头。

古代智者的教训差不多就是这个水平。但是对现代人来说，这些远远不够。

因果故事是简单的，真实世界是复杂的。首先，工作生活中事情发展的结果往往是由多个原因导致的。公司一个大项目失败了，到底是因为市场不行、产品不行、执行的人不行，还是最初的决策就不行？也许都有问题。

再者，因果关系往往有个长长的链条，你说不清哪个原因是"最初的"，哪个是"根本性的"。最后一块多米诺骨牌倒下了，你说这是因为之前哪一块骨牌倒下而产生的结果呢？是每一块。你单独指责谁都不公平，是整个局面就不对。

更何况，真实世界还充满不确定性。老王不抽烟不喝酒，天天锻炼身体，节制饮食，结果不到五十岁就得癌症去世了；老孙该吃吃该喝喝，什么都不忌讳，八十多岁了身体还是那么好。你说这是为啥呢？没有科学家能给你彻底解释清楚。事实是，人做得再好也不能绝对避免坏事发生，很多事情纯粹是运气。

所以，因果知识并不能真正让我们掌控局面。其实"因果关系"并不是科学概念，只不过是我们思考问题的一种方便法门而已。有的哲学家认为世界上根本就没有绝对的因果关系，一切都只不过是统计规律。世间万物构成了一张互相关联、随机波动的网络，人根本不可能看清周边关系的全貌。

不过你无须看清。谁也不可能百分之百地把握命运，但是我们至少可以在一定程度上统领生活。为此你需要全局性的眼光，需要完备性的思考。

你需要"系统"。

什么是系统呢？我最爱讲的一个故事是这样的。从前有个足球运动员叫小明。小明从小就被发现有足球天赋，课外参加了专业化的训练。中学的时候，小明到一家职业足球俱乐部的青年队试训，一眼就被教练相中了。教练劝小明离开学校，成为全职运动员。小明的父母犹豫不决，认为球员的成才率太低，也许考大学才是更稳妥的选择。

教练说："以我多年的经验判断，小明拥有极为罕见的天赋，是我见过的最好的球员。我敢保证，只要好好跟我练，将来肯定能进国家队！"

小明和父母最终都被说服了。小明勤学苦练，很快成为主力球员，17岁入选了国家青年队。人人都说小明是一颗潜力新星。小明更努力了。

　　然而就在18岁这一年，小明在比赛中受重伤，职业生涯结束了。

　　小明的父母找到教练，说："你不是说孩子肯定能进国家队吗？现在连球都不能踢了，又耽误了好几年课程，大学也没法考，你说我们该怎么办？"

　　小明感觉天都塌了。那你说那个教练，他失去了自己最好的球员，是不是也觉得天塌了呢？

　　这是一个悲伤的故事，但是教练的天可没塌。是，小明有进国家队的潜力；是，小明是他最好的球员；但是，他有不止一个"最好的球员"。他当初的意思是如果能顺利成长，小明将会成为国家队级别的球星——但是他知道，多数年轻球员不会那么顺利地成长。

　　足球是一项有风险的运动，但足球俱乐部可以管理风险。比如一个足球俱乐部有五个潜力球星，但他们不需要都成才，只要他们有一个成了巨星，俱乐部所有的投资也许就都回来了。

　　这就是系统。教练和俱乐部当然关心球员，但相对于某个具体球员的成败得失，他们更关心的是自己这个培养球星的"系统"行不行。只要系统行，就能确保一定的成才率，就能长期稳定地取胜。

　　小明受伤可以有各种原因。也许是那天场地不好，也许是自己不注意，也许是训练不得法，也许是对手不守规矩……教练和俱乐部会关心具体是哪个原因，但他们更关心的是球员受伤的一般概率有多大，我们怎么做才能**系统性**地降低受伤概率。

　　如果你有个系统，其中的一件事就只不过是一个个例、一个数字而已。

系统是一个整体、一个组织、一个框架。系统思维是完备性的思维——各种情况我都考虑到了，我允许事情在一定范围内变化，你怎么变都脱离不了我这个框架，所以我有掌控感。

创业者必须全力以赴做好他这一家公司，风险投资人却有一个包括很多家潜力公司的投资系统。赌徒的情绪随着每一局的输赢大起大落，而赌场根本不在乎单局的输赢，它只要把输赢的概率控制好就能稳赚。

如果你有系统，个例的成败并不重要。你要担心的不是这一件事儿行不行，而是你的系统行不行。

凡夫畏果，菩萨畏因，佛畏系统。

但你不一定非得当足球教练或者开赌场才能有系统。其实小明也可以有系统。

如果小明有系统思维，他最该关心的不是一场比赛、更不是一次拼抢的结果，而是自己的职业生涯。他会主动学习能避免受伤的技术动作，他会合理安排每场比赛的付出，他会从整个人生的高度规划成长路线，他不会完全放弃文化学习，他不会把全部的希望押在足球这一个项目上。

系统思维不仅仅是考虑概率，也不仅仅应用于组织和个人。只要是面对一系列相似的问题，都可以用建立系统的方式解决。但是系统思维的确需要用到数学和逻辑，因为你必须做一些规划和设计。

对生活中的每一类问题，你都可以建立一个应对系统。本书讨论了五大类系统，包括职业和发展系统、学习和研究系统、日常做事系统、情感人生系统，以及社会这个大系统。你会看到生意是怎么做的，职业如何选择，学者为什么可以掌握一个领域，怎样面对生活中的繁琐小事，理想的婚姻什么样，有些社会问题应该怎么解，等等等等。

系统化可不是机械化，数学和逻辑不是僵硬的东西。你可以直接从书中获得可操作的建议，更可以抓住精髓，对系统思维运用之妙，存乎一心。书中专门用一章讲了逻辑知识，用一章讲了数学在日常生活中的几个应用，你会看到"系统性"地解决问题的更多可能性。

本书文章精选自我在得到App开设的"精英日课"专栏。写这个专栏是极具挑战的工作，我为此建立了一个写作系统。这个系统得到了主编筱颖、音频转述师怀沙和得到的同事们，特别是每一季超过十万位读者的支持、帮助和指导，在此向他们致谢。

我们对"精英日课"的要求是关键立场必须代表"当前科学理解"。这意味着本书所有的大结论背后都有坚实的、最新的研究结果支持。即便如此，这里的论断和方法也不可能都是绝对正确的。也许过几年新的研究出来，我们会有不一样的看法——但是我敢说，此时此刻，这些是你所能找到的最佳答案。

我没有参与书中的任何研究。我只是从别的书籍、报道和学术论文中发现了那些研究，转告给你，有时候纵容自己借题发挥。书中的智慧和手段归功于最先提出它们的学者，错误则属于我。

写这本书，是将知识拣拔于我的系统；读这本书，却是让思想进入你的系统。如果你能从书中获得些许启发，优化自己的系统，乃至于有一番大作为，那将是我莫大的荣幸。

我在得到App开设了四季"精英日课"专栏
帮你和全球精英大脑同步，现在邀请你
免费听"精英日课"精选内容

目 录
CONTENTS

第六章　逻辑讲硬道理

第七章　数学给你最优解

第八章　期权思维

第一章　　职业和发展系统

他的目光总是盯着整个庄园，而不是庄园的某一部门。在庄园里，主要的东西不是存在于土壤和空气中的氮和氧，不是特别的犁和粪肥，而是使氮、氧、粪肥和犁发生作用的主要手段，也就是农业劳动者。

——列夫·托尔斯泰

祝君四种好运

人人都希望有好运气，但是你知道吗？好运有四种，你真正想要的，并不是最寻常的那一种。

这是神经科学家詹姆斯·奥斯丁提出来的一个关于运气的分类法[1]。他说的本来是搞科研这项业务中的运气，但我看完全适用于从吃喝玩乐到功名利禄一切领域。这个理论算是把"个人的好运气"这个事儿琢磨明白了。

一个人的命运啊，当然要靠自我奋斗，但是也要考虑到历史的行程。很多人一辈子辛苦追逐，什么惊喜都没遇到过；有些人莫名其妙就能升官发财。运气这个东西，你不服不行。然而求人不如求己，有的运气是自己可以争取的。理解这四种运气，你会对命运有更深的认识。

第一种好运可以叫作"盲目的随机性"。四个人打牌，为什么你手里的牌最好？那么多人买彩票，为什么老王中了巨奖？这就是纯随机性。命运之神并不知道，也不在乎你们谁是谁，随便一扔，谁接到就是谁的。

寻常人们追求好运，比如在微博转发锦鲤、到雍和宫求赐福，求的就是这种随机性，但是这个作用很有限。比如说打牌，抓牌之前对着手吹口气，如果真有效的话，我估计最多能把你抓到好牌的概率提高五个百分点——不能再多了，否则那么好使的话，就人人都用了。同样道理，雍和宫第一炷香的祝福最多能把你中彩票大奖的概率扩大十倍，可是考虑到基础概率实在太低，扩大十倍也还是很低。

第一种好运的特点在于它完全不可控，你只能等着。可是真正的好东西怎么能这么被动地等着接收呢？你得做点什么才行。

第二种好运是"跑出来的机会"。你要是从来都不逛商场，当然就碰不上那波特价。你要是平时很少能见到异性，当然就很难跟人自由恋爱。你要是没有出现在风口现场，当然就只能看着别的猪在那儿飞。

世人只知道盼望从天而降的第一种好运，殊不知这种自己跑出来的第二种好运才是最常用、最有用的。为什么那些最厉害的科学家、发明家和艺术家有那么多好想法？因为他们有很多想法。

他们尝试过很多很多，你看到的只不过是其中最好的那些。这就如同如果一个人去过很多地方，他自然就会去过好地方。那些好东西是他们"跑"出来的。

心理学家迪恩·西蒙顿专门研究各种创造性人物，他找到的统一结论是这些人其实都是用数量确保质量[2]。一个人所能找到的有影响力的、成功的创意数量，同他想到的创意总数成正比。据估算，贝多芬有722部音乐作品，巴赫有超过1000部，爱迪生有1093项发明专利，毕加索创作过约1800幅油画、1200件雕塑、2800件瓷器、1.2万张图纸，以及数不清的版画、地毯和挂毯——其中你能记住的，被世人认可的，屈指可数。

你只看到有人亲吻了一只青蛙，那只青蛙居然变成了王子。你说，啊，她真幸运！殊不知她已经亲吻过无数只青蛙，别的青蛙没变成王子。

创造的基础是勤奋。想法行不行，你得做过才知道。你得尝试过很多很多想法才能找到一个行的。不过搞创新并不是纯体力劳动，你还需要第三种好运。

第三种好运是"有准备的头脑"。微生物学家路易·巴斯德有句名言，"机遇只青睐有准备的头脑"，关键词是"头脑"。同一个东西摆在所有人面前，只有有头脑的人能看出它的价值。

创造是想法的连接，而连接总是至少得有两头：面前有个想法，你自己还得先有个别的想法，才谈得上把它们连接起来。同样看一场艺术展，外行只看到了热闹，内行能看到门道，有准备的头脑却可能获得一个项目的灵感。如果头脑里没有相关知识和思维模型，再好的东西摆在面前，你也不知道该看哪里、该怎么看，你就不会跟它发生化学反应。

举个例子，亚历山大·弗莱明当初是怎么发现青霉素的呢？弗莱明想要观察葡萄球菌的变异情况，把培养皿在室温下放了几天。中间可能是有一点霉菌偶然掉到培养皿里，他清洗培养皿的时候，发现有霉菌的那一个小区域内的葡萄球菌没有生长，于是判断那个霉菌里有什么东西可以杀菌。

这听起来很像是第一种好运，老天垂怜，给弗莱明演示了一遍青霉素的作用，然而这里的关键其实是第三种好运。在此之前，弗莱明就已经做过类似的实验。他曾经以为自己感冒时候的鼻腔黏液里有能杀菌的物质，他一直在期待培养皿里发生那样的变化。同样的现象发生在别人面前，只会被当作污染。

第三种好运需要知识，而知识有个复利效应。就好像攒钱一样，你的学问、经验、生意、社交网络越大，你的敏感度就会越高，而你就越有可能注意到新的机会。积累到一定程度之后，你就会迎来第四种好运。

第四种好运可以称为"人设的吸引力"。这可不是朗达·拜恩的《秘密》和张德芬说的那个什么"吸引力法则"。这里面可没有任何超自然现象。它说的是因为你的特殊人设，自动来找你的好运——而不用你去找。

比如你的专业是考古学，当你还是个小研究生的时候，你整天盼望能赶上一次重大考古现场。可是有大事儿根本用不到你，你连写博士论文都找不到过硬的素材。但是如果有一天你成了比如说西汉考古的头面人物，这一块儿全国就你最懂，那就不是你出去找素材，而是素材来找你了。哪里新发现一处汉代遗址，谁谁得到几片竹简，你想不看都不行，这篇论文你必须写。

导演奥运会开幕式对张艺谋来说是个好运，但张艺谋的存在也是奥运会开幕式的好运。这是非你莫属的机遇。但是请注意，最有吸引力的人设，并不是资格和职位，也不是排名，而是你身上的某种特殊性。

　　最稀有的好东西往往要求极其特殊的条件。历史证明，苏联最高领导人勃列日涅夫，要才能没才能、要思想没思想，是苏联衰落的重要原因，而且他上台之前没有过任何拿得出手的功绩。那你说苏联那么多人，当初为啥非得选他呢？因为他履历完整啊。勃列日涅夫做过学生、当过工人、有军队干部经历，"二战"还赶上了一个小战役（虽然他没上场打仗），他在苏联几个共和国的不同岗位上做过一把手，而且他形象好、没做过坏事、没得罪过人……全苏联满足这些条件的，只有勃列日涅夫。公司选领导人都是看长处，苏联选领导人却是看"没有短处"——这种水平的履历完整，不是普通的资历，这是运气。

　　所以人生最好有点特殊经历，别跟别人一样。比别人做得好还不行，最有意思的人设是拥有别人没有的东西。

　　第一种好运是人人都有的，最不可控，用处也最小。

　　第二种好运是由行动决定的，它任何时候都可以争取，用处也最多。

　　第三种好运取决于你的知识积累，它不能靠临时突击得到，比的都是以前的功夫。

　　第四种好运却是自我奋斗和历史行程共同的产物，你不努力不行，光努力也不行，它取决于使命的召唤。

　　重大成就往往是四种好运综合作用的结果，都要有一点随机性，有一点主动性，有一点客观性，有一点特殊性。想明白哪些是可以争取的，哪些是必须等待的，哪些取决于别人，哪些取决于自己，我们也许会多一点对命运的主动权。

祝你自助者强，当仁不让，获得四种好运。

秘密项目

你听过数学家张益唐的故事吗？他是北大数学系毕业的，20世纪80年代到美国留学，跟的导师不是什么了不起的人物，两人关系也很一般。张益唐没能早早取得数学界的承认，找不到研究数学的好职位，只好一直漂泊。有时候经济状况紧张，他还会去餐馆兼职当会计。

但张益唐一直都在做自己的研究，而且是最高级的数学研究。那不是正式的工作，没有经费也没有报酬，没有人问他在做什么，但是他非得做。终于有一天，张益唐完成了破解"孪生素数猜想"的关键一步，一鸣惊人。

在如今这个科研工作者越来越像木匠的时代，张益唐身上保持了古典式学者的气质，是个传奇中的孤胆英雄。

多年前的某一天，我听了张益唐的故事，心有所感，做了一个奇怪的梦。我梦见一个同事跟我说，每个人都有一个自己的秘密项目。我们白天上班做普通的研究，晚上回到家里做秘密研究。

同事给我描述了他的秘密项目，然后问我，你的秘密项目是什么？我无法回答，惊醒了。

当时的我正在全力以赴——或者说几乎全力以赴——做物理研

究。梦中的我想的是张益唐那样的秘密项目，那个我真没有。但我醒来之后想到，其实我也有一个秘密项目，只是不像张益唐的那么厉害。我在写《智识分子》一书，那是一本跟物理专业研究毫无关系的书。

我想对你说的是，你也应该有个秘密项目。这种感觉很好。

平时该上班上班，自己私下干一件大事。这个项目不是普通的业余爱好，非常严肃认真，每天都取得进展，最终达到很高的水平。

白天的你是一个身份，晚上的你还有另一个身份。没人真正了解你，只有你自己知道你在做的是什么。就好像地下党员一样，你说刺激不刺激。

你可能会说，如果真是好项目，为啥非得秘密地做呢？全职做不是更好？其实关键不是全职还是兼职，关键是你做的这个项目，要有一点"疏离感"。也就是说你不应该跟一大帮人在一起凑热闹，应该自己独立地干，因为疏离感能激发创造性。

科学作家奥尔加·卡赞在她的《怪人：在局内人的世界里做一个局外人》[3]一书中提到一个有意思的观察。卡赞从小跟着家里以移民的身份生活在美国，难以融入同学的"主流文化"，被视为怪人——但是她发现，怪人其实也有优势。她在书中论述了做怪人的种种好处，我最感兴趣的是怪人的创造性。

卡赞所谓的怪人，就是没有融入集体的人。用王小波的话说就是"特立独行"的人。而有研究发现，不融入集体，能刺激一个人的特立独行。

约翰斯·霍普金斯大学商学院的莎朗·金有个实验是这样的：召集一帮受试者来做那种测试"创造性思维"的题，比如说能不能发现词语之间的有趣联系，或者让你画一个非常不同于地球人长相的外星人。

实验中，有的受试者是来了就开始做题；而有的受试者，来了先接收到一个"你被孤立起来了"的心理暗示——实验人员会特意告诉后一种人，说我们有个组，别人都进组了，但名额有限，所以你不是这个组的成员，你自己做。而事实上，根本就没有什么组。

结果那些获得孤立心理暗示的人，发挥了更大的创造性。他们的词语题分数更高不说，画外星人更是放飞了自我。普通受试者画的外星人大都没有脱离经典的"火星人"卡通形象，而"孤立者"却能大胆想象，他们会让外星人的胳膊腿什么的都长在身体的同一边，让眼睛长在鼻子下面。

孤立，能让你更大胆地思考。

卡赞引用了一些统计，说明创造力强的人物，常常是有点疏离感的人。比如艺术家和作家，小时候常常都是被视为有点怪、有点特殊的孩子。跟普通建筑师相比，最有创造性的建筑师常常是小时候频繁跟着父母搬家的孩子。他们对一个地方还没熟悉，就搬到了另一个地方，内心永远都觉得自己是所在街区的外来者。

像这样的例子我也可以补充几个。如果你对物理学感兴趣，你可能知道，量子力学的祖师爷之一保罗·狄拉克是个不爱热闹的人；但你未必知道他为什么是这样的——因为狄拉克的童年很不幸福。

狄拉克出生在英国，但他的父母都是瑞士人，是后来移民去的英国。狄拉克的父亲是个法语老师，要求孩子们在家里只能说法语——狄拉克不喜欢这个规定。他认为自己无法用法语表达想说的话，于是他干脆就不说话。狄拉克就是在这种高压家庭中长大的。他的哥哥甚至自杀了，而他哥哥自杀之后，狄拉克看到父母很伤心，才知道父母原来是爱孩子的。

爱因斯坦就更不用说了，不但从小跟社会疏离，而且成为物理学家之后也跟整个物理学界疏离。杨振宁形容爱因斯坦是个"孤持"的人，并说这正是他做出伟大发现的一个必要条件。

你体会一下"孤持"这个词，它跟"孤独"不一样。孤独可能是被动的，我喜欢热闹但是没人理我，我很孤独。孤持则有一分主动的意味——孤独，但是我坚持如此。

为什么孤持的人创造力强呢？卡赞引用一些研究说明，这是因为"外来者"这个心态，能给人带来不一样的视角。

比如说那些在一个国家出生，然后在另一个国家长大的孩子，因为从小接触两种不同的文化，创造力就更强。你别看他们可能连当地语言都说得磕磕巴巴，更不知道当地最流行的通俗文化，但是他们更善于理解复杂问题，更善于处理互相矛盾的信息，而且更善于应对不确定性。

创造是想法的连接，创造性活动本质上是一个混圈子的事情。而越遥远的连接，往往越有意思。

外来者能提供一些来自边缘的连接。他们可能不太擅长"融入"圈子，但是他们能帮着"扩大"圈子。爱因斯坦出生在德国，他最反感德国式教育。狄拉克连逼他说法语的父亲都能对付，长大之后从工程专业转到理论物理更是不在话下。爱因斯坦的第一份正经工作是在专利局当助理鉴定员，但他私下在研究物理学。狄拉克上大学学的是电机工程，但他最爱的科目是数学。

像这样的人常常能身体在这里，心思在别处；他们一边做着这个，一边想的是那个。

所以疏离的本质不是玩不好大家都在玩的东西，而是自己另有一套东西在玩。

但是你不能说专利局的工作和工程的学位耽误了爱因斯坦和狄拉克。事实上他们多次表示，那段一心二用的经历对自己搞物理研究帮助很大，他们获得了独特的眼光。所以也许应该说专利局工作是爱因斯坦的秘密项目，工程学位是狄拉克的秘密项目。

如果一个人处处跟人扎堆，哪里热闹就去哪里，有什么新闻热点他全知道，有什么时髦的事情他必定跟进，这样的人日子会过得很有意思，因为他代表所在圈子的水平——但是他不能给这个圈子贡献新东西。

如果一个人把所有时间都花在微博上，你不能指望他给微博贡献什么新的内容。我们最欢迎的是那些能从微博之外弄来东西的人。同样道理，"得到"老师的学问不是从"得到"得来的。

所以哪怕你的主业就是你最感兴趣的工作，你也应该在主业之外再弄个秘密项目。那个项目至少能让你吸收圈外的营养。

有时候仅仅做个孤独者，干脆不怎么跟人交流，也能提高创造力。有一个创新理论叫"基因漂变"，它是说，有时候因为交流少，没有互相模仿，反而多样性更高。

以此说来，张益唐没当全职数学家反而可能还是个好事儿。他不用担心科研经费，不用跟风发论文，不用找热门课题凑热闹，不用处处模仿别人。他自己单干，反而做了别人不敢做的课题，找到了别人想不到的解法。

所以秘密项目的另一个好处是，因为它是秘密的，你就不会跟那个圈子有太过密切的交流，你就能保留一些独创性。

看看朋友圈分享的热门文章都是啥样的，然后你写个类似的；

看看市面上都有些什么产品，然后你弄个一样的，那没啥出息。

　　祝你找到自己的秘密项目。面对流行笑而不语，私下憋个大招。那也许是能让你完成致命一击的武器，也许是你最后的底牌。但更有可能，你一辈子都用不上它。

　　可是，有这个项目在，你的感觉会很好。你再也不会感到孤独，创造者的知己一般都不在本乡本土，你是跟远方的某些事物连接在一起。你比别人多了一重生活。你有一个难以与人言说的秘密。

X 因素

　　可能你现在有个非常严肃的创业想法，可能你正在搞一个秘密项目，可能你为了一个目标已经坚持奋战了很多年，可能你正在写一本书。这一节也许能给你提供一点帮助，不过我们不是要说该怎么做，而也许是劝退。

　　比如说，你排除万难，终于推出一款自己的产品，但是市场反应不太好。你的钱已经花得差不多了，你的时间不是白给的，那你是否应该改进这个产品，期待再战呢？

　　这里有一个判断方法。这个方法并没有经过严格的科学检验，只能说是出自观察和经验，但也许对你做判断有帮助。这是斯科特·亚当斯提出的一个洞见，叫作"X 因素（X factor）"。

　　亚当斯是呆伯特系列漫画的作者，同时还是一个成功的非虚构作品作家。他还写博客，喜欢评论政治，还搞过很多创业项目。X 因素这个概念是亚当斯在他 2013 年出的一本书《如何在处处失败的同时取得大胜》[4]中提出来的。这本书相当于是亚当斯的一个夹叙夹议的小传记，重点是分享了他的一些人生经验。书中让我印象最深刻的就是"X因素"。

"X因素"其实是英文中的一个常用词，泛指某种东西身上你解释不了的某种因素。但我们这里要说的是它的一个特别含义。

X因素，是能让人们为了这个因素而容忍你这款产品所有缺点的因素。

早期的手机是一种非常笨重的东西，像个砖头一样，价格特别贵，没有任何智能功能，信号也不好，充电还有怪异的讲究……那你说，为什么当时就有人非得买个手机用呢？还称之为"大哥大"，还找个助理随时在旁边帮他拿着。

以前的电脑就不用说了，人们号称要"办公无纸化"，其实很长时间内都没有提高办公效率。而2007年发布的第一代 iPhone，不光不支持多任务工作，甚至连最基本的复制粘贴功能都没有。可是人们省钱借钱也要买电脑买 iPhone。

这些不成熟的、一身毛病的产品，为什么有人买呢？因为它们身上都有X因素。

X因素可以是任何东西。那帮人买手机就为了方便打电话吗？还是因为大哥大能彰显身份？买个人电脑是为了玩游戏吗？又或者是家里终于有了一台可以任意摆弄的机器？买特斯拉是因为续航特别长吗？又或者是表达对科技的支持和对地球环境的责任感？你说不清。但你知道X因素肯定不是"质量""完成度""综合得分"之类的东西。

一个产品哪怕有再多的缺点，哪怕98%的人都不喜欢，只要它有X因素，就会有2%的人"特别"喜欢它。那些人是真的特别喜欢它。我记得乔布斯开了第一个 iPhone 的发布会，产品还没上市之前，有人甚至在网上发布了 iPhone 的纸模型打印稿——让你可以先给自己做个 iPhone 模型拿着过过瘾。

亚当斯的洞见是，因为好产品得有 X 因素，所以好产品应该是一出来就有人特别喜欢。

亚当斯从 1988 年开始画的呆伯特漫画，几乎是一出场就备受欢迎，一年不到就在全国若干家报纸同时连载。呆伯特漫画构图非常粗糙，就几句对话，不喜欢的人可能连挑毛病都不好挑，因为实在太简单——但喜欢的人是真喜欢。

好莱坞拍大制作电影的正片之前会先拍一个试片，邀请一些观众和业内人士看看故事是否成立，值不值得投资。亚当斯曾经去看过试片，而好莱坞的人告诉他，观众的平均反应毫无意义。有很多人不喜欢这个片没关系，关键在于有没有一小撮人特别喜欢它。如果有人一看就特别喜欢，而且对它所有不成熟的地方都不在乎，那这个东西就会成功。

这个道理是，那些最终能取得成功的好东西都是一出来就有人知道它是好东西。如果 1.0 版无比平庸，2.0 版毫无亮点，3.0、4.0 版还没人关注，最后 12.0 版突然火了，那是不可能的。好东西是 1.0 版虽然没挣钱，但是立即就抓住了一小撮特别热情的粉丝。他们花钱买了，而且跟你说你们能不能赶紧出 2.0 版。这样的出场，说明你这个东西里有 X 因素。

通常的情况是，成功能迭代为更成功，而失败无法迭代为成功。如果你这个东西一拿出来根本没人感兴趣，那就说明它不具备 X 因素，你再去完善它也没有多大意义。你应该放弃。

X 因素和软件开发中常说的"最低可行产品（Minimum

Viable Product，MVP）"有点类似，但不是一个意思。做最低可行产品是为了验证有没有人认为这个产品值得用，是可行性；X因素则是要验证有没有人特别喜欢这个，是"可火性"。

推理小说作家紫金陈现在火了，他的三部小说被拍成了电视剧——《无证之罪》《隐秘的角落》《沉默的真相》，评分都极高。然而有很多网友吐槽说紫金陈的文笔差，比如他竟然形容一个人的眼泪"如兰州拉面般滚了出来"。

所有这些评论中，我觉得和菜头的一句话说得特别好。他说，的确他也可以对紫金陈的文笔提出很多意见，但是紫金陈的故事好啊！[5]

你不用管他是站着说、躺着说、翻滚着说，姿势好看与否，只要他让读者感知到他要说的核心故事，读者就跑不了。

紫金陈的X因素存在于他独一无二的故事之中，故事不行，你文笔好有什么意义？

我们研究成功者，得研究他的X因素才行。例如，你一心想学如何发家致富，有一次李嘉诚请你去他家吃饭，你吃完聊完了，回来最大的感想是"李嘉诚大哥对人真是周到又细致啊"，那你啥也没学到。

特别是那些看似有很多缺点但是又特别成功的人，其中必定有个很强的X因素。

现在有些所谓"流量明星"，大家都讽刺他们演技差，可是他们有众多的、忠诚的粉丝。你可以说这些粉丝追星很盲目，他们关心的其实不是这些明星，而是自己——也许你那些道理都对，但问题是这些明星就算有万般不是，他们到底做"对"了什么呢？

这就好比说现在有很多学者批评中国经济，说中国经济有这个问题那个问题。也许都有道理，可是有这么多问题在那儿，为什么中国经济的增长速度就那么快呢？你很容易看到中国做错了什么，但你真正应该理解的是中国做对了什么。

X因素是能让你超越平庸的东西。所以这个知识很难用寻常的方法学到。

你读本书、上个MBA班、看职场攻略、钻研创业指南，你会学到一大堆像"创业者一定要做好的10件事"之类的知识。这些知识的确有用。但是把这10件事情都做好了，你只能做出一个正规的、标准的、合格的、平庸的、很可能会失败的项目——因为别人也能做好这10件事。

写作需要文笔，公司需要会计，明星需要控评，产品需要包装，这些东西都是标配。标配能把不成熟的东西变成熟，不够标配的东西会被人挑出很多毛病来，但是标配里没有X因素。

那到底如何找到X因素呢？亚当斯有一个建议，他说你不要光听消费者是怎么说的，你得看他们怎么做。

呆伯特漫画是1989年出版的，但是直到1993年，亚当斯都不知道自己的漫画到底好在哪儿。不过他知道自己创造了一个好东西，因为有人把呆伯特剪下来贴在冰箱上、贴在办公室门上，人们会跟朋友分享呆伯特，有人把呆伯特用在自己的博客文章里。可是呆伯特到底好在哪儿呢？

1993年，亚当斯决定以后都把自己的电子邮件地址留在漫画上。他立即收到了大量的读者来信，很多都是骂他的，但是他发现了自己成功的秘密。亚当斯本来会让呆伯特出现在各种场合中，但是他发现只有当呆伯特在办公室里的时候，他收到的反馈是最好的。可能连读者自己都没意识到他们最喜欢的是这个，但是数据知道。于是亚当斯决定，让呆伯特漫画专门表现办公室政治。结果从1993年开始，呆伯特出圈了。

X因素的知识就是这么难得。

最后作为科学作家，我想说说写作。如果你想知道科学作家的X因素在哪儿，请允许我先自吹一把。我不是从小就有个写作理想，然后不停地刻意练习，慢慢写得越来越好，最后成为作家的——我是从一开始写就受到了读者欢迎。

我以前努力学习都是作为物理学家而奋斗，可不是学写作。我第一次在网络论坛发帖就有几万人阅读，很多人转载。我觉得很好玩，就时不时地写一点，有时候也跟朋友吹嘘，但是我不知道靠写作能谋生。我本来写了文章就发网上，从来没主动给媒体投过稿，都是媒体主动转载我的文章，还非要给我稿费。

我要说的是，写作的确是一门手艺，好好练习的确能让你越写越好，但是你最好先找到X因素再琢磨别的。是什么，你得自己找，但我个人的体会，写作的X因素应该有下面这三个特征。

第一，要写的这个课题得让你激动。你迫切地想要把这件事告诉别人。文章提交上去，你会盼望它早点发出来。如果这个项目你只是感兴趣，但是没有产生激动感，那就是你调研得还不够。

第二，X因素一定是你某种自主的发挥。把一切都做对，开头、中间、结尾该怎么写，遣词造句技术完美，那些都不重要。你得有某种创造才行。不见得是一种明显的创造，但必须有点你自己的东西。哪怕你是给人介绍一篇科学论文，也得有自主发挥。自主发挥是科学作家给自己的福利。

第三，写作过程应该很顺畅，这个工作应该有愉悦感。像中学生写应试作文、大学生写毕业论文那样搜肠刮肚、绞尽脑汁，再下十倍功夫也没用。

　　X因素不是从天上掉下来的。不可能毕加索小时候的第一次涂鸦就是神作。但是如果你想把一个东西推向市场，你最好希望它有X因素。

　　一个创造性的项目推出来，如果市场反应证明它没有X因素，也许你应该换一个项目继续寻找，而不是把这个项目坚持到底——对不起，这场你不是主角。

"小"生意人的经验

　　咱们说个特别朴实的话题——小生意。你注意到没有，各种讲商业的书也好，商学院的案例分析也好，一般说的都是大公司，至少也是中等规模公司的事儿。如果要说到小公司，那也叫"创业公司"，立意高远，一般都是自己有个创新，别看现在小，但正在快速成长中，将来一定能变大变强。

　　我们这里说的小生意是那种真正的小生意，比如说开个餐馆、家具店或组建施工队之类。这种生意的老板不叫 CEO，员工没有期权，公司不怎么讲"愿景"，没有真正意义上的创新，也基本用不上什么现代化的管理哲学，甚至可能都谈不上"品牌"。做小生意的老板们通常不会被公共媒体注意到，但是他们可能恰恰构成了"生意人"的主体。咱们想想改革开放初期那些企业家，恐怕都是做小生意起步，而不是一上来就以创业者的身份，拿着商学院水平、号称要改变世界的计划书寻求天使投资。

你身边可能就有做小生意的人，也许是同学或者以前的同事。你可能注意到他们都很接地气，他们对"现代商业思维"的了解可能还不如你，有的明明已经赚了很多钱，自己还要亲自在一线干一些日常的活儿。

那你是不是曾经问过自己：他为啥就能赚钱呢？

我们假设你是一家大公司的高级员工，掌握专业技术，收入是社会中上水平，算是中产阶层。你们公司的 CEO 是个了不起的人物，你觉得跟他相比自己好像欠缺了一点什么，所以你更适合做个搞技术的员工。而你的一个小学同学，学历和技术水平都不如你，可是现在做小生意做得很成功——当然跟你们 CEO 是不能比的，不过收入比你高得多。

那我们要问的是，你这个做小生意的同学，和你们 CEO 之间，有没有什么共同点，是你这个员工所没有的？也许那个共同点就是企业家所必需的东西。也许对真正的企业家来说，那个东西，比什么"现代商业思维"、什么"现代企业管理"都更加基本——因为后者都是可以学习的，而"那个东西"似乎跟学历无关，也许是人的个性决定的。

那到底是什么东西呢？

有个美国人叫基思·史密斯，做小生意起家，感觉自己已经很成功了，又有一肚子心得，就写了本书。书名非常朴实，叫《百万富翁和中产阶级的十大区别》[6]。

注意，美国人说的"中产阶级"其实就是日子过得去的普通人，不像咱们中国人说的那么高大上。史密斯原本是个上班拿工资的中产阶级，最初业余时间做点小生意，后来开了个家具店，慢慢做大。在众多的百万富翁之中，史密斯并不起眼。他没有什么学术背景，没有引用商学院教授们的研究结果，也没有提到最新商业趋势，说的都是最简单的话题。但这本书几乎是一出来就成了畅销书，后来还被兰登书屋买去了版权。

史密斯提供了一个个人视角的观察，我先把他说的这十大区别给你列一下。

1. 百万富翁问给自己赋能的问题，中产阶级问让自己失能的问题；

2. 百万富翁专注于增加净财富，中产阶级专注于提高工资；

3. 百万富翁有多个收入来源，中产阶级只有一两个收入来源；

4. 百万富翁认为自己应该慷慨捐助社会，中产阶级认为自己没有能力做捐助；

5. 百万富翁为利润工作，中产阶级为工资工作；

6. 百万富翁持续学习和成长，中产阶级离开学校就不再学习了；

7. 百万富翁在计算之后，敢于冒险，中产阶级惧怕风险；

8. 百万富翁拥抱变化，中产阶级被变化威胁；

9. 百万富翁谈论想法，中产阶级谈论事情和人；

10. 百万富翁考虑长期，中产阶级考虑短期。

我相信这些说法你肯定已经很熟悉了。其实按学者的标准来说，史密斯的有些说法可能混淆了因果关系——人到底是先有了一定的钱才能有多个收入来源，还是先有多个收入来源才能有钱呢？严格来说，你得拿数据证明才行。

但是，史密斯的直觉仍然很有意义。特别是他本人发家的经历，很值得你了解。也许史密斯身上有生意人的"那个东西"，也可以称之为生意人的"X因素"。

史密斯出生在一个下层中产家庭，父亲以向修车铺售卖汽车配件为生，年收入才2万多美元。可是史密斯从小就有做生意的头脑。家里每天给他3美元买午饭，他会用这3美元买一大袋口香糖，总共30个，然后拿到学校，25美分一个卖给同学——午饭之前就能卖完。他会只花1美元买点东西吃，放学带着6.5美元回家。

中学毕业后，史密斯跟普通人一样找了个固定工作，在一个高尔夫球场打工，每小时工资是5美元。史密斯暗中有个梦想，是当职业高尔夫球手，可是他的生意人头脑很快就战胜了他的梦想。高尔夫球挺贵的，但是人们如果把球打飞了，比如球进了草地找不着或者掉到池塘里，通常就不要了。史密斯把这些球捡回来卖钱，发现比自己的工资还高了很多。

史密斯决心以做生意为生。当时正好赶上政府对汽车空调用的氟利昂大幅加税，导致氟利昂价格猛涨，史密斯的父亲就建议他倒卖氟利昂。这个生意特别简单。史密斯每天去一个地方批发氟利昂，批发价是200美元一桶，回来之后就能以250美元一桶的价格零售给个人。

我觉得这个生意可能对史密斯的世界观产生了影响。因为他注意到有个顾客，一度每周都从他这里买10桶氟利昂，而居然就不知道自己去批发！这个世界对有生意头脑的人好像十分友好。

但是这个好生意也让史密斯犯了两个错误：第一个错误是他每周赚够500美元就不干了，剩下时间用来"享受人生"；第二个错误是他以为这个生意可以一直做下去。

没过多久，氟利昂生意就做不下去了。史密斯学到的教训是，有赚钱机会的时候应该抓紧啊。

不过紧接着，史密斯发现从拍卖会上可以以极低的价格买到很不错的旧家具，然后转手卖到旧货市场就能赚到钱。这个生意做得也挺好，他后来干脆自己开了个家具店专门卖旧家具。这时候他的年收入从2万美元涨到了5万美元，而且他结婚了。

有一天，史密斯在街上偶然看到一家地点更好的家具店要转让，进去一问租金并不高，于是他决定把店搬到这里。史密斯跟这个店原来的主人聊天，得知对方主要是卖新床，而那个生意比自己卖旧家具更赚钱，于是史密斯改卖新床。他的年收入达到了7万美元。

有一次进货时，他认识了一个专门卖沙发床的人，发现那个人的生意比自己的好很多。于是史密斯夫妇又把生意定位在专营市场，只卖沙发床。他的年收入就此达到10万美元。

当然中间有各种波折，后来他又做了些房地产之类的生意，总之，最后终于成为百万富翁。

史密斯说，如果他一直在那个高尔夫球场干，工资大概会从当年的每小时5美元涨到12美元。

史密斯的发家史，在中国，特别是现在，肯定是不容易复制的。美国愿意做那些看起来很短期、很不靠谱的小生意的人不多，才给史密斯留下了机会。但是我总结其中有三个规律，也许对所有做小生意的人都适用。

第一，你总是在非常偶然的情况下发现生意机会。史密斯没搞什么特别正规的市场调研，他只不过喜欢观察，喜欢问，有些机会就这样问出来了。

第二，这些机会常常稍纵即逝。等到市场形势变了，或者别人也发现这种机会了，你再想做就没有了。

第三，成功者总是果断行动。

我认为第三条是关键。要做一个市场中的"玩家（player）"，你看到机会得敢出手才行。

咱们想想，有多少人是按照这三个规律做事的。一般人都是按照固定流程做事，让干啥就干啥，自己不用想。也许这就是生意人的"X因素"。

上至大公司CEO，下至小生意人，没有一天到晚就盯着自己公司内部的，都是整天在外面跑，寻找下一个机会。这就是为什么这些人爱谈论想法，他们愿意花很多钱去得到关键的信息。

可是如果你不出手做一下，你就无法知道那是不是真正的机会。

像我的毛病是，我总觉得市场是均衡的。你要跟我说现在有个倒卖氟利昂的机会，我肯定说那别人为啥不自己去批发，非得等着咱们干。我总是假设能做的事儿都已经有人去做了。而也许那样的生意机会一直都存在，只不过别人就算证明它成立，也一般不会说出来，说出来就不灵了——当然"说出来就不灵了"这句话也是我这个均衡主义者认为的。事实上，卖沙发床那个生意机会就说出来了，还继续灵。

你只能自己去试试才知道。

但是你可千万别只听史密斯的，你也应该听听我的意见。下面这张图[7]是美国公司的存活率曲线。

存活率

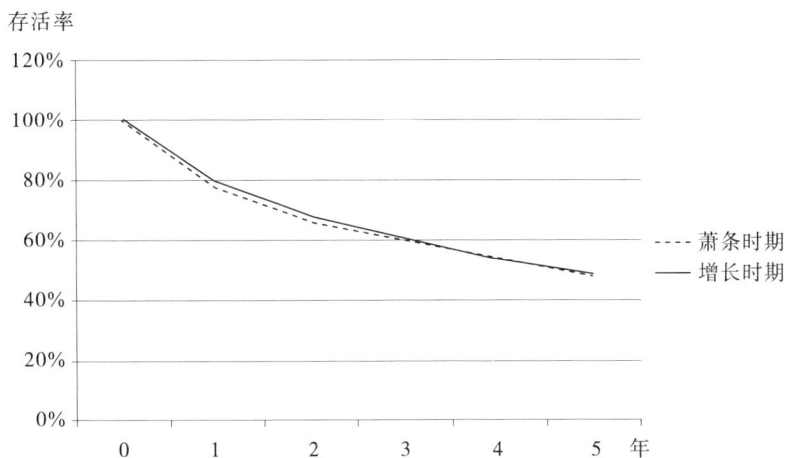

图1-1

　　横坐标是年数，纵坐标是每一年还剩下多少比例存活着。虚线代表经济萧条时期成立的公司，实线代表经济增长时期成立的公司。

　　我们看到，不管这个公司成立时的宏观经济形势如何，存活概率几乎是一样的。20%的公司会在第一年倒闭，能坚持两年的只有60%多，而到第五年，就只剩下约48%的公司还在。

　　开公司是容易的，坚持五年是困难的，做大做强更困难。所以史密斯的故事可能是幸存者偏差，也许有很多生意人跟他的做事风格一样，但是没有他那么好的运气。做生意是有风险的，做生意并不一定是正确的事情。

　　可是史密斯自有他的道理：如果不做，那你就永远都不会是一个生意人。

晋升、失控和"扮演法"

有一部网络小说，爱潜水的乌贼写的《诡秘之主》，我非常喜欢。不过这一节不是要向你推荐小说，而是想跟你分享一点读小说引发的思考。

读网络小说的一个乐趣是主人公会不停地"升级"。修仙也好、领兵也好、升官也好、开公司当工业霸主也好，都好像是打游戏一样——一开始很弱小，不断地成长，战胜一个又一个对手，慢慢变得强大起来，同时探索一个越来越广阔的世界。当然你可以说这纯粹是宅男在满足自己的幻想，真实世界里哪有这样的好事儿——那么我要说的就是，你读的那些励志鸡汤其实也是幻想。在真实世界里，不是说你一门心思好好努力就能升上去的。

这可不是说真实世界有多么黑暗。我们眼中的世界是一个充满矛盾的地方——你总是要做一些不得已的取舍，并没有什么一定正确的方向。你眼中不成功的人，也许人家选择了别的价值；你眼中成功的人，你不知道他为此付出了什么代价。

《诡秘之主》这部小说的一个创新之处在于，爱潜水的乌贼设计了一套非常不同于传统的晋升系统。而在我看来，这套系统更接近真实世界，可以说是一个寓言。

我认为中国网络作家已经找到了让小说好看的秘密，而这是现代中国人为世界做出的一个重大贡献。《诡秘之主》这部小说，可以说代表了现代作家和现代读者共同的认知升级。你要说艺术性，那是见仁见智的事儿；但你要从数据角度，说小说的世界观之宏大、人物和道具之多、剧情之复杂，《诡秘之主》比几十年前金庸写的那些小说至少高出两档，比现代西方的《哈利·波特》《冰与火之歌》也高出了一档。

这是一部作家必须借助计算机管理信息，读者必须借助百科档案标记知识点，才能写好和读好的小说。

《诡秘之主》在起点中文网的排名一直居高不下，而且它的英文版也吸引了很多海外读者，有人正在呼吁奈飞（Netflix）把它拍成电视剧。

咱们单说它的晋升设定。

《诡秘之主》描写了一个蒸汽朋克背景下的魔法世界，其中大多数人都不会魔法，只有占人口比例极小的"非凡者"才能学习魔法。要成为非凡者，你必须服用某种"魔药"，然后你每一次晋升也都需要魔药。

晋升的"途径"有22条，是来自上古的神的设定。你必须选择其中一条途径，从最低的9级"序列"往上升，最高是0级。比如主人公克莱恩·莫雷蒂的途径是"愚者"，他成为非凡者的第一个序列就是序列9——"占卜家"。

对应到真实世界，你可以把途径想象成职业，官员、商人、演员、学者等；而序列则是各个行业中个人的升迁路线图，官员的序列就是科长、处长……

每个非凡者的奋斗目标都是拿到自己所在途径中的下一个序列的魔药，让自己晋升，从而获得更高级的魔法和更厉害的身体素质，在职务上也能跟着升级。但是这里面有个关键的问题。

做非凡者是有危险的。你随时都可能会"失控"。魔药其实是一把双刃剑，它带给你非凡能力的同时，也带给你受伤害的可能性。如果控制不了体内的魔药，你就会发狂、变形，成为怪物。

那么别的非凡者为了维护公共秩序，就必须把你杀死。

大多数下层非凡者就这么战战兢兢地生活着，一方面想升级，一方面担心自己失控。他们总结了一些防止失控的心法，比如说要调整自己的内心，但是具体怎么调整，谁也说不好。

主人公克莱恩在机缘巧合之下，发现了能快速晋升和防止失控的秘密，叫作"扮演法"。

一般的非凡者都以为序列的名称代表的是"能力"，比如你服用魔药成了占卜家，那就意味着你会占卜术，可以算一算一个房间里有没有危险，一个失踪的人现在在哪里之类的事情。你可以用这个能力，也可以不用。

而"扮演法"则是说，序列名称不仅仅是能力，还代表了"工作"。你要想快速从占卜家这一关通关升级，就应该去扮演一个占卜家。你应该像真的占卜家一样，比如说摆个摊，经常给人提供占卜服务才行。

然后序列8是"小丑"，那么就去做小丑该做的事情。扮演不是表演，不是给观众看，是按照这个序列的设定做事。

通过扮演法，你就可以快速"消化掉"魔药，从而彻底掌握这一个序列的魔药，为晋升做好准备。

克莱恩从多个来源得知，扮演法有三个注意事项。

第一，扮演哪种职业，就遵守哪种人的相应行为规则——但规则不是固定的，每个人可以根据自己的经验调整。换句话说就是你得演得像。

第二，你只是在扮演！不要混淆扮演的角色和自我的存在。

第三，克莱恩所在教会的高层人员特意叮嘱他说："晋升是为了更好地为女神效劳，更好地守护善良的信众，记住这一点，就能抵抗失控的诱惑——记住，是诱惑。"

这跟现实社会中的职务晋升简直太像了。

大多数人没什么晋升的机会，能力不大权力不大，所以危险也不大。人们以为晋升代表的是能力和权力，殊不知晋升更代表责任，也代表危险。

决定你晋升速度的，是你扮演得像不像。你要当官就得有个官员的样子，永远都稳稳当当，给人感觉特别胸有成竹，不轻易表态，不暴露自己的弱点，关键时刻有所担当，时刻盯住高层动向。你有权力得经常用才行，你施展了权力，像个官员，你就容易升上去。

但是伴随权力的是失控的危险，你可能会贪污腐败，可能会站错队伍。企业家的业务越做越大是好事儿，但是他面临的风险因素也会越来越多。

而真正的危险来自诱惑——尤其是获得更大力量的诱惑。很多官员犯事儿恰恰就是因为"太想进步了"。

那怎么避免这种危险呢？答案就是牢记自己"只是在扮演"！

你的社会角色只是你的一部分。你还有作为自己的那一部分。不对角色太过投入，你就不会被角色所吞噬。我在"精英日课"专栏讲过二战时期两个德军将领的故事，一个拿战争当体育比赛打，一个把战争当作人生唯一的事业——结果是前者打得又好，又不受伤害。

有一种情怀叫"有限"。你得有点"玩家"的作风。

以运动员的心态升级，这大概就是"扮演法"的精髓。

可是既然扮演法这么好，为什么大多数非凡者不知道这个方法呢？

克莱恩所在的"黑夜女神教会"一直都把扮演法保密。你要是自己领悟出来了，那我们欢迎，但是你不能把它透露给别人。这是为啥呢？

有些读者曾经猜测，这是因为教会要限制高层非凡者的人数。小说中有个设定叫"非凡特性守恒定律"，意思是非凡者也好，非凡物品也好，都必须使用一定的非凡特性才行。而同一个途径之中的非凡特性总量是不变的——这就意味着，高层非凡者就只能有那么多。

我看这个设定也符合社会现实。现实社会有个排位稀缺问题。国家再发展，高层的位置也只有那么多。技术再进步，国民注意力总时间也只有那么多，所以明星、明星产品和明星公司的高管也只有那么多。不管你是官员还是相声演员，顶层的位置都是极其稀有的。

说白了，有时候你必须等前面的人退下来你才有机会上去。而小说里的设定是高级非凡者要晋升，有时候得吃掉别的高级非凡者尸体中的残留物。

但是，位置稀缺并不能解释为啥教会把扮演法保密。位置稀缺我可以限制魔药发放啊，我何必让人继续冒失控的危险呢？

真正的答案是，"你只能是你自己"。

这是小说进行到第五部第28章，一个叫赫温·兰比斯的人物说的。序列6之前都最好不要使用扮演法加速魔药消化，因为那样会影响非凡者"自我意识"的养成——"这会让成员变得不像自己，有的甚至会被魔药内残留的影响同化"。

而克莱恩成为"无面人"之后，也多次有人对他提出忠告："你能假扮成任何人，但你只能是你自己。"

这个设定也很符合现实社会。这是一个只有当你身处高位才能体会到的忠告。

我们设想一下，如果每个基层官员都会扮演法，那是一种什么情形。

你的官僚系统会得到一大群高效率的、标准化的、做事绝对不犯错的、机器人式的官员。他们像运动员一样科学训练，所以能用最快的速度到达高位。可这是你需要的人吗？做这样的人有意思吗？

我们在真实社会里摸爬滚打，会磨炼出各种独特的脾气和作风。有时候你明知道怎么做"对"，但就是不想那么做，因为你觉得那就不是你了。

从扮演法角度来说，这样的人是幼稚的。可是从系统的演化角度来说，我们需要能给高层带去个性，能让系统往新的方向发展的人。演化的特点是，一个特性刚出来的时候你不知道它好不好，也许在这个环境里不好，可是保留下来了，然后换个环境它就是最有意思的特点。

系统需要你保留个性，而你也需要有自己的个性。做个机器人没意思，就算升上去了，你又能如何呢？如果每一件事都是"对"的，而不是"你"的，这样的生活有啥意思呢？这样的人到了高层仍然会失控——因为做机器人时间长了，他终究会受不了。

就好像某些中年人一样，年轻的时候兢兢业业不敢越雷池一步，现在一挥洒个性，反而成了最拙劣的姿势。

小说就只是小说而已，把小说当真是不对的。但是，小说家有时候能做到社会学家做不到的事。扮演法真的适合真实世界吗？你很难搞科学实验研究。那么我们借助小说探讨一番，也是一个趣味。我们不妨借着这个设定，把人给分个等级。

最普通的人对工作没什么计较，谈不上心法，所以也没有晋升的意图。

初级非凡者的问题在于演技不行，出戏太多，一看就不像，所以晋升很慢。

中级非凡者很入戏，但是危险在于入戏太深，有时候会为了晋升不择手段，不知道怎样控制自己去打一个有限的比赛。

高级非凡者的弱点则是没有个人意识。这一路走来什么都做对了，也累了。他们可能执掌一方大权，但是注定不会在历史上留下名字。他们根本不知道什么才是真正的自己——稍微一放松，还是会面临失控的风险。

幻想小说总能给人一点精神激励。那知道了这些，你还想当非凡者吗？

取得权力的四个手段

网上流传一句话——人的一切痛苦，本质上都是对自己无能的愤怒。我觉得说得不是很准确。我感觉那些痛苦不是对自己无能的愤怒，而是对自己无权的愤怒。

有能力不一定能改变世界，但是有权力可以——至少可以改变你权力范围之内的世界。可惜能力不一定能帮你取得权力，当然愤怒就更不能了。权力大概是这个世界上最稀缺的东西，因为它只有那么多。争夺权力永远都是一个零和博弈，即使社会再进步，也不可能每个人都能管上五十个人。

所以取得权力是不容易的。事实上，有职位也不等于就有权力。可能你是公司CEO的小舅子，而且毕业于清华大学，你被任命为这个团队的主管。你拥有完全的程序正义，但是别人就是不听你指挥，给你来个阳奉阴违，你也没办法。

那怎么才能获得权力呢？这是咱们中国人最喜欢研究的课题。古往今来有无数讲权谋的书，还有更多的人是从历史典故，甚至是从小说里琢磨权谋。这些学习方法效率太低而且也不科学。

事实上，权力也可以用科学方法研究，而且科学家一直都在研究权力。看小说不如看历史，看历史不如看科学论文。综合当前科学理解，要想取得权力，总共有四个手段。

这四个手段不是四条独立路径，你最好能综合使用。

第一个手段是"强势支配行为"。对他人有一个高压的姿态，直接恐吓、打击或者压迫，逼着别人听你的。这是动物界取得权力最古老也最直接有效的手段，说白了就是"谁拳头硬听谁的"。有些人文明过度，忘记了这一点，他们一定会在权力斗争中吃大亏。

第二个手段是"政治行为"。权力范畴中的所谓"政治"，就是分清楚谁是你的朋友、谁是你的敌人，就是跟谁结盟，就是拉拢谁和打击谁。如果权力是上面给的，那你对下面的人再好也没用，你得跟上面搞好关系。为了能顺畅地行使权力，你还得把持住下面几个关键人物。谁对你这个位置有最大的影响力，你最好就跟谁结成盟友。

第三个手段是"公益行为"。慷慨大方的人总是更容易取得权力。想要让别人拥护，最起码别人有困难的时候你给点帮助，别人有问题你帮忙解决一下。像古代的赵匡胤、小说里的宋江、近代的杜月笙，这些人格局大小不同，但共同的特点是仗义疏财，喜欢给朋友花钱。

第四个手段是"能力行为"，也可以叫"声望行为"。能力的确有利于取得权力——但是请注意，必须是能给你这个团队带来好处的能力才行。

比如你是一个公司的销售，你有卓越的业绩，你能拿来最大的订单，那些订单不仅仅对你个人有好处，而且给整个公司做出了贡献，那你当然就有权力。反过来说，如果你是一个科学家，自己发表很多论文，拿很多经费，但是从来不带队伍，你的成绩只属于你自己，那你就不配有权力。所以光有能力是不行的，这个能力得形成给大家做贡献的声望才行。

这四个手段之中，能力行为是个硬指标。你有能力就是有能力，没能力就是没能力，一时半会儿改变不了。政治行为跟机遇——特别是跟人际关系——很有关系，受客观因素影响很大。别人是"二代"，你羡慕也没用。你真正主观上可以改变的是强势支配行为和公益行为这两项。

这两项怎么做？你要是愿意为了权力而改变，明天就可以改变。但是怎么变呢？打压别人是不是应该不择手段呢？做好人是不是要做伪君子呢？

我说的这些可不是单纯的思辨，现在我们有非常过硬的实证研究。

加州大学伯克利分校的几个研究者2020年9月在 *PNAS*（《美国国家科学院院刊》）上发表了一篇重量级论文[8]，说的是什么性格的人更容易取得权力。

这种问题传统上都是用一些统计方法，先看看谁有权力，再看看这些人有什么性格。这个方法的问题是，你分不清是这个人的性格使他获得了权力，还是因为他有了权力才发展出了这样的性格。还有的研究者使用实验方法，找一些大学生做实验，让他们在一起相处半天时间，按照一定的规则做事，看看最后谁更有权力。这种实验观察又太短期了，跟真实世界不一定一样。

伯克利这个新研究的高级之处在于它是一个长期的跟踪研究。研究者先从在校本科生和在读MBA学生中选定一些人，给他们做好了性格测试，然后把结果封存，等着。一直等到至少10年、平均14年之后，这些人已经都步入了职场，有权力能力的都已经取得了权力，再把当年的性格测试结果拿出来，看看那些性格到底有什么用。而且整个研究做了两组，两组找的受试者完全不同，看看结论是不是可重复的。

这大概是关于如何获得权力，我们当前所能知道的最佳答案。

这项研究最关心的一个问题是，那些比较坏的人、那些所谓"混蛋"，是不是比一般人更容易取得权力。什么意思呢？比如说乔布斯，众所周知，他不是一个特别友善的人。他身边的人都不喜欢他。他经常恐吓别人，他会疯狂地压榨下属，他会把别人的成就算在自己身上，简直是不择手段。那么有些人就会说，我之所以没权力是因为我是一个好人，我不屑于当坏人！我要是去做个坏人我也能得到权力。这个说法对不对呢？是不是做坏人更容易在权力之路上走得更远呢？

科学研究必须对什么东西都有严格的定义。什么叫"坏人""混蛋"呢？研究者是从心理学"大五人格"分类中的"宜人性（agreeableness）"这个维度解释的。

你把宜人性想象成一条直线，它有两个端点。好的这一端代表那些让人喜欢跟他相处的人，具体来说是那些慷慨、值得信赖、善良的人；坏的这一端就是令人反感的（disagreeable）人，具体来说就是自私、爱摆弄人、爱骗人、好斗的人，我们称之为"混蛋人格"。

科学家想知道宜人性跟权力之间有没有什么相关度。是不是混蛋就容易获得权力，好人就容易吃亏呢？

答案是，宜人性跟权力完全没关系。

第一组研究有457个受试者，历经多年，统计结果是混蛋人格既不能帮人获得权力，也不能让人得不到权力——一个人是不是混蛋跟他能不能获得权力完全没关系。

这个结论非常强硬。研究者还把混蛋人格和其他因素结合起来，发现不管你是男人还是女人、白人还是黑人，不管你是什么年龄，不管你当初念的是本科还是MBA，不管你从事的是哪一行，也不管你们公司的组织文化是更强调竞争还是更强调合作，在所有这些情况下，你做不做混蛋和你能不能得到权力之间都没有关系。

有人会说，是不是做太坏的人和太好的人都不好，我做一个坏得恰到好处的人对权力最有利呢？或者说我一开始先做一个比较坏的人，然后时间长了慢慢变好，这行不行呢？都没有意义。对权力来说，"坏"没有最佳值，也没有最优解，根本就没影响。

这个结论相当出人意料。它等于说我们平常看到的那些混蛋得到权力的事儿都是幸存者偏差——更多的混蛋们被权力淘汰了。可这到底是为什么呢？混蛋们明明更擅长搞强势支配行为啊？这不是有利于权力吗？

第二组研究提供了更精细的数据。第二组只有214个受试者，但是这一回不仅让每个人自己评价自己的性格，而且会请这些人的同事去评价他们。结果发现，同事对这些人在职场的性格和行为上的评价，和这些人自己对自己的评价是高度一致的。这本身就是个了不起的成就。

第二组的结果重复验证了宜人性和权力无关这个结论，而且因为它有精细的行为分析，它能告诉我们"混蛋"的问题出在哪里。

前面我们说了，获得权力有四个手段，强势支配行为、政治行为、公益行为和能力行为。现在这个研究告诉我们，其中最有效的两个手段是强势支配行为和能力行为。你要是自己又有能力又善于支配别人，那你天然就适合掌权。

混蛋人格的确在强势支配行为这个项目上的得分很高，但问题是他们在公益行为上的得分太低了。公益行为做好了，对取得权力的直接作用不算太大——但是如果做差了，它会给你大大地减分。做个坏人的确能让别人更怕你，但是大家因为都不喜欢你、都防着你，也就不愿意被你领导。

政治行为和能力行为跟宜人性完全没关系。所以做坏人其实是一把双刃剑，一方面能让别人怕你，有利于你获得权力；另一方面，人们会因为你的坏而讨厌你，这会让你得不到权力。两项抵消，你做不做混蛋就跟有没有权力没关系了。

那说了这么多，到底做个什么样的人最容易得到权力呢？两组数据对此的结论高度一致，那就是要做一个外向的人。

"外向性"也是大五人格中的一个维度，它的两个极端是内向和外向。如果你很内向，沉默寡言不惹事不参与事儿，你能力再强，权力也不会主动来找你。而外向的人，在获得权力的全部四个手段上都拿了正分。

外向的人有三个特点：第一是善于社交，跟谁都能聊起来；第二是精力充沛，每次出现都是一个很有激情、很有能量的状态；第三是果断，有判断力和决策力，敢做主。你想想，像这样的人怎么可能不冒头呢？

当然，这些研究都是在美国做的，研究对象都是美国大学生和美国的职场，属于"西方怪人"的范围。但是研究中特别提到，结论跟企业文化关系不大。我觉得中国读者至少也能从中得到启发。

总结一下，科学验证的结论，取得权力有四个手段：强势支配行为、政治行为、公益行为和能力行为。做不做坏人跟有没有权力没关系，但是做个外向的人会对你取得权力很有帮助。

其实这个"强势支配行为"，不等于就得做个坏人去欺负别人。对手下要求严格、公平地给人安排任务、赏善罚恶恩威并行，这也是强势支配行为。人们会因此而怕你，但是并不会恨你。

我认为这些研究最值得读书人深思的是，有能力是远远不够的。你需要的不是一般的能力，而是能力行为。如果你很希望有权力，可是你很不喜欢做那些动作，那你最好面对现实——你可能得不到权力。

"利润"究竟是什么

这一节我们小小地梳理一个大大的话题——从经济学角度看，我们工作应该追求什么。

简单地说，最值得追求的东西是"利润"。

我不信你会不想要利润。利润是收入减去成本剩下的那一部分，是收获比付出多出来的部分。利润是正的，说明你的一切努力都没有白费，说明了社会对你的肯定。利润要是负的，就说明你创造的价值配不上你的一番折腾。

但你要是细想，利润其实是一个神秘的东西。

你必须直接去市场上买卖点什么东西才谈得上利润。上班拿固定工资是没有利润的。哪怕你工资再高，那也只是你的劳动所得，是你付出的回报——这表现在你要是不上班就没有收入。

而利润则是"不该得"的东西，可以说是躺着赚的钱。这个性质曾经使得有些思想家认为拿利润是不道德的。

马克思谴责利润。你开个工厂，买了机器和厂房，雇了工人，进了一批原材料，工人生产出产品，你把产品卖掉。然后你一算账，卖产品的收入减去工人工资、机器厂房和原材料的花费，还多出来一笔钱，这就是利润。你欣然把这笔钱放入自己的口袋。马克思说且慢！工人累死累活工作才拿那么一点工资，你干什么了就拿这么多钱，你那叫剩余价值！你无偿占有了别人创造的价值。

你当然不服气。你说不是啊，我管理工人，我组织生产，我联系了进货和销售，我安排厂里的大事小情，这怎么不是创造价值呢？

马克思会告诉你，你做的这些事儿的确也是劳动，你可以拿一份高工资，但你的工资不会像利润那么高。你完全可以雇一个职业经理人替你管理工厂。你把职业经理人的工资发了，还会剩下一笔钱，这笔钱才是真正的利润。

这个计算让马克思深感愤怒，产生了深远的影响……咱们还是单说资本主义这边对此是怎么想的。崇尚市场的经济学家也算了这个账，但结果是利润好像不应该存在。

我们假设老张开工厂赚了一万块钱的"净"利润。这个是把老张本人付出的管理劳动该拿的那部分报酬去掉之后剩下的钱，是老张"躺赚"的钱。如果是这样的话，市场上就应该出来一个老李。老李说既然是躺赚，我不用那么高的利润，我躺赚五千元就行，我愿意把商品卖便宜点，给工人工资高点。那你说老张能干过老李吗？

你很容易想到老张继续存在的理由。比如老张有资本而老李没有；或者老张有关系，垄断了这块业务；或者老张掌握一个技术护城河，老李学不会。但是对经济学家来说，这些都不是本质问题——资本可以贷款，关系可以用一个更好的条件重新谈，技术可以请人研发。事实上，经济学家的推理是，哪怕现在还没有一个具体的老李，只要市场存在老李出现的可能性，老张就不敢压榨太高的利润，他必须用比较低的价格和比较高的工资预防老李的出现。

要这么算的话，市场充分竞争的结果一定会把利润变成0。总会有一个老王出来，说我就当自己是个职业经理人跟大家交朋友算了，我拿个应得的工资就行，利润我不要。

那真实世界里的利润是从哪儿来的呢？市场当然不可能是充分竞争的，总会有些老张偶尔能享受到利润，但市场力量应该让利润越来越薄才对。经济学家必须找到一个产生利润的过硬机制，否则解释不了为什么总有人拿那么高的利润——甚至解释不了为什么有人愿意开公司。

利润从哪里来这个问题的解决，在经济学史上是一个里程碑。1921年，美国经济学家弗兰克·奈特出版了《风险、不确定性与利润》一书[9]，提出了一个传世的洞见——利润来自不确定性。

组织生产、采购和营销，以及日常的管理，企业中一切常规的操作都可以由拿固定工资的人做，只有一件事必须由企业家本人做，那就是风险决策。

比如说，为了在今年秋季上市一批新女装，我们必须在夏天就定下来款式，备工备料，展开生产。可是秋天还没到，现在谁也不知道到时候流行哪个款式，那我们生产什么呢？这个决策，必须由企业家本人做出。为什么？因为他是承担决策风险的人。

如果你赌对了，秋季正好流行这款女装，因为别的服装厂没生产，只有你生产出来了，你就占据了稀缺，你就可以要一个高价，利润归你。你要是赌错了，到时候服装卖不出去，工人和经理们还是会拿同样的工资，损失也归你。

生产、日常管理、冒险，是三种不同的能力。为什么企业家要开公司？因为他敢冒险。为什么工人和经理人选择拿固定工资？因为他们不想冒险。

这个道理听着挺简单，但是其中有个大学问。奈特之前的经济学家也想到了企业家承担风险，但是他们没搞清楚到底什么是风险。

如果女装只有粉色和绿色两个选择，而且你明确知道它们流行的可能性都是50%，那这个风险其实不用企业家承担，因为你可以买保险。概率已知的风险都是可以管理的。银行可以给生产两款女装的工厂都提供贷款，到时候肯定一个赔钱一个赚钱。只要利息和保险合适，银行和企业双赢。有这个保险机制在，大家谁都不用冒险，可以各自拿一份固定工资，根本不需要企业家。

奈特的真正贡献在于，他把风险分成了两种。

第一种就叫"风险（risk）"，但是特指那些已知概率大小的风险。这种可以用保险解决，不需要企业家。

第二种叫"不确定性（uncertainty）"，是指那些无法评估概率大小，可能从来没出现过的新事物，甚至人们现在根本无法想象的东西。这个不确定性，才是企业家存在的理由，才是利润的来源。

现代经济学家把这个不确定性称为"奈特不确定性（Knightian uncertainty）"。其实统计学家有个更科学的说法：已知概率大小的，叫作"偶然不确定性（aleatoric uncertainty）"，也叫统计不确定性；不知道概率大小的，叫作"认知不确定性（epistemic uncertainty）"，也叫系统不确定性。前者都是你事先能想到的，后者则是你想不到的。比如"黑天鹅"事件，就是一种认知不确定性。

你开一个赌场。赌场每天都在跟赌徒们赌博，但是因为输赢的概率是固定的而且有利于你，所以你的日常经营本身并不是冒险。真正的冒险是要不要开这个赌场：你能预测客流量足够让你收回投资吗？你能摆平当地黑社会吗？你能确保政府发展博彩业的政策不会变吗？这些事儿没法计算概率。

搞定这些不确定性——奈特不确定性，才是企业家该干的事儿，也是企业家的回报所在。

流行趋势通常不能用以往的经验判断。有个企业家认准了一个全新的款式，说我非得生产这个。银行能给他担保吗？这个不确定性没法系统化管理，他必须自己承担——这才是企业家存在的意义。你要是愿意给这样的项目投资、分担不确定性——而不是把钱交给银行拿固定的利息——你也是企业家。

要做服装这一行的企业家，你肯定得对流行趋势有很好的感觉才行。不过企业家本人不一定非得特别懂女装——他完全可以请人来给他设计，只是设计师不承担不确定性，人家拿固定的设计费，风险还是要由企业家承担。

简单说，企业家，是市场上的玩家。他拒绝听别人的安排，非得按照自己的想法决定做什么，然后他安排别人也按照这个想法去做，最后他独自承担后果。

奈特找到了公司存在的最根本理由。市场竞争再充分也不可能是绝对可预测的，未来总会有各种各样的不确定性，需要企业家在各个方向上大胆探索。奈特后来成为经济学的大宗师，是"芝加哥学派"的祖师爷。他本人没得过诺贝尔奖，但是他有五个弟子得了诺贝尔经济学奖。

奈特之后，别的经济学家又找到了公司存在的其他理由。比如科斯说公司减少了交易成本能起到协调作用，张五常说公司提供了合约，还有人说公司解决了监督、提供了资源独特性等[10]，但是奈特这个"不确定性"的说法，是最根本的。

如果从某一天开始，世界上再也没有不确定性了，那么市场的力量就会迅速把公司利润变成0。市场经济和马克思主义殊途同归，企业家就不需要存在，大家都应该拿固定工资。

其实现在企业家的日子也不好过。我们看街上那些餐馆，开了关关了开，真正能长期赚钱的没有几家，可能大部分老板都是赔钱。没有稀缺是不可能赚到钱的，但是利润只出现在你刚刚掌握某种稀缺，而别人还没有跟上的那个时间段。别人跟上了，模仿了，你就必须再去寻找新的不确定性。

一切赚钱的生意都有不确定性。考虑通胀的因素，你把一大笔钱放银行里拿利息，那叫躺着花钱不叫躺着赚钱。哪怕是买几套房子收租金，你都得面对房产市场的不确定性。

世界上没有一劳永逸的利润，也没有真正躺着赚钱的企业家。

那平均而言，企业家的收益是正的还是负的呢？这取决于当时当地的大环境。那此时此地，我到底该不该去做个企业家呢？没有答案。有答案就不叫不确定性了。

不确定性都是从哪儿来的呢？一个有意思的不确定性是中国经济学家张维迎说的[11]。他说中国改革开放这么多年，商业活动最大的不确定性，是"体制的不确定性、政策的不确定性、政府行为的不确定性"。这体现在政府对资源的调配非常随意，使得"只有有政府关系、有政府背景的人才真敢去做企业"。

张维迎说，正是这个不确定性加剧了中国的贫富差距。在中国市场化程度高、体制不确定性低的地区，比如浙江省，人们更富裕，但收入差距反而更低——因为利润分布更均匀。

这个规律是不确定性越大，利润就越高——企业家为利润而奋斗。但是，市场这只"看不见的手"恰恰在降低总利润，是那些"看得见的手"，提供了额外的不确定性，才给人带来不合理的利润。

那如果我们把体制给理顺，让竞争越来越公平，未来的不确定性会不会越来越少呢？不一定。

奈特列举了不确定性的好几种来源，比如未来人口的变化、资源的供给，等等。其中我们现代人最关注的肯定是创新。创新本质上是不可预测的，你不知道未来会有什么新技术出来，你也不知道一个新技术出来会不会被市场接受。一切创新都有强烈的冒险成分，关于这一点已经有太多经济学家讨论了。

而奈特更厉害的一个洞见，则是"价值"的不确定性。说白了就是人的欲望的不确定性，你不知道未来的人喜欢什么。奈特1924年发表了一篇文章叫《经济学中科学方法的局限性》，说经济学不仅仅是什么资源的有效调配，把一个什么价值函数最大化的问题，因为人的价值观是会变的。

人生最根本的是在价值领域中探索，是努力发现新型的价值，而不是照着现有的价值观把生产和享受最大化。[12]

一百多年前整天坐马车的人没有想要一辆汽车。2006年以前的人并不期待智能手机。今天的多数人不能理解马斯克为什么非得让人去火星。人生的终极任务不是满足某种价值，而是发现和创造新价值。

因为这个见识，奈特后来被认为是个道德哲学家，而不仅仅是个经济学家。

也因为这一点，你不需要非得是个企业家，也不一定非得拿金钱利润。艺术家、教育家、工人和管理者，包括消费者，都可以是价值的发现者和不确定性的制造者。

只要把周围的世界往你想的那个方向推动一小步，就算是你的成功。

"自由的探矿者"和"稳定的铜矿工"

这一节我想给你破解一个谜：为什么中国的基础创新能力不

行。咱们先来看两个场景。

第一个场景是，现在有一片巨大的矿区，其中大部分矿藏都是普通的铁矿，有些是铜矿，还有少量金矿，甚至还有一些宝石矿。你要在这个矿区里挖矿，挖到什么都会得到相当于矿石本身价值的回报。挖什么、在哪里挖都由你自己判断决定。你以个人身份面对不确定性，运气好可能会挖到宝石一夜暴富，运气不好可能连续好多天什么都挖不到。我们把这种情形称为"自由的探矿者"。

第二个场景，我们称之为"稳定的铜矿工"。另有一片矿区，其中只有铜矿，但是储量特别大。有个机构愿意按照公平的，甚至可以说是相当高的价格收购铜矿石。你只要每天去挖一些铜矿石回来卖掉，就能获取一份不错的收入。

咱们假设按照人均而言，两者的收入差不多。那么请问，你是更想当一个自由的探矿者，还是稳定的铜矿工呢？

做个铜矿工当然就没有了暴富的希望，但是收入稳定，未来可控，不用整天担心朝不保夕，特别适合养家糊口。鉴于我经常听人说"不图大富大贵，只要平安就好"这种人生观，我相信大多数人的选择是去做一个稳定的铜矿工。

这个选择无可厚非。从投资理财的角度来说，如果均值一样，你应该选波动性小的那个。

可是如果我们换一个更高的视角，想象你是那个收购矿石的机构，答案可就不一样了。你可能会希望什么样的矿石都能有一些，最好还能得到一些罕见的宝石。为了收获惊喜，你就得让系统有不确定性。你会更喜欢自由的探矿者这样的制度。

我要说的就是，"自由的探矿者"是正确的科研制度，而"稳定的铜矿工"是中国的科研制度。

我有一次回国时接到一个做报告的任务，到一个研究所去讲"以人工智能为例，谈谈科技创新的对外依存与自主可控"。正好我有个同学是国内某著名大学的人工智能和机器学习方面的教授，为了把这个话题讲好，我专门采访了他。

我同学他们现在使用的完全是国际最新的技术，不过他还是很佩服美国同行。这个领域最原始的想法都是美国人想出来的，而且直到现在也是美国人的想法更丰富。中国科学家的跟随能力很强，也可以在某个方向上超越美国同行，但原创性的发现能力还是不行。为什么不行呢？我同学认为问题在于在国内搞科研不自由。

你可能会觉得有点奇怪，人工智能是个纯技术领域，又没有什么学术禁忌，有啥不自由的呢？我同学说，的确是你想研究什么都可以，但是实际上，因为有发表论文的要求和短期项目的诱惑，国内科学家并不容易去自由地探索一些不一定能出成果，却有可能带来惊喜的方向。

带着这个问题，我又重读了一遍人工智能神经网络方法的祖师爷之一，特伦斯·谢诺夫斯基写的《深度学习》[13]。这本书回顾了使用神经网络和深度学习算法实现人工智能的科技发展史。我先用最简单的语言给你讲一遍这个故事。

最早的时候，人们设想人工智能是一套基于规则的专家系统。先把一系列规则都给说明白了，然后拿一个东西来，看它是否符合规则。这个做法已经能用来证明数学定理，但是却不能用来做计算机的图形识别。

人们对计算机视觉的难度估计过低。20世纪60年代，美国军方给了麻省理工学院一笔钱，要求他们研发一个会打乒乓球的机器人。大家都觉得这应该很简单，就把这个任务交给了一个本科生，结果做起来才发现这件事情有多难——你连怎样让计算机从一张照片中找到乒乓球都不知道。

但是早在20世纪50年代，就已经有一些人想到，能不能通过模拟人脑来解决计算机视觉问题呢？人脑识别一个东西根本就不是基于什么明确的规则，我们都是直觉判断，是特征匹配。这就是"神经网络算法"的最初思想。有个神经学家发明了"感知器"——神经网络的前身——用于给图形分类，然后又有数学家在1957年证明了"感知器收敛定理"。不过这些思想都属于非主流，感知器有些根本性的困难，被认为没有前途。

到了20世纪80年代，谢诺夫斯基本人曾经去麻省理工学院做了一个报告，他说当下最强的计算机比苍蝇的大脑要复杂得多，那为什么苍蝇能够在飞行过程中很好地识别各种物体、避免撞上，而计算机做不到呢？因为大脑的神经网络系统是固定的，是演化的产物，而计算机系统是通用的。这一派的想法是设定一些虚拟的神经元，形成一个网络，就好像大脑一样，然后根据具体的问题对神经网络进行训练。

这有点仿生学的意思。其实谢诺夫斯基本来是个生物学家，他曾经是哈佛大学医学院的神经生物学博士后。他完全凭兴趣写了一篇有关用计算机实现神经网络的小论文，然后就被邀请和搞人工智能的科学家们开会交流，属于跨界。

而这个跨界思想一直到20世纪80年代都是被主流打压的对象，拿经费、发论文都很困难。不过当时主流学界也没有更好的办法，人们普遍认为人工智能的寒冬到来了。彼消此长，非主流渐渐有了发展空间。

包括一位最著名的生物学家、DNA双螺旋的发现者之一，弗朗西斯·克里克，也参与进来。人们甚至借鉴了像无脊椎动物的脑神经系统这种非常专业的生物学知识，把生物视觉和计算机视觉放在一起研究。就这样，计算机科学家、生物学家和数学家合作，奠定了现代神经网络的理论基础。

这个思想不但解决了计算机视觉问题，而且被用于语音识别、机器翻译、医学诊断等众多领域，包括围棋机器人 AlphaGo 也是这个思想的产物。

我们可以从这段历史中总结出三个特点。

第一，学者搞研究是为了解决问题，而不是为了发表论文。

第二，现在如日中天的思想，刚出来的时候在领域内属于非主流。用谢诺夫斯基的原话来说，这是一个"一小群人在对抗建制派"的故事。

第三，成功来自计算机科学家、生物学家、脑科学家和数学家的跨学科合作，而这个合作完全是自发的。

这是一个开始于20世纪50年代的美国故事。那我们今天的中国，能不能发生这样的故事呢？我认为比较难。咱们回到开头的挖矿模型。

科学家应该是自由的探矿者。

什么是为了解决问题而研究？就是主动探测稀有的矿石和宝石。科学家的首要追求并不是钱，而是声望。你的发现越重大、越稀有，它带给你的声望就越大。当然钱也很重要，而且政府，包括军方，是主要的矿石收购者。

不过政府应该按照矿石的实际价值收购。宝石必须比铜贵多，人们才会愿意去寻找宝石。

为什么会有人探索非主流的方向？因为人少的地方有可能有没被发现的宝石。一大群人都在那个地区探测，一开始你也跟着去了，后来你发现那里好像没有什么好东西了，你自然就会想去别的地方。对探矿来说，独立思考真的是有好处的，而不仅仅是一句口号。

为什么会有跨学科的合作？挖矿这件事完全是自由人的自由联合。可能我的力气大，你有好的出货渠道，他善于探测，那我们三个人就应该联合起来去做这件事。如果我们团队还差一个挖矿工具，我们自然就会再去找一个手里有好工具的人。各路人马觉察到这片土地有好东西，自然就会都跑过来参与。

所以这个人工智能的故事没有任何奇特之处，这就是科学发现的典型故事。那为啥中国就没有这样的故事呢？因为中国实行的是"稳定的铜矿工"制度。

一方面是因为我们过分追求"公平、公正"的量化管理，一方面是因为中国收购矿石的机构，并不怎么在意你拿出来的是铜矿石还是宝石。中国科研体系不在乎实际问题，只认论文。

你研究十年，给某个领域提出一个新方向，未来也许影响深远，发表在了重要的期刊上。别人花很多钱买了五台冷冻电镜，批量测定各种蛋白质分子结构，因为引用率高，能发一大堆顶级期刊论文。中国的评价体系只看论文发在哪儿，不看研究的实际价值，所以你的宝石最多只能得到跟铜矿石一样的收购价。

挖铜矿石是容易的。铜矿代表主流，铜矿代表跟风，铜矿就在那里。你只要勤奋就行，你不需要运气，你甚至都不需要聪明。

有稳定的铜矿谁还去挖不知在哪儿的宝石啊？！

以前有些中国科学家抱怨中国的科研制度，现在这种声音已经很少了。以我之见，中国科研制度虽然对"科学发现"、对"国家"都没什么好处，但是对"科研人员"很有好处。这个制度给了科研人员稳定的收入和比较高的地位，把他们养得很愉快。这个制度还非常可控，完全不必担心学者们做出你不喜欢的事情。

当然，我们偶尔会想，为啥改革开放四十年，中国都没出一项诺贝尔奖级别的工作……但是，我们的内心深处是满意的，只要铜矿的收购价足够高就行。

我还发现，以自由的探矿者开始的事业，总会向稳定的铜矿工方向演化。

现在美国的科研体系正在变得"中国化"。过去几十年美国的科研经费呈指数增长，可是并没有得到相匹配的科研成果。科研工作者们越来越以发论文拿经费为目标，评价方法越来越量化。具有跨学科眼光的"通才"型人物所占比例很少，工匠式学者的生存空间越来越大。

而这个道理是容易理解的，哪怕是一群强盗，只要占山为王，也会追求稳定。稳稳当当地把科研经费接下来，完成任务，实现可持续发展，这是人的本能。

但这种日子其实是不可持续的。主流终将面对困局，世界上没有取之不尽又永不降价的铜矿山。我们只是不知道困局何时到来。

自由和稳定互相矛盾，声望和位置是两种追求，创新在本质上不可控。真正的科学家和创业者都是反叛者。意识不到这一点，谈论"创新"就是叶公好龙。

寻宝者思维

我看过有人发了这么一条推特。他说2010年底的时候，凯文·凯利的《失控》这本书在中国特别火，大家都在讨论，但是他觉得流行的东西都可能名过其实。于是当时他就给十年后的自己发了一条提醒消息，说如果到时候这本书还是很热门，他再读。十年后他收到了这条提醒，结果他感觉《失控》，包括凯文·凯利果然都已经过气了，他很庆幸自己当初没读这本书。

这是一个非常错误的读书观念。

《失控》其实是本好书。凯文·凯利是个思想家，他根本就不存在过气不过气的问题。而且就算是一本流行一时就过气的书，也可能反映了当时的一个时代精神，而你错过那本书就可能错过了比如说九年前的一个机会。更何况思想是积累出来的。如果你十年前读过《失控》，以那本书为起点，也许今天你的思想已经在当初凯文·凯利的基础上又提高了一大块——可是因为你没有读，你连起点都没达到。

这不是具体哪一本书的事儿，是这个人的读书系统不行。真正的读书人不能只想读好书，不能害怕把时间浪费在"坏书"上。

因为如果不敢读坏书，你就不能确保读到好书。

这里我想对比两种思维模式，也可以叫两种心态。

第一种，只想做"对"的事儿，可以称之为"优等生心态"。这种思维就好像学校里那些好学生一样，希望每一门功课都取得好成绩，害怕有短板。这样的人做十件事，他指望把其中至少九件做好，然后还会为没做好的那一件道歉。

生活中的确有大量的工作岗位需要优等生心态。如果你是一个客机飞行员，你必须把每一趟都飞好，不容有失。如果你是一位老师，你得把每堂课都讲好，你得善待每一个学生。如果你是个厨师，你也得尽量让每道菜都体现出高水平。

优等生心态害怕犯错误，认为所有的失败都应该接受指责，所有的浪费都应该反省。但优等生心态其实是职员思维，你做的事儿都是安排好必须做的。

那如果现在不知道该做哪件事儿，不知道每一件事的后果会怎样，比如你是一个企业家、投资人或者领导者，你得从一大堆可能有好处的事儿中挑选几件，这时候用职员思维就不行了。你需要我说的第二种心态，"寻宝者思维"。

就拿挣钱来说，如果不指望靠固定工资致富，想用投资之类的办法赚点"大钱"，你需要换一个系统。你需要把职员思维换成寻宝者思维。

做投资的人知道，投资组合都有强烈的尾部效应。往往你投的项目大部分都不成功，但是有少数会极端成功，而你几乎所有的收益，都来自那些极端成功的项目。这个效应是投资中的"80/20法则"。而且这个"投资"是广义的，并不限于股票交易。

比如艺术品，你可能觉得那些靠买卖艺术品赚了大钱的人成功的关键是眼光好，知道哪个艺术家将来会红，买古董专门捡漏。其实不是。艺术品投资的关键不是捡漏，而是走"量"。

你得在毕加索这样的人还没有那么出名、作品还没有那么值钱的时候就买入，等到特别值钱的时候再卖出。可是既然当时毕加索还没有那么出名，你又怎么知道他能不能出名呢？所以你只能多买。你的策略是把看着差不多、感觉有前途的都买下来——历史会证明这些作品大部分都不会成为什么"爆款"，但是只要其中有那么几个成了爆款，对你就足够了。

寻宝者思维的关键就是要广撒网。你估计这一片矿山中可能有宝石，那你能说我只探索其中有宝石的那个地方吗？你能说我只买有宝石的那个坑吗？你必须把这一大片都控制起来才行。足球学校、明星经纪、版权代理、IP改编，全都是这个思路。

你早就明白这个道理，但是我敢打赌，你一定低估了这个效应有多么强烈。

比如风险投资，我们设想你投了100个项目，你能不能估计一下，其中成功和失败的比例大概是多少？合作基金会的合伙人和专栏作家摩根·豪泽尔在《金钱心理学》[14]一书中列举了一项研究，统计了从2004年到2014年的21000个风险投资项目，结果发现：

> 65%的项目是赔钱的；
>
> 2.5%的项目增长了10～20倍；
>
> 1%的项目增长超过了20倍；
>
> 而有0.5%的项目，也就是说21000个项目中有大约100个，最后赚了超过50倍。

这才是风投的真实情况。你想要抓一个能赚10倍以上的项目，概率只有3.5%。你要是万一运气不好，正好错过了那几个特别成功的项目，你的风投事业就会惨败。当你看到别人一个项目赚了几十倍的时候，你得知道，他别的项目可能都赔了。

那你说风投的风险太大，我不投创业公司，只投那些成熟的、已经上市的公司行不行？情况其实差不多。成功上市并不能让一个公司从此长治久安，该失败还是会失败。JP摩根资产管理选了3000家优秀公司，弄了个"罗素3000指数"。它统计了从1980年到2014年，这些公司的表现，结果是：

> 其中40%的公司，市值下跌超过70%，而且再也没缓过来，等于彻底失败了；
>
> 几乎全部罗素3000指数的收益，都来自其中7%的公司。

这是同样的故事：极少数特别成功，给你带来所有的收入；其余的要么不挣钱，要么赔钱。

请注意，这3000家公司都是优选出来的，却仍然有这么高的失败率。这个高失败率可不仅限于新兴行业，高科技公司的失败率是57%，电信公司的失败率是51%……而且就连那些最稳定的，从事电力、供水、交通的公用事业公司，也有13%的失败率。

失败是普遍的，成功是罕见的。

那你说，不对，这还是眼光的问题。"精英日课"专栏不是讲过吗？要想提高优异数，最好的办法是提升均值，把正态分布的曲线往右端移动一点[15]。没错，但是别人已经这么做了。

比如我们不看指数，我们看巴菲特。巴菲特绝对是选股高手吧？他在2013年的股东大会上说，他一生之中大概拥有过400～500只股票，而他的大部分钱都是从其中10只股票中赚的。查理·芒格马上补充了一句说，如果你把伯克希尔最成功的几笔投资拿掉，他们的投资成绩是非常平庸的。

"眼光"是有上限的，最终你还是得靠放量。

即使在那些已经是优中选优、最成功的公司内部，也有很多不成功的项目，成功的项目只是极少数。

在标准普尔 500 指数的 500 家公司之中，亚马逊一家贡献了整个指数 6% 的回报率，苹果则贡献了 7%。那是不是亚马逊和苹果公司的大部分项目都是成功的呢？不是，它们的大部分项目都不成功。苹果公司的收入大头来自 iPhone 这一个项目。亚马逊的收入大头来自 Prime 用户和网络服务这两个项目。

再比如说迪士尼，迪士尼早期是非常艰难的，创始人华特·迪士尼对电影品质超级讲究，喜欢搞大投资、大制作，结果他制作的绝大部分电影都赔钱。20 世纪 30 年代，迪士尼拍了超过 400 部动画片，几乎全都失败了。

但是，其中有一部大获成功。

那就是《白雪公主与七个小矮人》。这一部动画片，就在 1938 年的上半年，给迪士尼带来了 800 万美元的收入。这些钱足够挽回前面所有的损失，而且让公司大赚一笔，并升级扩容。

现在我们固然可以说华特·迪士尼是个天才，他的理念是对的，正因为有这样大制作的理念，公司才大获成功。

可是，华特·迪士尼也许不敢想象，如果没有《白雪公主与七个小矮人》，他的公司会是什么样子。

一部。

成败就差这一部。

这是一个"好东西"分布非常不均匀的世界。

在你的一生之中，对你影响最深的可能就几本书，决定你前途的可能就是一两项技能，改变你命运的可能就那么几件事，对你最重要的也许只有几个人。

错过他们，是你不可接受的损失——可是你非常容易错过他们。那你怎么办呢？

一方面，当然你要提高判断力和把事做好的能力。你首先得能选择那些潜在的好东西，并且要努力去做好。为了提高平均成功率，你需要学习和模仿，需要请高手给你推荐。但是这些都是有限的。世界上并没有选择好东西的固定算法，这就是为什么巴菲特选股也大多选不对。而且就算别人说好，也不一定适合你。你是独一无二的，只能自己选择。

百货业之父约翰·沃纳梅克有句名言，"我知道在广告上的投资有一半是无用的，但问题是我不知道是哪一半。"套用这句话，我们大约可以说，在你面对的所有选择之中，也许只有1%是最好、最适合你的，但你不知道是哪1%。

所以你必须放量，别指望奇迹，没有量就没有一切。查理·芒格为什么一天到晚都在看报表？他没办法。他绝大多数时候都是只看不买，他得看过很多很多，才能选中一个。那些最成功的科学家为什么能做出特别重大的发现？并不一定是因为他们多聪明，更主要的是因为他们尝试得足够多。

我还看过2015年的一项研究[16]，说那些特别能产生创造性想法的人，为什么那么有创造性呢？研究考察了他们大脑的思考方式，结果最关键的是他们的想法多。因为想得多，所以才容易想到最有创造性的那一个。是数量，带来了质量。

我为什么知道这个研究？因为我看的研究多。我就跟查理·芒格整天看报表一样整天都在看各种资料找选题。而这个研究还不够成为一个单独的选题，只能放在这里做个辅助的证据。

事实上，我挥霍掉了很多潜在的好选题。但那并不是浪费，那只是没有入选。这其实也是演化思维，所谓失败其实应该叫尝试。你就得广撒网、多尝试，扩大搜索范围，不怕浪费时间和金钱，才能确保找到最好的那几个。

如果你只想做对的事，做被历史证明可行的事，你的路会越走越窄。奈飞的CEO里德·哈斯廷斯，有时候会故意砍掉一些明知道能收回成本的大制作影片。这样的影片往往是成熟的题材，只要你投入足够多，收视率就能保证。但是同样的题材拍得太多就会重复，观众迟早会厌烦。奈飞的策略是，宁可少拍几部大制作，把钱省下来去投资一些探索性的、冒险性的项目。一些观众可能会不喜欢，可能看了之后会一怒之下取消订阅——但是哈斯廷斯恰恰希望能激怒一些观众，他认为现在取消订阅的人太少了。

抓好东西往往还意味着出手要快。有时候不能想太多，不能指望谋定而后动，而应该"有枣没枣打一竿子再说"。

我的感慨是，人们搜索好东西的主动性太低。体制化的学校教育和按部就班的工作把人驯服得太老实了。你不能等着好东西来找你，你得主动去找它们才行。就好像打游戏一样，到任何地方都要先搜索一番，看看有没有宝物。

这不仅仅是投资的事儿。一部小说好不好看、一个游戏好不好玩，有时候就取决于其中有没有宝物。真正的宝物往往不是一分钱一分货买来的，而是你搜寻出来的。

扫码免费听"精英日课"精选内容
与世界前沿思想和信息保持连接

第二章　学习和研究系统

你能读外国书，很好；我只能读中国书，都读完了，没得读了。

——夏曾佑

全覆盖级的读书

如果你喜欢读书，那么你很幸运，因为现在是一个对读书人空前友好的时代，找书、选书和读书都很方便。就拿得到App的电子书会员服务来说，每年花不到两百元的订阅费，就可以随便看中文世界的各种新书好书，还有全站全文搜索，就好像做梦一样。

千万别辜负这个时代。如果说一个现代读书人的阅读水平还不如几十年、上百年前的那些人，那就太说不过去了。有当今这样的条件，你应该读出什么水平来呢？

我先给你讲个典故。宋仁宗嘉祐二年，当时只有二十一岁、已经考中进士的苏轼，参加了礼部的考试，考题是《刑赏忠厚之至论》。苏轼写下了一篇后来入选了《古文观止》的文章。

这篇文章的思想并不算特别出奇，但是其中有个小细节很有意思。苏轼讲了个故事，他说尧帝的时候，皋陶是司法官。有个人犯罪，皋陶三次提出按照法律规定必须杀这个人，而尧帝赦免了这个人三次，相当于动用了"总统特赦权"。

这场考试的主考官是欧阳修。欧阳修读了苏轼这篇文章，产生两个感想。第一个感想是，这篇文章的写法不是宋朝人的习惯写法，而是他正在提倡的"古文运动"的新写法。欧阳修据此断定，此文必定是自己的弟子曾巩写的，所以他不好意思给第一名，给了个第二。

欧阳修的第二个感想是，苏轼讲的那个故事，他以前没听过。后来见到苏轼本人，欧阳修还特意问了一下，说你那个尧帝和皋陶的典故是哪本书上的啊，我怎么不知道呢？苏轼承认故事是自己编的。

这是一场文坛佳话。你要没听过，你书读得可能不太够。得到App电子书库中提到《刑赏忠厚之至论》的书逾百本。

我想起这件事，是因为欧阳修的两个感想，展现了读书人的两个能力。

我们读各路武侠和修仙小说，总有些什么气海、内力，什么资质、灵力，各种超感知能力，你知道那都是编的。现实世界最能打的人主要靠身强力壮出拳快，好用的武功没有那么多维度。但是读书人的功夫有一些高级的维度。

欧阳修把苏轼的文章一拿起来，就感觉有一道陌生而又熟悉的真气刺入了自己的气海。说它陌生，是因为这个风格绝不是当时文坛主流的手法；说它熟悉，是因为有点像自己。欧阳修心念一动：难道是曾巩？

很明显，欧阳修作为文坛大宗师，不但清楚当今天下的文风是什么样的，而且清楚每个人的文风都是什么，每个文风都对应哪些人。

识别真气的典故西方也有。1696年，瑞士数学家约翰·伯努利向全欧洲的数学家提出公开挑战，看谁能解决当年伽利略提出的"最速降线"问题。这个问题是说，让一个小球从一个高处的A点，在引力作用下沿着光滑轨道运动，下降到一个位于低处并且稍远一点的B点，请问最快的路径是什么？

请注意，最快的路径未必是最短的路径。此前伽利略就已经知道，有曲线路径比A、B之间的直线更快，但是伽利略不知道什么样的曲线最快，而约翰·伯努利算出来了。

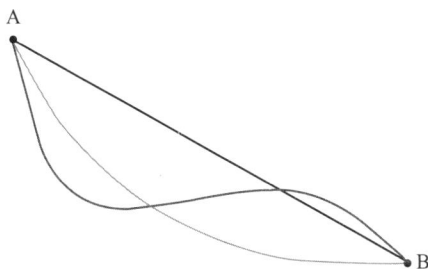

图2-1 [1]

约翰·伯努利收到了五份正确答案，解法各不相同。其中一份是他自己的，一份来自莱布尼茨，一份来自雅各布·伯努利，一份来自洛必达——这四人都是传世的著名数学家。第五个人，却没有署名。

这第五个人不是别人，正是牛顿。传说牛顿在傍晚时分接到了挑战，一晚上就解决了。但是为了表达对约翰·伯努利等人的藐视，牛顿以匿名的方式寄出了答案。

而事实证明，牛顿的确无须署名，约翰·伯努利一看那个解题的手法，就知道肯定是牛顿。

约翰·伯努利感知当时科学家的解题手法，就如同欧阳修感知北宋文人的文风。

如果你把北宋文坛想象成一个江湖，那么欧阳修对这个江湖有强烈的智力掌控感，只不过苏轼给了他一个惊喜。欧阳修的掌控感还体现在，他看了苏轼文章中尧帝的故事感到很奇怪。

他奇怪的不是故事本身——这个故事很符合尧帝的人设——而是为什么有一个自己没听说过的典故。尧帝流传下来的典故就只有那么多，欧阳修作为读书人早就应该全知道才对。所以他见到苏轼才会特意提出那个问题。

欧阳修的掌控感和敏感度很有道理。读书读到一定水平，你眼中的世界不再是无限的，而是非常有限的。

这就是我想跟你说的高水平读书境界——全覆盖。

有什么书，你都读过；有什么人，你都认识。你对整个局面有智力掌控感，谁一出手你就知道怎么回事儿，这就叫全覆盖。

"全覆盖"的社区是一个什么状态呢？咱们打个比方。理论物理学家徐一鸿，在《可畏的对称》[2]这本书里讲过一个关于"笑话俱乐部"的故事。这个俱乐部的会员在一起讲笑话都不用讲全，只要说一个编号就行。比如你说"AS-18"，我就知道你说的是一个苏联政治笑话，我想起这个笑话就笑了起来。而俱乐部把所有的笑话都给编了号。

全覆盖境界下的读书人交流，会默认在场所有人读过所有的书。这意味着所有知识、所有典故都已经编码了。你提一个话头，别人马上知道你要说什么，这样交流大家很舒服。你没有做到覆盖，你就不在圈子里。

所以过去的读书人对"全覆盖"都有偏执般的追求。1923年，清华大学的几个学生即将去美国留学，又怕被中国的学问圈落下，请胡适先生给开个国学必读书单。胡适开了一个有190种书的"一个最低限度的国学书目"。梁启超先生看了这个书单说"挂漏太多""博而寡要"。胡适又精简成一个"实在的最低限度的书目"，有39种，但是其中包括《全唐诗》《王临川集》之类的大全集。然而梁启超也没有做得更好，他列出的"国学入门书要目及其读法"有160种书，之后的"最低限度之必读书目"中全都是各种"集"，比如《资治通鉴》和《李太白全集》。

梁启超和胡适心想，要是这几本书你都没读过，你还跟我谈什么学问。

那要这么说的话，读书要读到全覆盖级，可是太难了。试问现在还有几人能把那些全集都读一遍呢？历史作家张宏杰算过一笔账[3]，一套《二十四史》总共四千多万字，你要是每天读三千字——我看这已经不少了，毕竟你还有别的书要读——至少得读三十六年。

哪怕书都不要钱，读书也不能这么读。如果你真想一本一本都读过去，你只会感到绝望。很多人因为绝望而放弃了对全覆盖的追求，觉得自己当个专才就不错了，生也有涯知也无涯，没必要什么事儿都知道。

你要想放弃，那你就错了。我认为全覆盖并不神奇。

事实上现在任何正式的学术交流，都是默认全覆盖。科学家写论文作报告不会先解释一遍专有名词和基础知识，都是上来就说新东西。内行看到一篇论文又不会觉得它全是新的，他能迅速识别那个研究的背景、起点和方法，并且熟悉作者的思想流派。内行都能找到欧阳修见苏轼的那个陌生又熟悉的感觉。

中国的书虽然多，但是达到全覆盖水平其实不算特别难的事儿。当年曾国藩二十多岁考进翰林院，刚到北京一看别的同学都读过很多书，而自己是个应试教育的牺牲品，除了八股文啥也不会，别人说话引经据典他都听不懂，感到很自卑。可是曾国藩一发奋，没过几年，读书就达标了。

据说陈寅恪先生幼年时拜见历史学家夏曾佑，夏老先生对他说："你能读外国书，很好；我只能读中国书，都读完了，没得读了。"[4]

这些人是怎么做到的呢？书那么多怎么能读完呢？你怎么才能看出来世界是有限的呢？

我的体会是，我们读书不是为了记住每一本书都讲些什么，而是为了建立一套自己对世界的"认知感"。

比如有人把一首诗摆在你面前。你没读过这首诗，但是你能从它的词句、意境、格局之中获得一些感觉。如果这首诗水平很烂，一看就是现代人写的"老干部体"，你根本就不用理会。而如果它出自高人之手，你也许就可以猜测出它是哪个朝代的、哪个流派的、作者大概是谁。你不必读过所有的诗，甚至都不必通读《全唐诗》，就能获得对唐诗的认知感。

这个认知感往往无法言传，读书在一定程度上是"内隐学习"。就好像老专家鉴定文物一样，他说不清到底哪里不对，但是因为他看过的"老东西"多了，就会有一种"感"。

读书就是要养这个"感"。你没有必要通读《王临川集》，但是如果你对中国历史感兴趣，王安石这个人物，你得有个认知感。王安石是凉的还是热的？软的还是硬的？毛茸茸的还是扎手的？你没见过王安石本人，但是如果一个外行说王安石如何如何，你能听出来他说得不对。我没通读过牛顿的《自然哲学的数学原理》，但我知道牛顿是谁。

读过一些讲现代科学的书，你会对当前科学理解、对现代科学的研究手法有一定的认知感。别人跟你说个什么伪科学的事儿，你一听就不对。

有些书能让你迅速建立对某个事物的认知感，有些书虽然列举了一大堆事实但其实很无感，有些书能给你错误的认知感。读一本书就好像服用一副魔药，各种不同感受在你体内融合，使你变得敏感。

读的书越多，你的敏感度就越高。你会体察到特别细微的差别：这个知识新不新？这个研究方向有没有前途？这个结果有多大价值？你的气海已经建立起来了，能准确判断各种真气。

既然读书目标是认知感，那么谁开的什么书单、哪本书是不是必读、要精读还是随便翻翻，那些就都不重要了。我们读书不能以书为本，必须以自己为本，以修炼认知感为本。

所有的书都是你的修炼资源。所以得到 App 电子书服务太可贵了，等于你守着一个"灵石矿"[5]。我每天都要看看又上架了什么新书，要打开好几本找感觉。

什么书应该精读呢？那当然是"熟悉＋意外"。你要选那些既能跟你现有的认知感产生共鸣，又能让你感到些许意外的书。比如说，什么是"科学方法"？如果你已经比较熟悉卡尔·波普尔的说法，那现在大概是了解托马斯·库恩的好时候，而不是去把波普尔的全集读一遍。

我的感觉是人类其实没有多少知识。我每天都在寻找能让我震惊的新知，但能找到的概率很低。用最快的速度建立一套成熟的认知感，再出什么新书、再冒什么新人，你就会非常敏感。你可能只恨知识进步速度太慢。

从搜索到调研的功夫

如果你是个有心人，我们这个时代给了你一种神奇的力量，一种以前的人连做梦都想不到的力量。我还是先给你讲个故事。

1. 戏法

小张和小李在同一所大学念研究生，两人专业不一样，但是宿舍挨着，是好朋友。小张是学生物的，对计算机并不太精通，平时遇到编程之类的问题就问小李。小李是学经济学的，其实也不专门研究计算机，但是好像非常懂计算机。有时候小张在办公室遇到问题给小李发个邮件，小李很快就回复。

有一次小张办公室的计算机出了毛病，启动后过不了几分钟就自己关机了。小张赶紧找小李。小李过来看了看，说："你这可能是CPU过热，我想想办法。"说完就走了。没过多久小李回来，带了一个很小的小包。小李一边把CPU的散热片拆下来，一边对小张说："CPU过热很可能是因为散热膏不好使了，我涂点新的散热膏试试。"小李把散热片擦干净，从小包里挤出一点白色的膏状物质抹在上面，又重新装好。一开机，计算机正常了。

这件事完全超出了小张的认知。他从来没听说过有CPU散热膏这种东西。可小李是怎么知道的呢？也没见他专门学过修电脑啊！

又有一次，小张遇到一个很怪的现象，他的计算机显示某些图形总出乱码，就又问小李。这次小李发给他一个链接，说这是硬件质量问题，你看连新闻都报道了。可是小李传来的那篇所谓的新闻，根本就不是来自常见的新闻网站，而是来自一个非常偏门的地方。小张心想，小李涉猎也太广了吧，谁会整天看这种新闻啊！

小李的秘密，当然是搜索引擎。

你身边有没有小李这样的"业余技术达人"呢？他们从来没正式学过什么日常修理技术，但是好像啥都会修。他们不一定是因为有天赋。

我虽然是学理工的，但是动手能力相当差。我小时候家里有什么需要窍门的活儿，都是我爸和我弟弟琢磨，我从不插手。但是这么多年以来，我也独立干过一些不一般的活儿。我用三个小时给厨房下水道换了一个电动搅拌机；我自己买零件给汽车换过一个门把手；我治好了自己被晒伤的脖子；我把几台不是苹果出的计算机，安装上了Mac操作系统。

像找对象那种人生大事，你得自己摸索，但是生活中能遇到的绝大多数所谓"技术问题"，其实都能从网上找到答案。不但有答案，而且很多都有视频教程，你只要会搜索就行。

但是很多人没有这个搜索意识。如果你不告诉他们你是搜索

066 | 佛畏系统：用系统思维全面提升你的决策力

到的答案，他们会对你产生崇敬之情，就好像你会变戏法一样。

有些人乐此不疲。我以前在物理系有个同事，是个年轻的教授，别的都挺好，就是有点好为人师，非得让人以为他什么都知道。有一次我们在一起讨论，我突然想到一个问题，问他知不知道。他不说知道也不说不知道，他说"我能找到答案"。然后我就问他怎么找答案——我心想你要是上网搜索，那我也会，你要是能请教哪位大牛还行，但是他不说，他说你等着吧。当天下午他到我办公室给我一份打印好的论文，说他找到了。

我一看那个答案不是我想要的……论文很偏门，明显是搜索出来的。

现在搜索已经不是戏法了，但是你未必善于搜索。

2. 什么是"知道"

搜索引擎谁都会用，但是要用好，还是需要功夫的。谷歌（Google）公司负责搜索质量和用户体验的研究者丹尼尔·罗素，2019年出了本书叫《搜索的喜悦》[6]。他在谷歌的后台观察了很多用户的搜索，感慨如果搜索引擎是一辆一级方程式赛车，那么大多数人开车从来没超出过一挡。

有些人在搜索引擎上输入的话是这样的：我急需这个数据，你能不能在下午五点之前告诉我？

有人输入的是：我猜你肯定不知道……

他们连搜索这个动作是跟计算机而不是跟人打交道都不知道。你需要输入的是关键词，而不是礼貌的求助问话。搜索的确需要学习，但搜索是个非常基本的功夫。

搜索这个功夫，要求我们重新认识"知识"。

早在两百多年前，第一部英文词典的编撰者塞缪尔·约翰逊就已经意识到，有了"检索"这个手段之后，知识就已经不必是存在在我们脑子里的东西了。约翰逊说知识有两种：你自己知道的东西是你的知识；而你暂时不知道，但是知道去哪儿能查到的信息，也可以说是你的知识。

现在我们用智能的搜索取代了费力的检索，可以说就更是如此了。所有简单的、事实性的问题都已经不再是问题。我有必要记住珠峰的高度吗？我就算没记住，你能说我不知道珠峰的高度吗？我想用的时候随时可以调出来——至于是从我的脑子里调还是从维基百科上调，我看后者更值得信赖。

知道 ≠ 记住。知道 ≠ 见过。

我以前搞物理研究，需要用到 Fortran90 和 Matlab 这两种语言编程。我从来没正式学过这两种语言，那我应该先系统地学一遍再工作吗？当然不是。我只要学过任何一种编程语言就行。我连这两种语言的编程手册都不需要——最好的办法不是查阅手册，而是临时想用一个什么功能，就搜索这个功能的例子。

我的体会是，就技术问题而言，网上真的什么都有。据我所知，那些专业的程序员，也是一边搜索一边编程。

有了互联网你就有了几乎无所不知的超能力。

不过我们要学的不是简单的搜索，而是"调研"。

3. 什么是"调研"

比如你想知道珠穆朗玛峰有多高，你可以直接在搜索引擎中输入，并得到答案（8844.43 米），这是"搜索（search）"。可是你对这个答案满意吗？那可是一座山峰啊，谁能测量到如此的高度，还精确到厘米级？高度是相对于谁的？是怎么测量的？以前不是说 8848 米吗？中国还有个网站就叫 8848？怎么高度变了呢？

把所有这些问题回答清楚，把珠峰高度这件事儿彻底说明白，这个功夫，叫"调研（research）"。

调研，是要从一点线索追踪进去，深入挖掘一组知识，形成观点。我的"精英日课"专栏每周末有个问答栏目，我经常要回答读者提出的一些额外问题。我不可能什么都知道，我也不能凭自己的感觉瞎说，我要提供有理有据、值得信赖的答案，就必须经常调研。

比如有一次，我们讲到格拉德威尔的书中，美国中央情报局使用"增强审讯技术"对犯人刑讯逼供的事情，有读者问，犯人会不会用说谎的方法躲过酷刑？像这样的问题你要是直接在网上搜索，通常不会有现成的答案等着你，你就必须调研。

从格拉德威尔的书中，我知道肖恩·奥玛拉的《为什么酷刑不好使》这本书是权威科学著作。我没读过这本书，但是这个线索已经很好了。我通过搜索找到奥玛拉本人对酷刑效果的评价。根据这个评价，我们完全可以说，犯人在酷刑之下连撒谎的能力都已经没有了。

可奥玛拉如果只是一家之言呢？有没有事实证据证明酷刑不好使呢？我找到一个专门列举酷刑相关材料的网页，其中提到，有25位审讯人员发表联合声明，说酷刑真的没用。那就算平时不用，极端情况下可以用吗？其中列举的研究说，极端情况也没用。

这个问题至此已经算回答了，但是我们肯定会接着问一句，如果酷刑没用，那什么审讯方法有用呢？我又找到《科学美国人》杂志上的一篇文章，里面列举了两项研究，说与犯人建立亲密关系是更好的审讯办法。到这一步，调研才算完成。

罗素提出，好的调研必须满足三个要求。

第一，要高质量。你必须圆满回答一个问题，形成认知闭环。

第二，要可信。你的资料必须有来源，来源必须具有权威性，最好是科学论文。

第三，要表达好。你得把调研结果交付给读者，让人一看就明白。

这是相当高的要求。高水平的调研要求你有提问的意识、搜索的技巧和科学探索的精神。

其中这个提问，是你成为高水平调研者最重要的一步。大多数人就算有不明白的地方，也想不起来问；就算想问，也不知道怎样提出正确的问题。相比之下，想知道珠峰有多高，是这个时代最简单的事情。

这是一个问题比答案值钱的时代。下次看到什么怪异的新闻，你是随便留下一个质疑的评论，是上知乎之类的地方发起一次提问，还是自己深入调研一番呢？

调研的心法

怎样才算是调研呢？普通的日常搜索都是获取一个信息、回答一个提问或者澄清一个事实；而调研，则是使用综合手段，从公开信息中寻找一切我们需要的东西，形成一个完整的图像，把一个问题给说明白。

比如企业打算生产某种产品，你能不能全面分析它的市场需求、销售渠道、原材料来源、生产成本、相关的法律法规等情况；有个亲友得了疑难杂症，你能不能帮着看看当前医学界对这个病的看法是什么，一般采取什么治疗方法，治愈率怎么样，哪个医院甚至哪个医生最厉害；最近有个明星出了个八卦，在去采访他之前，你能不能先好好了解他。

做事要调动人、调动钱、调动资源，而调研则是调动信息。在搜索如此方便的今天，我们在任何重大行动之前都应该先做好调研。哪怕你自以为对这件事已经很懂了，通过做调研，也常常能发现自己不知道的地方。

我做过的第一项正式调研，大概是在读研究生时的一门专业课上。老师给我一篇论文，让我综述一下其中一个方法的使用情况，然后做个报告。我找到了那个方法被提出来以后几乎所有相关的论文，我总结了理论的进展和各种场合下的应用。具体的细节我都忘了，但是我记得调研完成之后的那个感觉——这帮人搞物理研究也太容易了！其实翻来覆去，这个课题里做研究就是那么一两下子。我涨了不少自信。

所以调研能带给你自信。调研是一个比较宏观的姿态：别人要做出来一个东西可能很难，但是你要知道这个东西，还是比较容易的。

我们还是重点说说基于网络搜索的不太大的调研。

1. 提问

好的调研必须从好的提问开始。我们首先得区分一下"问题（problem）"和"提问（question）"。比如你有一段程序总是运行通不过，或者有个产品卖不出去，或者你感觉这个地方哪里不对，这都只能叫有问题，或者说有毛病。仅仅有问题，还不能展开调研。

你得把问题变成一个可调研的提问才行。

比如你表弟自我感觉良好，可是总找不到女朋友，他问你："难道说我长得还不够帅吗？"这就不是一个可调研的提问。你怎么帮他调研呢？"当前人们认为长得帅的人都长什么样"，这就是一个可调研的提问。你把那些被标记为帅哥的照片搜索出来摆在你表弟面前，应该能对你表弟的问题有重大提示。

问题可能是隐性的，难以言传，而提问必须是显性的。可调研的提问必须有方向。产品卖不出去是因为价格太贵吗？那你的提问应该是"市场上同类产品卖多少钱"；是因为品牌知名度不够吗？那你的提问应该是"各个主流品牌的知名度都是怎样的"。

可调研的提问不能有歧义，必须让别人也能听明白，特别是搜索引擎得明白。对咱们中国人来说，你最好能用比较准确的英文把这个提问表述出来，才可能使用更有价值的英文信息。

而有很多问题，连美国人，甚至搜索专家罗素也不知道该怎么用最地道的语言提问。所以搜索的第一步是找到相关的专业术语作为关键词，比如说一种动物的拉丁文名称。

把问题限制得越明确，搜索效率就可能越高。不要一上来就搜索"内战"，你说的是哪个时代、哪个国家的内战？

程序员可能都有这样的经验：对于一个想要通过编程实现的功能，如果你能用标准的语言把这个功能到底是什么给说清楚，你的问题就已经解决了一半。

提问，已经显示了你的思维视角和思维模型。

2. 逻辑脉络

卓越的搜索者调研一个问题可能要花很长时间，但是你在任何时候打断他，然后问他现在这个动作是什么意思，他都能告诉你他正在做哪一步。他脑子里有张逻辑脉络清晰的调研路线图。

要做到这一点，你必须时刻明确现在的提问是什么：它需要哪些信息？你已经知道什么？你还不知道什么？前面有哪些不确定性？你对现有信息还有什么疑虑？调研的每一步都是在填补一个逻辑空白。

这个过程有点像做一道数学证明题，中间不能有逻辑漏洞。不过绝大多数调研并没有那么多的推理步骤，一般逻辑都比较简单。需要深度推理的问题并不能指望调研解决，调研解决的主要是信息问题。

调研的一个限制是有些关键信息找不到。可能网上根本就没有这个资料，也可能这个资料是不公开的。我们不能轻易放弃，但是我们得承认搜索是有极限的。

3. 信息的可信性

不过对于大多数提问来说，搜索者的烦恼恐怕不是信息太少，而是太多了。负责任的调研必须判断信息的可靠性。比如对中文世界来说，可能网上绝大多数有关医疗健康的信息都不靠谱。

我们作为搜索者，很难从专业角度直接判断网上哪个说法是对的。判断靠谱不靠谱，我们主要看的不是"说什么"，而是"谁说的"。卓越的搜索者对信息的来源非常、非常敏感。

网友说的，你听听就行。

主流媒体记者说的，你必须看他是听谁说的。合格的报道必须给信息来源。

如果你在大学里，老师给你布置一个写调研报告的任务，你必须列举所有的参考文献，做到言之有据。而严格说来，维基百科不能算是合格的参考文献。如果你有哪个信息是在维基百科看到的，你需要引用维基百科里列举的那个更原始的参考文献才行。

学术论文是最过硬的参考文献。这并不是因为科学家更值得尊敬，而是因为学术界说话非常负责任。论文里就算是有争议的地方也会明白地讨论，让你知道这个问题目前还有争议——而不会各说各话。学术论文的写作规范就是你必须先把当前学界对这个问题的理解给调研明白，然后在"当前科学理解"的基础上做你的研究。学术界的知识不是一盘散沙，而是一棵严谨的大树。

卓越的调研者甚至不会把通俗的科普文章和书籍作为消息来源，必须看到原始论文或者学术著作才行。有读者曾经问我，写毕业论文能不能引用"精英日课"里的内容。我对此深感荣幸，但如果你要引用的那个内容不是我原创的，而是我从别处看到的，你应该引用的是第一手资料。

我呼吁所有人写涉及学问的文章时，都应该列出参考文献，或者至少留下让别人找到原始研究出处的线索。如果大家都能这么写文章，"网上信息"的声誉会比现在好得多。

卓越的调研者会使用交叉验证的方式，对最关键的信息给出至少两个不同的来源。他们甚至还会从反面考虑：假设这个信息不对，我怎么推翻它？他们总是确保调研结果代表最新的知识，他们知道知识需要更新。

4. 组织

如果你认为你已经把这个问题搞清楚了，就可以停止调研，把调研结果用自己的语言组织成一份报告。你按照逻辑顺序也行，按照这件事情在历史上演变的时间顺序也行，讲一个自洽而完备的故事。

新手最常犯的错误是不够专注。他们在搜索过程中常常会陷入迷茫，花了很多时间在没有用的东西上，然后调研结果的逻辑都不完备。等到要出报告的时候，新手总爱把自己搜集到的所有信息都列出来，好像他花了时间不留下痕迹就浪费了一样。这样的报告完全没有重点，有时候连他自己都说不清楚到底想说明什么。

调研必须以问题为核心，所有的提问、所有信息都是为那个核心问题服务的。卓越的调研者应该是刻意的——调研过程中的每一步都知道自己在干什么，出报告的时候知道自己在说什么。

但是得到答案还不够。

罗素特别提出一个概念叫"情境化（contextualize）"。你要把这个答案给情境化才行——也就是说，我还需要知道什么，才能更好地认识这个答案。

比如你调研附近有哪些好吃的日本餐馆，找到一家，网上打分是4分。所谓情境化，就是你还得知道这个打分意味着什么，有多少人参与了打分。如果是一家新开的餐馆，现在只有三个人打分，那这个分数就可能比较偶然。再比如说，周围其他餐馆的打分都是什么样的？也许旁边的意大利餐馆全都是4.5分以上，这个信息也会帮助我们。

我经常在虎扑论坛看体育评论，我发现虎扑的人很喜欢问"什么水平"：朱芳雨这个传球什么水平？菲律宾这球场什么水平？布朗尼的这个身体天赋什么水平？这其实也需要情境化。你知道孩子考多少分还不行，你必须知道他这个分数在全班、全校乃至全省是什么水平才行。

情境化要求我们不能只调研到直接的答案，还要调研周边的情境。

以我之见，最好的调研中，你不能只提供信息，你还需要提供对信息的解读，甚至有时候你还应该有自己的判断。

在没有搜索引擎的时代，钱锺书先生可能是中国在文学理论界最厉害的调研者。他写文章总是炫技般地旁征博引，简直是无所不知，堪称活着的搜索引擎。你问他一个问题，他能给你列举若干位学者对这个问题的看法。

但是我听说人们对钱锺书先生的一个批评，就在于他提供的信息太多，而观点太少。比如李泽厚说[7]：

> 互联网出现以后钱钟书的学问（意义）就减半了。比如说一个杯子，钱钟书能从古罗马时期一直讲到现在，但现在上网搜索"杯子"，钱钟书说的，有很多在电脑里可能就找得到。严复说过，东学以博雅为主，西学以创新为高。大家对钱钟书的喜欢，出发点可能就是博雅，而不是他提出了多少重大的创见。在这一点上，我感到钱钟书不如陈寅恪，陈寅恪不如王国维。王国维更是天才。

这番话值得每个搜索者思考。搜索引擎把调研这件事变容易了，这给搜索者提出了新的挑战，你得比机械化的"知道"高明才行。

高级调研法

这一节我们说一个在比较短的时间内，掌握一个小领域的关键知识，乃至于达到这个领域最高水平认知的方法。这个方法的核心是"主动调研"。

当然这个方法的有效性跟具体的人、具体的领域有关系。如果是从零开始，谁也不可能在一年之内成为理论物理学家。但如果你已经是物理系的研究生，这个方法能帮你尽快找到自己的位置。

我们要借助史蒂芬·科特勒在《不可能的技艺》一书中总结的方法[8]。科特勒是个科学作家、研究者和创业者。他有三十年做记者的经验，总是能快速进入一个新的领域，掌握其中的精髓，达到能写出一篇综合性报道或者一本书的程度。你做任何事业都需要这个本事。只要你想进入一个新领域，比如开一家垂直农场，你就需要调研，而且要调研到这个领域最先进的水平才好。

我的"精英日课"专栏第四季讲了"量子力学"和"科学思考者"两个专题，它们已经被编著成两本书《量子力学究竟是什么》和《科学思考者》。在我做调研的时候，市面上已经有无数本讲量子力学的书和很多本讲"批判性思维"的书了。我的目标不是再写"另一本"这样的书。我是感觉现有的书要么就水平太差，要么就不适合非专业读者，要么就过时了——我打算把那些书都淘汰掉。我要写的是"这一本"：如果你想知道量子力学到底是怎么回事儿，请读这一本；如果你想学习科学思考，请读这一本。

听起来有点狂妄，但这可是要出书啊。如果你这本书不是当前最好的，那你不应该出——你告诉我哪本最好，我直接去读最好的不行吗？我们选择目标得用这样的标准。

而这是一个严肃的责任。科特勒以前给 *GQ* 杂志写稿时，对编辑吉姆·尼尔森说过一番话，他说："我们杂志大概有一百万读者，而我们报道的都是全新的内容。"对读者来说，如果你写的主题是他能读到的该领域的唯一观点，你得确保你写的东西是对的。

这是"超人"级的学习需要达到的水平——你要学到是这个主

题的唯一代言人的程度。

请特别注意，这里所说的调研，不是为了"全面了解"一个领域，不是为了给这个领域编写百科全书。我们的目的是发现其中最前卫、最活跃、最有意思的地方，以便给自己找一个独特的定位。

这个过程分为五步。

1. 读书

读书是了解一个领域最简单、最快速的方法。我以前提出过一个概念叫"思维密集度"，也就是别人准备这份读物所花的时间，除以你阅读这个读物所花的时间。比如人家用了1000个小时才写出这么一本书，你两小时读完了，这本书的思维密集度就是500。

科特勒也算了一笔类似的账。一篇网文——比如博客或者公众号文章——你3分钟读完，人家可能写了3天。杂志长文，你20分钟读完，记者可能花了4个月才写成。而一本书，你5个小时读完，作者写的可能是15年的经验。

所以读书是最划算的。当你选定一个领域展开学习的时候，科特勒建议你找其中5本书来读。

第一本是通俗易懂的畅销书。它能让你迅速了解基本知识，熟悉这个话题。

第二本是热门书，通俗性稍弱一点，技术性稍强一点。这本书能让你体会到技术性的乐趣，你会感到兴奋和刺激。你要把其中最喜欢、最能激发你想象力的东西记下来，这种细节往往是你要找的方向。

第三本是有专家视角的书。这本的技术性更强，作用是让你看到专家是如何考虑问题的。特别是这种书，能给你带来大局观，开拓你的视野。

比如同样是讲树木，这种书会从系统生态学的角度去谈树木，帮你跳出来，从更大的视野去看这个问题。同样是研究夫妻关系，这样一本书能够从社会心理学，甚至是社会心理学的历史发展，来分析夫妻关系的演变。这种视角能给你带来高观点。

第四本是一本真正的硬书，是最难啃的一本，是这个领域的专家写给专家看的书。读这种书要识别的是，现在专家对哪些话题最感兴趣。同样是讲人工智能，通俗的书会讲人工智能有多强、人工智能会不会取代人类的工作等，而这种书则会讲当前人工智能技术的真正难点所在，比如卷积算法的命门。通过读这样的书，你会发现一些流行观点是错的。

第五本是关于某一领域未来走向的书，它能让你感知到最前沿的东西。

这五本书其实只是代表。如果你要做学问的话，五本书远远不够。像我写《量子力学究竟是什么》，是把过去三年新出的相关书籍都读一读，至少要翻一翻。我得知道，此时此刻的作者们讲量子力学都讲到了什么程度，绝对不能说有个特别酷的话题我不知道。而如果你是要在某个领域里找个位置做点事，或者已经有一定的知识储备，那比较浅的书对你来说就是不必要的，你可以直接读第四本和第五本。

但是不管你怎么读，这里的心法是一定要主观地读，要带着问题和方向读。科特勒建议在阅读时主要关注以下三点：

第一点，领域的历史叙事。这个领域的大故事是什么，大图景是什么？以前困扰人们的是什么问题？解决了那些问题又来了什么问题？现在大家最关心的是什么问题？你得抓住其中的"主要矛盾"。

第二点是相关的术语。什么叫"不确定性原理"？什么叫"自旋"？什么叫"定域性"？这些行话不懂，你没法跟内行交流。

第三点，也是最重要的一点，是你要把让你感到兴奋的东西记下来。这些是刺激你下一步思考的东西，是你行动的方向。

这里说的读书，不是为了总结那些书的主要内容，没人会考你。高手学习一定是以我为主，建立一套属于自己的技术基线，作为下一步学习的基础。而这仅仅是开始。

2. 采访专家

读完书你会有很多问题，解决这些问题最方便的办法就是找一个专家，直接问他。

科特勒是记者，有天然的优势。他要代表《纽约时报》采访一个诺贝尔奖获得者，人家很可能愿意跟他聊。但实际上大部分专家都愿意回答问题，只是你得尊重专家。

所谓尊重专家，是你要先做好家庭作业再去问，别问人家一些在网上随便就能查到的问题。你得把人家的专业水平用到刀刃上。

而你会发现术业有专攻，专家最精通的是他自己研究的那些课题，对于邻近的有些问题往往他也不知道答案。

这就好比说你去采访国际米兰队的一个左后卫，并问他对世界足球的发展有什么看法。他很可能说没看法。他的任务是在国米打好左后卫，他并不十分关心"世界足球"的发展。你想知道中国足球应该学习意大利还是学习西班牙，这是你的问题，不是他的问题。

你的问题，你得负责。

3. 到达前沿

所谓前沿，大家都没有公认确定的答案，还属于教科书上的空白——而这也恰恰是你能够有所作为的地方。垂直农场在中国的某个城市可行吗？如果别人已经知道可行了，那也就没你啥事儿了。抓住这样的问题并且找到答案，你这趟学习之旅才是有用的。

而对于这种问题，往往很多人都感到好奇，很多人有自己的观点，或者有很多争议还没有形成定论。它常常出现在不同领域、不同专业的交叉点上。

这时候你需要读的是最新发表的东西，比如专业期刊的文章、论文，某个专家的博客、推特或者讲座。这些是专家之间的争论。而这些最有争议的地方，恰恰也是最活跃的地方，可能就是你的机遇所在。

4. 形成观点

当一个话题众说纷纭、专家们也互相矛盾时，你支持谁，又反对谁？你敢不敢树立一个自己的观点？

其实是可以的。你不用自己会踢足球也能看出哪个队强。有独特观点，你才能立住。我写《量子力学究竟是什么》和《科学思考者》都是写给非专业读者的。但就是这样，其中也有一些争议话题。像"量子通信到底有多大价值""量子计算到底能不能终结现有的密码体系"这两个问题，进展非常快，而网上绝大多数文章都是错的，我可能是全世界第一个把明白的逻辑写进书里的人。像"我们为什么相信科学"，我写了一个代表当前科学哲学界的最新理解，可能是第一次在中文世界出现的观点。

你得反复考虑各方的意见，自己拿个主意。你的观点可能会发生几次反转。可能你一开始以为A是对的，后来被B说服了。你拿着B的观点再去找A，A可能会告诉你还是他对。如果没有这样的反转，你的思维可能不够积极。但是你不能人云亦云，总要彻底搞懂了，才能作出高水平判断。

5. 完成叙事

现在你心意已决，可以把学到的东西总结出来了。你要把新观点讲成一个故事，而这意味着你要把其中的因果关系理顺，建立一个思维模型。

你可以给你的家人、朋友或者随便一个陌生人讲讲，看他们能不能听懂；或者可以写篇文章发到网上，供大家探讨；又或者找个专家帮你审审稿。

这也是所谓"费曼学习法"。检验你学没学会最好的办法，就是你能不能给别人讲明白。

这样学习的结果能给你带来一些社交互动。社交互动能产生催产素和血清素。如果你感到其中的压力，你还会得到皮质醇。整个学习过程中你都会产生多巴胺，找到兴奋点的时候你会产生去甲肾上腺素。所有这些神经物质都会让你更容易进入心流状态，你的记忆力会得到强化，学习效果会更好。

你看这多么美好。这种最前沿、调研式的学习是非常让人愉快的事情。你是在跟第一流的头脑对话，你试图寻找一个没人确定的答案！

只要有个好课题，发掘出兴奋点，你会很容易进入心流。

心流是什么境界

上一节说的史蒂芬·科特勒创办了一个叫作"心流研究社"（Flow Research Collective）的机构。这个机构跟各大学的科学家合作，专门研究如何提升人的巅峰表现。这一节我要借助科特勒等人的研究结果，把心流的原理给你彻底讲明白。我们会更新一点以前的认识，讲一个"统一理论"。

"心流"这个词最早是匈牙利裔美国心理学家米哈里·契克森米哈赖在 1990 年出版的《心流》[9]一书中提出的。这本书的中文版还是我给写的序。心流成为当今最重要的几个心理学概念之一，很大程度上是契克森米哈赖的功劳。但契克森米哈赖发明的是"心流"这个名词，他可没有发明心流。

契克森米哈赖本来是想研究人的幸福感从哪儿来。他调研了各行各业的人，发现人们感到最幸福的时刻都是一种相似的状态。你的每个决定、每个行动都跟你的上一个决定、上一个行动无缝衔接，做事完全不卡壳，非常顺畅，整个是自由流动的感觉，所以他把这个状态叫作"心流（flow）"——其实"心"字还是中文翻译添加的，本来就叫"流"。

所以心流是个人人皆有的普遍现象。以前的人们已经从不同侧面、用不同称呼琢磨和追求心流了。古希腊的斯多葛学派讨论过类似心流的现象。很多宗教人士有过某种超现实的、狂喜的体验。森舸澜有本书叫《无为》[10]，他认为中国古代崇尚的"无为"是比心流更高级的一种状态。其实现在看，无为就是心流的一种高级形式。我们说的巅峰表现，也是心流的副产品。

最早把巅峰表现去神秘化，认为普通人用常规手段也能达到巅峰表现的，大概是哲学家尼采。尼采爱说要人做超人，还提出一个成为超人的路线图，现在看，跟科特勒《不可能的技艺》中的说法也是相通的。

契克森米哈赖的贡献在于，他开启了心流的科学化。

契克森米哈赖提出，心流一共有九个特征。科特勒等人的最新认识是其中的三个——包括有明确目标、有即时反馈、技能与挑战的平衡——现在看应该算是触发心流的因素，而不是心流本身。当前科学理解，心流有六个特征。

第一，注意力完全集中。你的注意力被高度锁定在正在做的这件事上，全神贯注，不想别的。

第二，意识和行动融为一体。你已经忘记了自己，你已经融化在这件事之中。

第三，内心评判声音消失。我们在日常状态下，大脑中总有个声音在对自己做各种评判。比如你画一幅画，这一笔下去到底是好还是不好？你跟人说一句话，这句话说得对还是不对？你大脑中总有个声音在评价你自己：这一笔有点重啊，这句话不太自信啊，下一句赶紧注意啊……而在心流状态下，那个声音消失了。你不受评判，非常自由。

第四，时间感消失。你忘记了时间的流动。一般表现为时间加速，明明已经过了几个小时，你还以为只过了几分钟。还有可能是时间冻结，比如你在海面冲浪，或者做别的什么高难度的体育动作，明明只是一瞬间的事儿，你却能非常切实地感觉到那一瞬间的丰富体验，就好像慢镜头一样一帧一帧地过，你感觉时间很长。变快也好变慢也好，这个现象都叫"深度的现在"——就如同你永远停留在了现在。

第五，强烈的自主。你感觉完全掌控了局面——而这个局面恰恰又是平时不可掌控的。比如一个篮球运动员，手感来了怎么打怎么有、怎么投怎么进，就好像球听你的一样，这一刻你是你命运的主人。

第六，强烈的愉悦感。"爽"和"high"还不足以形容那种愉悦感的丰富性，反正是特别高兴、特别满足。你对那种感觉的印象是如此之深刻，以至于宁可冒很大的危险也想再来一次。

当然，心流是一个连续光谱，有弱有强。但是科特勒说，哪怕最弱的心流体验，也有上面全部的这六个特征，只是其中有些特征表现得不是特别明显而已。

你看电影的时候，是否有那么一刻，完全被剧情所吸引，彻底忘了自己，回过神来才突然发现自己很饿或者很想上厕所。这就是一种比较弱的心流。

我有一次去现场看了罗振宇的跨年演讲。他讲完跟我聊，说在台上讲了四个小时，但他自己的感觉可不是四小时，他感觉一会儿就讲完了。这也是心流。

你在激烈的体育比赛中尽情地发挥过吗？你在演唱会现场跟成千上万的人一起高歌过吗？那些都是心流。有首老歌说"投入地笑一次，忘了自己"，那也是心流。

最强的心流体验往往伴随着危险和刺激，会有一种神秘感。科特勒有一段时间病得非常严重，在床上躺了整整一年。有个朋友来看他，非要拉他去冲浪。科特勒说我走路都困难，怎么能冲浪呢？结果他真去了。在海面上有那么一刻，他觉得时间突然慢到了极点，自己的身体界限不存在了，视野变成了全景式的，感觉都能看见自己的后脑勺。他觉得自己跟大海、跟宇宙融为一体，病痛完全消失，可思想却是前所未有的敏锐。从此之后科特勒宁可冒着生命危险，也要每隔一段时间去冲一次浪。

人们总爱用"有如神助"形容那样的场景。有的僧人打坐时会有这样的体验。在强烈的心流状态下，那些"不可能"的事情，就可能变得毫不费力。那些极限运动爱好者追求的不是锻炼身体，而是精神上的愉悦感。

契克森米哈赖最重要的发现，就是心流跟人的幸福感和生活满意度高度相关。幸福的人更经常进入心流，经常进入心流的人感到更幸福。

心流，是生活给个人最好的奖励。

从契克森米哈赖写书到现在已经过去三十多年了，我们对心流了解得更多了。科特勒的心流研究社直接参与了相关的研究，特别是他们和脑神经科学家合作，从神经科学和神经化学的角度研究心流。现在科学家可以在一个人进入心流状态的同时，用功能性核磁共振（fMRI）扫描他的大脑，看看心流在大脑中到底是一种怎样的活动。我们基本上已经有了一个完整的图景。

简单说，心流，就是把注意力完全放在当下。

注意力是心流的关键，前额叶皮质是注意力的关键。心流状态下，前额叶皮质的大部分活动会被关闭。心流不是用大脑用得更多，而是用得更少。

前额叶皮质，是大脑中执行注意力、决策、专注思考、意志力的区域。人的自我意识和时间感也都在前额叶皮质中。丹尼尔·卡尼曼在《思考，快与慢》[11]中提出大脑有"系统一"和"系统二"，其中系统一是快思考，系统二是慢思考——系统二，主要靠的就是前额叶皮质。

心流中，我们是把前额叶皮质的活动降到最低，把那部分能量省出来，用到系统一之中去。系统一速度快，无比流畅，创造力强，所以你感觉工作特别顺畅。

为什么心流中没有时间感呢？因为时间感是在前额叶皮质中的几个部位进行的计算。时间感对工作是一个拖累。昨天交上去的那个报告有个毛病，会不会出问题？明天的会议上我的提议能通过吗？以前发生过的事儿让你恐惧，未来可能要发生的事儿让你焦虑。

没有了时间感，真正活在当下，恰恰就是曾国藩说的那个"物来顺应，未来不迎，当时不杂，既过不恋"。从科学角度来说，这其实就是你的焦虑水平降到了最低。皮质醇之类的压力荷尔蒙没有了，剩下的都是多巴胺之类让你感到愉快的化学物质，所以你才能全身心地投入当前这件事。

大脑中总在评判你的那个声音是由背外侧前额叶负责的。2008 年的一项研究证明，爵士乐乐手在心流状态下表演的时候，他的背外侧前额叶整个关闭了。他完全没有自己审视自己，想到哪儿就演到哪儿，所以才是那样一个特别放得开、特别自然、特别有创造力的感觉。

我们还可以从脑电波和神经网络角度分析心流。科学家只要看一眼你的脑电波图，就知道你的大脑里现在是什么活动模式。

我们来看下面这张脑电波图[12]，最平常的模式是 β 波，体现了注意力的活跃使用，你可能正在做事或者想事情，但同时还在机警地监测着周围。如果你切换到默认模式网络主导，进入白日梦，大脑发出的是 α 波。而真正做梦或者在催眠状态的时候，大脑是处于 θ 波。还有一个 δ 波是深度睡眠时候的波。

心流状态中，脑波介于 α 和 θ 波之间，频率大约是 8 赫兹。也就是说介于做白日梦和真做梦之间，大概就是喝点酒微醺的那种感觉。

脑电波

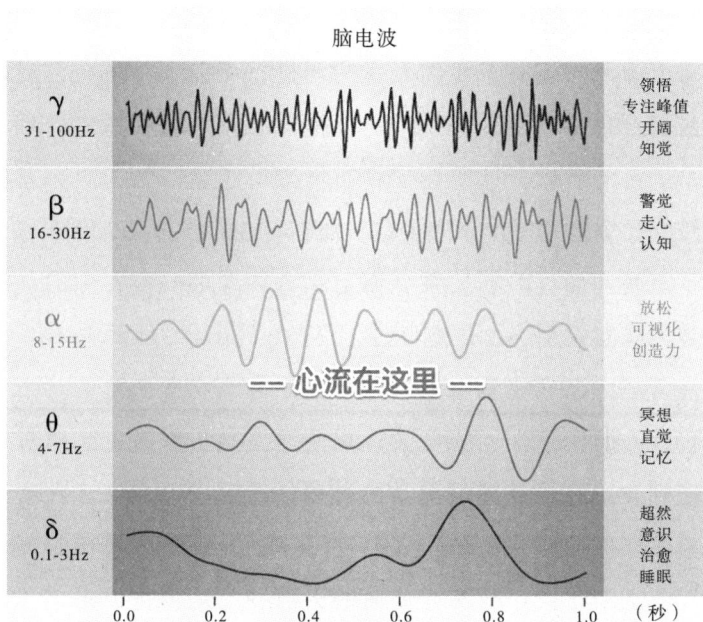

图2-2

如果你正在心流之中，突然有个什么事儿要处理一下，你就肯定得开启注意力网络，偏离这条基础线，进入 β 波。巅峰表现者在这个情况下能很容易再回来，但普通人一分心就回不来了。

最容易爆发创造力的是 γ 波，这是一种频率非常高的波。γ波是神经元连接导致的，代表想法的连接。实验观测中，γ 波往往是在受试者宣布自己找到答案之前的那一刻爆发。那创造力为什么跟心流有关呢？因为 γ 波和 θ 波是耦合的。你要想让 γ 波出现，就得先让 θ 波出现——所以心流状态容易让想法冒出来。

从神经化学角度来说，心流是大脑中六种化学物质同时起作用的结果，它们是内啡肽、大麻素、多巴胺、去甲肾上腺素、血清素和催产素。这六种都是大脑的奖励物质。这就是为什么心流让我们感觉那么愉快。

这个愉悦感提升了我们做事的动机，所以，有研究发现，心流状态下人的生产力最多能提高500%。

你学习的时候，这些化学物质出来得越多，学的内容就越容易记住。有实验发现，心流状态下的学习效率能提高230%。

多巴胺还和冒险有关系，而更愿意冒险的时候，你的创造力就更多，这也是为什么心流对创造力有好处。

从大脑的解剖学、脑电波、神经网络到化学激素，从契克森米哈赖到曾国藩，从极限运动的神秘体验到看电影，现在这一切都对上了。心流的基本原理就三点。

一个是停止：让前额叶皮质的大部分活动停止下来，忘记自我，忘记时间感，关闭监控声音。

一个是集中：把注意力集中在当下正在做的这件事上，彻底活在当下。

一个是接管：让最擅长快速计算的大脑区域接管工作，发挥最大的创造力，体验最高的乐趣。

理解这些原理，我们就有更多的办法进入心流，就能更科学地使用心流。

契克森米哈赖曾经提出了三个能达到心流的方法，一是即时反馈，二是挑战和技能的平衡，三是明确的目标。科特勒的心流研究社多年以来又发现了另外十九个能够触发心流的办法，所以现在一共有二十二个心流触发器（flow triggers），其中很多都大同小异，我们没必要一一列举。

所有这些方法都是把注意力引到当下你在做的这件事情上。

其实原理只有两个：一个是做加法，增加去甲肾上腺素和多巴胺，提高这件事对你的吸引力；一个是做减法，降低你的认知负荷，把多余的能量转移到对这件事的注意力上。

先说减法。《道德经》有句话，"为学日益，为道日损。损之又损，以至于无为。无为而无不为。"我不知道老子的本意是什么，但是这句话很有心流味道。排除干扰，你才能进入心流；进入心流，你就能为所欲为。

所以，进入心流的首要办法就是减少分心。科特勒的建议是要有90～120分钟不间断的工作时间，蒂姆·费里斯的建议更是达到了4个小时。在这段时间内你要像武林高手闭关修炼一样，排除一切干扰。

战略上的方法是要有自主感。对自己的思想、自己的所作所为一定要有控制力，不是别人让你做什么你就做什么，而是自己要做这件事。自主的感觉和去甲肾上腺素和多巴胺有关，能带来愉悦感。自主而不受干扰，注意力能耗才能降下来。

我们上班总要跟同事互动，其实有15%～20%的工作时间能自主就已经挺好了。不过最好还能自己选择工作时间和日程表。其实自主感的关键在于"感"，而不在于实际的"量"。自主感要求你有一定说"不"的能力和意愿：别人说这个活动再好再必须参加，你得能说不去就不去。

清晰的目标其实也是减法——关键词是"清晰"。如果你非常明确此时此刻要做什么，而不必瞻前顾后猜测做的结果，你就更容易做在当下。

做加法主要是提供内在驱动，而有时候加法需要和减法配合，等于是在各种事情中做选择。我们前面说的好奇心、热情和目的这三个激励因素如果能共同起作用，就是最好的心流加法。

要想进入心流，你这个工作最好有一定的挑战性，跟你的技能相匹配。挑战太大你会有恐惧感，可是难度太低你又会觉得很无聊。心流通常出现在挑战比技能稍微高一点，跳一跳能够着的地方。

我以前说学习材料中的新内容最好占到15.87%，但这个其实取决于个人。科特勒说4%也行，对有些人可能30%，甚至40%也行。关键并不是挑战跟你技能的实际情况对比，而是你的感觉。只要你觉得这个任务既有挑战性又能做成，你就可以进入心流。

另一个重要做事标准是要有即时反馈。如果做一件事马上就能得到反馈，好像打游戏一样，你就很容易深入进去。现在大多数反馈的最大问题就是不即时。

那怎么才能获得即时反馈呢？最好就是有个人专门负责给你反馈。科特勒是个作家，他的编辑就是他的反馈者。科特勒写完任何东西，编辑必须提出三点反馈：第一，内容是否没意思；第二，是否没写明白让人看不懂；第三，是否会让人觉得太傲慢。

而如果这个事儿既没有多大挑战，又没有什么反馈，你感到简直无聊，怎么办呢？有一些特殊的办法。比如找个有危险的地方去做这件事。危险感会让你自动集中注意力，增加去甲肾上腺素和多巴胺。比如一个小提琴手觉得自己在家练琴没意思，那他可以走到街头，在大庭广众之下演奏，来点社会危险。

更常见的方法则是增加这个事儿的新奇性、随机性和复杂性。据有的研究说，把新奇性和不可预测性加在一起，能够让人的多巴胺提升700%，效果基本等同于可卡因，这就是为什么打游戏和赌博特别容易让人进入心流。

还有一个办法是所谓的深度体验。比如学习的时候如果能在视觉和听觉之外，加上触觉、嗅觉，注意力就更容易集中在当下。我想象的一个场景是学生们都光着脚站在河里听老师讲课，还闻着田野中鲜花的味道……

总而言之，如果这个事儿本身就是有难度的，我们就要做减法；如果这个事儿本身难度不大，我们就要做加法。

具体的操作中，心流要经过一个四阶段的过程，其中第三阶段才是心流。整个流程走下来也许是几个小时，也许是几天，也许是你花了很多天的工夫在第一和第二阶段，才有了第三阶段的心流。这个要点是你不能跳过——要做严肃的工作，必须得经过前两个阶段。

第一阶段是斗争（struggle）。这是集中思维的过程，大脑处于 β 波段，内心的批判声音要开启。

你得先有意识地去掌握一项技能，才可能无意识地运用这项技能。你需要制定计划，你需要开放的学习，你需要外界信息的输入，你需要积累大量的资料，产生大量的数据。你的前额叶皮质在这个阶段非常活跃。

为什么叫"斗争"呢？因为你会有挫折感。就好像运动员新学一个动作，一开始肯定是做不好的。你得迎难而上，最好把自己逼到一个超负荷的边缘。科特勒说挫折感强其实是个好事，感受强烈，效果才能最大化。

但是，这个挫折感不要强到让你中断的程度。这就好像你走在丛林里突然遇到一只老虎，理想的情况是它激起了你的斗志，而不是把你吓得逃跑。

对搞创作来说，斗争是前期准备阶段。遇到了问题，感到了挫折，想尽了办法，掌握了技能，进行了斗争，你的准备才算到位。

第二阶段是释放（release）。能做的都已经做了，现在可以暂时把这个问题放一边，让默认模式网络接手。

这时候你可以出去散散步，或者稍微锻炼锻炼身体，或者洗个澡。要点是必须是低强度、不占用注意力的活动——别看电视，让你的大脑做一会儿白日梦。

问题正在你的大脑中潜伏，灵感随时可能出现。灵感一旦出现，立即进入心流。

第三阶段就是心流。心流好不容易来了，现在你最关键的就是别出来。

避免一切干扰。研究发现，此时一旦离开心流，需要15分钟才能再回来——如果你还能回来的话。所以这时候要像修仙小说里那些修行者一样立即闭关。我有一次跟一个朋友闲聊，聊着聊着突然灵感来了，我说你先别说话让我静静！他就那样等了我10分钟。

避免干扰还包括不要消极思考。心流中要做正面思考，如果感觉到阻力，别否定自己，因为你一旦开启内心批判的声音，就会离开心流。

当然为了不卡壳，第一阶段一定要在技能上做好准备。然后还要做好后勤准备，别做到一半突然太饿了能量不足。

心流过程中你还可以再增加一两个心流触发器，让心流的层次更高，持续时间更长。你可以增加一点难度，提高一点新颖性、复杂性和不可预测性。比如说当众演讲的时候，如果你感觉心流来了，很自在，而且现场气氛特别好，你可以脱离脚本，来一小段即兴发挥，演讲的效果会更好。

第四阶段是复原（recovery）。复原首先是休息，但是和释放期不一样，这时候是主动休息。你可以有大一点的动作，例如做桑拿、拉伸、深度睡眠等。如果你在心流中学到了知识，这时候大脑会巩固那个知识。

但复原期同时还是一个冷静期，你要检查你在心流状态下做的那个工作。因为心流中没有自我审视，你往往感觉自己很厉害，你不会意识到自己犯了错误。

所以科特勒有句话叫"永远不要相信多巴胺"。心流状态适合工作，但不适合做重大决定。多巴胺上头状态下做的决定可能会让你后悔。

最后再说一点我自己的心流体会。我以前搞物理研究，现在专职写作，这两个工作都经常能让我进入心流。

我的一个体会是，最容易让你进入心流的，是你强烈想要解决的一个问题。比如搞科研，当你已经做好了所有准备，感觉答案就在眼前的时候，简直想不进入心流都不行。就连你要解决一个电脑问题，反复尝试各种方法，也会进入心流。关键是你得非常非常想知道答案才行。

写作要进入心流，一定是靠自我发挥。我的"精英日课"专栏有一大块内容是解读新书。我发现如果我只是在转述别人的观点，只是概括一下书中的内容，那就没多大意思。我进入心流，总是在我给这些观点和内容换个更有意思的说法，或者表达一个我自己的观点的时候。

调研和写作都能让人进入心流，但是这两步一定要分开。我在正式动笔之前，会把所有参考文献中的所有关键信息都放在一个文档之中，按顺序排好。这样我写的时候就只需要关心叙事和字句，这是最流畅的。如果你写着写着还得回头去把论文再找出来查一个什么数据，那就肯定要离开心流。

灵感来了要趁热打铁，立即展开调研。写作可以在第二天甚至以后再进行，但是调研最好在你还充满热情的时候进行。我的体验是想法会变凉，灵感搁置几天再看可能就没意思了。当然这可能是选择偏差，也许被搁置的想法都没有好到能让你立即行动的程度。

还有，心流真的很刺激。心流过程之中你不会觉得很激动，但是当你把这个工作完成，从心流里出来的时候，你可能会非常兴奋。我现在还记得以前搞物理，有时候推出一个关键公式，得到一个洞见，判断我做出来的东西没人做出来过，那真是热血沸腾，恨不得立即让所有人知道。

写作是个经常会一惊一乍的工作。有时候我一篇文章写完，已经给主编交稿，不用我管了，我会有一两个小时都在亢奋之中。我睡不着觉，读不进去书，也做不成别的事儿，只是在想那篇文章。不是想要修改，是单纯的兴奋，就好像刚刚打完一仗一样。

写文章得写到这个程度才有意思，得有个冲击感。我感觉那一两个小时有点像打游戏用了一个魔法之后的"回蓝时间"或者"技能冷却时间"。不能连续用不是因为你累了，而是因为太热。

我不会告诉你是哪些文章让我产生了这种体验。我最喜欢的不一定是你最喜欢的，你最喜欢的不一定是我最喜欢的。我是希望你做别的事情也能有这样的体验。

创作者的悖论

看到像《流浪地球》《权力的游戏》那样的影视剧如此火爆，不知道你会不会心有所动，也想成为像刘慈欣和乔治·马丁那样的作家。

写小说不是我的专长，但是我想跟你说说"创作"的事儿。我没写过小说，可是我知道好小说有多难写。搞创作有很多方法、技术、知识和套路。那些"术"你以后可以慢慢学，这一节，咱们专门说说创作的"道"。

先假想，有一天，你终于成了一个成功的小说家，请问在下面两个对未来的你的描述中，哪一个更能激励现在的你？

第一个描述——

他写小说是半路出家。最初是一边工作一边写作，每天都很辛苦，但是他咬牙坚持下来了。他的家人给了他坚定的支持。他的第一部作品并不成功，但是他没有气馁。他潜心研究了刘慈欣、J.K.罗琳和乔治·马丁的写法，把西方流行文学的技巧和中国元素巧妙结合在一起，终于得到了读者的认可。他的第二部作品得了雨果奖。他的第三部作品登上了畅销书排行榜，刚刚被爱奇艺和奈飞买走了改编权。粉丝们正在翘首以待他传说中的第四部作品。

第二个描述——

他出手之前，中国流行文化中盛行的是家庭伦理剧、宫斗、权斗、霸道总裁、流量鲜肉和对西方科幻、奇幻小说的拙劣模仿。他开创了一个新的小说类型和自己的幻想宇宙。他笔下有很多我们见所未见的人物形象，他的行文风格独树一帜，连他鼓吹的价值观都令人惊奇。

如果第一个描述更能激励你，我很抱歉，你不适合从事创作工作。我建议你选个靠谱点的职业，好好挣钱养家，把孩子教育好。如果你喜欢小说，你可以作为读者享受小说。也许你的子孙后代中会有人有创作资质，而你的任务是保留他出现的可能性，给他做一点物质条件之类的准备。

你要说人人都可能发财，我完全赞同。但如果有人说人人都能当作家，我完全不同意。这个世界不需要写作目标是取得第一个描述里那些成就的作家。

以前有一种土味儿的民间故事，说某人从小家里穷，经常受人欺负，还跟县里的财主有夺妻之恨，于是他头悬梁锥刺股发奋读书，终于考上状元当了大官，不但报了仇还娶了当朝宰相的女儿。如果这种故事能激励你，我求求你千万别当大官，我们中国不需要这样的大官。我估计宰相也不需要这样的女婿。

历史上真正当官当出水平的那些人，都不是为了娶宰相女儿，也不是为了给父母争气去当官的。他当官是要施展自己的理念。

创作的最大回报，就是施展了自己的理念。

前面第一种描述中的那些成就，叫作"外部激励"，是别人对你的认可。第二种描述中说的，则是"内部激励"，是你自己对自己的内在要求。外部激励对很多简单的、普通的工作非常有效，但是搞创作，不是简单工作。

近几年出了两本讲创作之"道"的新书，一本叫《唯一的观众》[13]，一本叫《热爱的悖论》[14]。这两本书都认为，你要真想搞好创作，就必须依赖内部驱动。

为什么外部激励不行呢？从需求侧的角度来说，搞创作，并不是一件向着一个方向拼命使劲就能成功的事。创作是个悖论。

这个悖论是，你要是一味地迎合市场，你反而得不到市场；你要是不管别人怎么评价，就做自己，反而可能引领市场。

请允许我打一个粗俗的比方，这就如同现在流行的说法："舔狗"和"女神"。舔狗卑躬屈膝连人格都不要了去追求女神，可是女神根本都不正眼看他，最多也就拿他当个备胎。而那个让女神又爱又恨的男友，可是一直都保留了尊严。

让人又爱又恨的乔治·马丁，是舔狗还是男友？

这个道理是"喜欢＝熟悉＋意外"，女神要的不仅仅是暖男，你还得能给她 surprise（惊喜）才行。外部激励能让你在"熟悉"这个项目上把一切都做"对"，但是提供不了意外——因为当你为了别人给的荣誉而把一切都做对的时候，你就已经丧失了个人荣誉感。

刘慈欣写科幻小说的年代，中国的畅销书排行榜上并没有科幻小说。乔治·马丁之前的主流奇幻小说都是青少年图书，从来没有过动不动就把主要角色残忍地弄死这种写法。J.K.罗琳并不是做了一大堆市场调研之后构思的《哈利·波特》。你们爱看不看，他们想写就写。

而从供给侧的角度来说，外部驱动会让你陷入疲于奔命的状态。当我们赢得某种奖励的时候，我们的大脑会释放多巴胺，这能给我们带来快乐的感觉。但是这个感觉有两个不好的地方。

一个是它非常短暂。每次胜利带来的幸福感都是暂时的，你很快就会渴望下一次胜利，你永远都别想"从此过上了幸福的生活"。

另一个是，你会想要不断加大剂量。没钱的时候觉得百万富翁就挺好，真成了百万富翁你又会羡慕千万富翁……你享受多巴胺刺激的阈值会越来越高，你永远都不会满足。

这两个效应跟吸毒好像没啥区别。我以前在专栏里讲过罗伯特·赖特的《为什么佛学是真的》[15]那本书。我们知道这其实是演化给我们的设定，目的是激励我们永远这么奋斗下去。这个不满足，其实就是"苦"。

永远这么奋斗下去是真苦啊。你会超负荷工作，你会抱怨工作和生活的不平衡，你会身心俱疲。

更大的烦恼在于，你这么努力奋斗，结果却是你不可控的。有个作家其实根本就不会写小说，可是他的书突然就火了。你兢兢业业扎扎实实地写了一部得意之作，居然无人问津。然后转眼一看那个作家又出了一部小说，更火了。

其实谁也不知道女神到底是怎么想的。失败会让你强迫自己更努力地工作，然后你会非常害怕下一次失败。据《热爱的悖论》这本书考证，"热爱（passion）"这个词在西方世界最早的意思，就是这种不正当的、自找苦吃的爱。

把创作单纯当作兴趣爱好其实也不行。爱好的问题在于它很脆弱。第一次打牌赢了的人可能会继续打牌，那要是输了呢？

创作事业对你真正的考验在于，如果作品失败了，你怎么办？只为爱好、用玩票心态创作的人，会在失败的时候轻易放弃。而轻易放弃的人做不成任何大事。

你必须有韧劲坚持下去。你还得有充分的耐心，花大量时间去做一些非常繁杂、看上去一点都不好玩的事情。

那这个创作之"道"，到底是什么呢？

《唯一的观众》这本书的建议是，你创作，应该是为了满足自己——这个唯一的观众。不要问别人喜不喜欢，应该问自己喜不喜欢。

创作的最大回报，是你有一个设想，然后你亲手把这个设想给实现了。

我听说，J.K.罗琳当初写《哈利·波特》的缘起是这样的。罗琳本来不是个小说家，她写过一些政论之类的文章，并不成功。有一天她坐火车的时候，突然想到了一个男孩在魔法学校的故事，就好像被闪电击中一样，那个故事奔涌着在她大脑里展现出来。罗琳意识到，她必须把这个故事写出来。她下了火车就赶紧找个地方记录想法。剩下的就都是技术问题了。

《哈利·波特》第一部出来被拒稿十几次，我想罗琳没有多么在意。她想写，就写出来，自己满意就行。

追求这个回报，结果就是你完全可控的。

而创作的悖论是，你不在乎市场，市场反而可能有更好的反应。如果市场反应好，那对你来说最大的好消息不是你终于成功了，而是你可以继续从事创作。

《热爱的悖论》则进一步用一个古希腊的词"Eudaimonia"来说明创作者应该追求什么。Eudaimonia，特指一种特殊的幸福，通过从事某种有意义的活动，把自己的全部潜能都发挥出来。这可以说是终极的自我实现。

也许你身上真有某种创作天赋。带着这个天赋默默死去，那是很遗憾的事情；能把这个天赋充分发挥出来，那就很幸福。

我认为这个所谓充分发挥，应该包括给世界打上你的印记。你觉得世界只有现在这些作品还不够，还缺你的那一类，然后你真的把它创作出来了。

发挥永无止境，所以你不论成败都要持续地完善自己。这样你追求的不是外部给的结果，而是自我完善的过程。就算别人都不知道，只要你自己能感受到自己在完善，在变成更好的人，你也会感到充实。

而到底是不是正在完善，只有你说了算。这样创作对你来说就非常可控，你就不会陷入"苦"。

所以我们真正应该羡慕刘慈欣的，不是他的作品卖了多少钱，而是他发明了"黑暗森林法则""降维打击"这些东西。我认为这两个思想，包括《流浪地球》的全部设定，都是错的——可是刘慈欣发挥出来了，我不服不行。

只有内部驱动的创作才值得赞美。你应该把创作本身当作目的，而不是获得奖励的手段。你说你考了状元、得多少奖、出多少书，你妈妈肯定很自豪，我们真不在乎。公共的注意力不是给你过小日子用的。

可是如果你有一个个性发挥，给世界提供一个新鲜的视野，我们会作为粉丝给你摇旗呐喊。

在真实世界里想要做点事，我们总是面对这样的悖论。

你越告诉自己要自然要无为，就越不像无为；你忘了自己，反而实现了无为。你越刻意追求心流，就越进不了心流；你专注于工作本身忘了什么心流不心流，恰恰就是心流状态。你要把爱马仕包包当作身份象征，爱马仕就担心你拉低他家的品牌形象；你对爱马仕不屑一顾，爱马仕就希望你背他家的包。

如果不是这样，世界岂不是太简单、太直白、太乏味了吗？

丧失人格不会追到女神，以我为主的个性发挥才是创作的源泉。

初学者之心

只要了解一点学习的原理，你可能就会对大脑的"可塑性"非常关心。很多人到了一定年龄就再也学不进去新东西了，那其实就是他们的大脑变"硬"了，不可塑了。脑神经科学意义上的可塑性是一个底层的限制，这一节咱们说说心理学意义上的大脑可塑性，可能会对你更有用。

这个可塑性，一般的说法叫"开放的头脑"，高级的说法叫"智识的谦逊（intellectual humility）"。

智识谦逊是一个思想状态，是一种境界。智识谦逊的人愿意接触新东西，愿意学习新知识——你的大脑在心理学上是可塑的，所以你才能学到新知识。反过来说，如果一个人故步自封、充满成见，根本就不愿意再去接触新东西，那他的前额叶皮质发育到什么程度其实意义不大。

保持智识谦逊对你的大脑可能有直接的好处。很多老年人抱怨自己的认知能力，说上了年纪之后做事丢三落四，读书记不住，一思考复杂问题就累了。但是我最近看到一个研究[16]，说那些有开放头脑的老年人就不抱怨这些。他们乐于探索新鲜的智力活动，愿意思考，敢于挑战难题。他们的大脑得到了更多锻炼，对自己的认知更自信。

当然，也许有的人只是被生活所迫、压力太大，根本没机会去搞什么智力活动——开放心态首先是一个幸运的状态。但是我相信，任何人都可以追求这个状态。开放心态和智识谦逊是现在很热门的研究课题，我在"精英日课"专栏就讲过好几次。心理学科学作家克里斯蒂安·贾瑞特写了一篇综述性文章[17]，对相关的研究做了比较系统的介绍，我们可以从中总结几个有用的知识。

这些研究认为，智识谦逊不是一个天生的、固定的性格特点，而是一种状态。也就是说，即使你现在不是这样的人，你也可以变成这样的人。这是一种什么状态呢？智识谦逊者有这么几个特征：

喜欢学习新知识，对科学很感兴趣；

了解自己认知的局限性，知道自己不知道什么；

乐于考虑跟自己对立的观点，愿意跟"对方阵营"的人接触；

对政治议题的观点不极端，对死刑、移民之类的观点没有什么"坚定的信念"；

善于从多个视角考虑问题，能采纳别人的视角；

有安全感，相信自己得到了亲友的关爱；

愿意跟人交往，会倾听他人的声音。

你看你喜不喜欢这样的人，你愿不愿意成为这样的人？特别是要想做个好领导的话，你更应该有点智识谦逊的风格，咨诹善道，察纳雅言。这样的人做事既不容易招致祸患，又能把握机会，哪怕位高权重也会持续进步，可以说是理想人生。

智识谦逊的反面是封闭头脑。很多人是因为读书不够、知识少而成为头脑封闭者。雨果·梅西尔的"开放的机警"理论说，越笨的人越保守，越不思考的人越接受不了新东西。但是也有很多头脑封闭者受过多年教育，有一定的专业特长，甚至很可能担任领导职务。他们有知识、能思考，但是他们只会按照固定的套路思考。不管是哪种情况，跟智识谦逊者相比，头脑封闭者的特点是：

对新知识不感兴趣，只喜欢符合自己认知的信息；

对自己的知识水平有过高的估计；

把跟自己观点不同的人视为敌人；

站队意识强烈，以至于发展到先看立场后看观点，甚至不顾事实，对政治议题的看法越来越极端；

视角单一，思维永远都是那么几个定势，手里拿一把锤子，看什么都是钉子；

时而盲目自大，时而缺少安全感，总希望有一个"纯洁的"队伍；

陷入恶性循环，看世界不是白就是黑，看人不是朋友就是敌人。

简单地说，他的大脑失去了可塑性。这样的人如果胆小怕事还好，最多浪费发展机会；真要大胆做事就麻烦了，会因为认死理而走极端。

为什么一个有知识有专业特长的人也会头脑封闭呢？知识难道不是应该让人更谦逊吗？"邓宁-克鲁格效应"说，越是一知半解的人，越容易高估自己的知识水平；越是真实水平高的人，越能客观评价自己的水平。但是贾瑞特列举的几项研究则说明，有很多应该算高水平的人——比如刚刚毕业的大学生、取得了相关资格的医生和护士——也在高估自己的水平。那这两个说法矛盾吗？

不矛盾。耶鲁大学研究者的一篇论文[18]把问题分成了两种情况。

对一般意义上的知识而言，的确是受教育程度越高的人，越能客观评价自己的水平。比如作为一个非电动汽车行业的人，你知道电动汽车是怎么回事儿吗？低水平的人开过几年车就觉得自己很懂车，而高水平的人知道自己并不真的知道汽车的门道。

但是对于人们主动学习的那些专业知识，受教育程度高的人反而更容易高估自己。一个经济学专业的大学毕业生可能认为自己很懂经济学，但是你要问他几个经济学原理，你会发现他根本解释不清。

这个局面让我想起了很久以前听过的一个说法，说上大学是这么一个过程：

大一不知道自己不知道，

大二知道自己不知道，

大三知道自己知道，

大四知道自己还是不知道。

这段话其实不是典型的上大学经历。现在你在网上搜索，会发现人们已经把后两句改成了"大三不知道自己知道，大四知道自己知道"，这才是符合耶鲁大学那个研究的状况。而说这两句话的人其实不知道，大四那个所谓的"知道"，是对自己专业水平的高估。

在真正的高手眼中，大四学生啥也不知道。但是因为你已经学会了这么多，你已经能做一些专业的事情了，你会以为你很厉害。这就是专业的诅咒。

这个自以为很厉害的状态是头脑封闭的开始。

"专家感"会让人故步自封，正如权力会给人脑带来损伤。如果别人都说你很厉害，对你的意见非常重视，你会慢慢习惯忽略别人的意见，越想越觉得自己对。心理学家对此专门有个名词，叫"赢得的教条主义效应（the earned dogmatism effect）"。

以前有个日本的禅宗大师叫铃木俊隆，他20世纪70年代出了一本书叫《禅者的初心》[19]。这本书当年在美国影响极大，很多知识分子都在读。咱们中国人说"初心"，一般是指做事最初的理想和愿望，所谓"不忘初心，方得始终"。而铃木俊隆说的"初心"是另外一个意思，可以叫作"初学者之心"。铃木俊隆发现了一个矛盾。

铃木俊隆说："初学者的心里有很多的可能性，专家的心里却只有很少的可能性。"

这对专家可不是好事儿。你陷入了教条主义，你看不到新东西了。铃木俊隆说："技艺的真正秘诀是要永远当一个初学者。"

物联网概念的提出者、麻省理工学院的凯文·阿什顿有本书叫《创造》[20]。他在书中很赞同铃木俊隆的说法。教条主义是创新的大敌，普通水平的专家往往会陷入专业的条条框框里出不来。只有真正的高手才知道那些教条是如何产生的，才能看见专业的约束边界，才有可能突破那个边界。别人做出一个有意思的发现，你说我怎么没想到呢，因为你没有"初心"。

所以阿什顿说，专业技能的最后一步就是初学者心态的第一步——了解你的假设，知道你为什么作出这种假设，以及什么时候暂停你的假设。

铃木俊隆和阿什顿说的可能太高级了，从大脑可塑性角度来说，能做到智识谦逊就足以受益终身。贾瑞特列举了一些常规的方法。

要对自己的知识水平有正确认识，最简单的办法是找个题目给别人讲讲。很可能一讲你才发现，中间有很多过程是你说不明白的，你并不真的理解那个知识。

主动听取不同的声音，避免陷入"确认偏误"。就好像重大决策需要专门设立一个反方一样，就是为了多听一听那些持不同观点的人到底是怎么想的。

偶尔见识一些伟大的山川景色或者了不起的艺术作品，让自己产生一点敬畏感，有时候能让你更谦虚。

不过更好的办法是建立互相关心、合作互信的人际关系，你有充分的安全感，才敢于承认自己的无知和改变自己的想法。

经常提醒自己要有"成长思维模式"，告诉自己，你的大脑仍然是可塑的——这个知识点本身就能让人更愿意学习新东西。我看过一个有意思的说法是，哪怕研读一篇智识谦逊的科学文章，都能对你起到暂时的好作用。

要这么说的话，读了本书的这一节，你已经有收获了。

扫码免费听"精英日课"精选内容
用科学思维建构你的学习研究系统

第三章 日常做事系统

如果有人跟你说"我很忙",那他要么是在宣称自己的无能(以及对自己的生活缺乏控制),要么是在试图摆脱你。

——纳西姆·塔勒布

不要被小事击垮

伏尔泰有句话说,"使人疲惫的不是远方的高山,而是你鞋子里的一粒沙子。"意思是在生活中击垮我们的往往不是什么惊天动地的大事,而是一些微不足道的小事。一个人刚毕业的那一刻充满雄心壮志,说我一不怕苦二不怕死,没想到真实工作既没让他吃多大苦更没让他冒生命危险,仅仅是日常的琐事就把他磨平了。一对恋人爱得轰轰烈烈,好不容易冲破枷锁结合在一起,可是柴米油盐的日子过起来才发现两人有各种小矛盾,最后因为鸡毛蒜皮的小事离婚了。

幼稚的人爱说自己到了关键时刻就会如何如何,其实哪有那么多关键时刻，真实生活的考验都是一些小事。那怎么应对小事呢？有些鸡汤文，说我们应该用心做好每一件小事——我看这个说法没有抓住重点。

学生在考试中有点马虎，员工在工作中有个细节错误，这些事情虽然令人懊恼，但毕竟是自己可控的。要怨只能怨自己！那你下次注意就是。这都是成长的烦恼，不会把你击垮。

能击垮你的，是一些更可怕的事情。

1. 慢性日常麻烦

老张所在的公司最近有个技术难题正在攻关，老张有个好想法，但是领导不支持，他就打算利用下班时间自己钻研一下试试。可是这天刚下班，老张就发现孩子生病了。妻子正好出差在外，老张没顾上吃饭就赶紧送孩子去医院。孩子的病情倒是不算严重，可是路上又是买吃的又是堵车，到医院已经七点了。

而这么晚了，医院仍然要排很长的队。老张掏出手机，想抓紧时间先看点儿技术资料，结果手机没电了。老张就只好这么干等着，排队系统开始说一个小时就能等到，后来两个小时了也没到……老张左右也是无聊，就观察其他患者，发现有人在插队！他和插队的人吵了起来……

幸运的是孩子啥事儿没有，不幸的是老张熬了一晚上啥也没干成。第二天上班老张情绪一点都不饱满，领导也没再给他机会。

第二天晚上妻子终于回来了，正好看见老张在对孩子发脾气……

英雄就是这么被生活击垮的。这些事儿的特点是你无法掌控。你想干的不是这样的事儿，你的计划里没有这种项目，可是它们就这样一波还未平息一波又来侵袭。它们互相勾连在一起，压在你的身上，你哪还有心情琢磨什么大事。老张心想，如果生活是电子游戏，我能不能先退出一会儿？

俄勒冈州立大学健康老年研究中心的主任卡洛琳·奥尔德温，把这种说大不大、说小又折磨人的事儿，称为"慢性日常麻烦（chronic daily hassles）"[1]。

"慢性"这个词儿似乎有一点医学的味道——是的，这些小麻烦不但影响人的情绪和工作表现，而且还会影响人的健康，甚至会缩短人的寿命。

飞机晚点、手机没电、上下班路上堵车，这些事儿会让人恼火。人恼火的时候血压会升高，血压经常升高就会增加得心脏病的风险。慢性日常麻烦会让人有压力感，压力感会让人体内一种叫作皮质醇的荷尔蒙浓度升高，而这会破坏免疫系统。免疫系统不好使，身体就容易出现慢性炎症，这些慢性炎症又会进一步导致其他更严重的疾病，甚至会增加得癌症的风险。

我们早就知道，重大压力事件，比如失业、失去亲人、长期照顾病人，对健康会有很大危害。而奥尔德温的研究表明，慢性日常麻烦对健康的危害，几乎就和大事一样。

2. 对麻烦的感知和反应

坏消息是小麻烦永远都会存在。好消息是真正影响你健康的不是麻烦本身，而是你对麻烦的反应。

奥尔德温在2016年做了一项研究，她找来900个受试者，统计他们平时都遇到多少个小麻烦，他们对这些小麻烦有什么反应，然后测量他们的"心率变异性（heart rate variability, HRV）"。心率变异性好，就意味着心脏跳动可快可慢，这样的心脏就是健康的；心率变异性差，就容易得心脏病。

奥尔德温发现，这些受试者的心率变异性跟他们遇到的小麻烦的**数量**关系不大，但是跟他们面对小麻烦如何反应很有关系。

比如说，同样是要去办一件急事，路上堵车了，如果你把堵车当作一个客观事件，既然着急也没用，索性就多听一会儿有声书，那这个小麻烦就不会影响你的健康；但如果一堵车你就非常恼火，一个劲儿地埋怨前面这帮人是怎么开车的，你的健康就可能会受到影响。

这个关键是，麻烦怎样影响你的情绪。

奥尔德温2014年对1300名男性做了一项研究，让他们对自己面对小麻烦时的情绪打分，分数越高代表情绪强度越大——结果发现，那些经常对小事有激烈反应的男性，他们的健康状况和死亡率，就和那些面对重大人生压力的人一样。特别是反应最为激烈的那一组，他们在同样时间段内的死亡率，竟然是正常人的三倍。

那为什么同样面对堵车，有的人就能心平气和，有的人就非得反应过度呢？我理解医学界可能也没完全搞清楚其中的相关性和因果关系，但是有研究认为，情绪反应是一种生理现象。有的人就是神经过敏症，遇到事情就容易被激怒。他会把任何小麻烦都视为威胁，他总觉得别人在针对他，他需要花很长的时间才能让情绪平复下来。

也许是不善于调控情绪导致身体不好，也许是身体本来就有问题所以才不善于调控情绪，也许这个效应是双向的。

最可怕的是小麻烦还有个积累效应。如果你最近心情都挺好，那就算出个小事儿也没关系。如果你已经到了焦头烂额的程度，那每个小麻烦都可能是压倒你这匹骆驼的最后一根稻草。

人不应该长期处于感到威胁的战斗状态之中。草原上的斑马之所以不得胃溃疡，是因为它们只在有野兽追赶的时候才拼命奔跑，平时非常放松。你需要主动从压力模式切换到放松模式。

3. 怎样忽略麻烦

记住，真正的问题不是麻烦本身，而是你对麻烦的反应。如果是重大压力，你可以把它想象成挑战，把压力变成动力；或者你可以把这件事放在更大的时空尺度下去看，把它"看"小。

那面对小麻烦怎么办呢？

有些鸡汤文说什么要"认真面对每一件小事"，别听它们的。你应该听爱因斯坦（据说是）说的，"弱者报复，强者原谅，智者忽略"——答案是忽略。

那怎么忽略呢？难道孩子病了还能不管吗？当然不是。我们要忽略的是自己的情绪。

第一，你要善于观察自己的情绪。奥尔德温建议，如果你感觉自己正在握紧双拳、脸红、心跳加快，那就是你要发怒了。这时候你要提醒自己把情绪平复下来，来几个深呼吸。

第二，开心的小事儿可以中和烦恼的小事儿。有个说法叫"小确幸"，小而确定的幸福，研究表明，小确幸可以中和小恼火。

有一个研究想看看慢性日常麻烦对大学生完成学习目标有什么影响。研究者找了100个大学生，让他们在6天之内，每天记录遇到了哪些小恼火，以及遇到了哪些小确幸——比如和朋友聚会、自己弹琴之类。

研究发现，如果一个人有很多小恼火而没什么小确幸，他的学习目标会大受影响。但如果他有很多小恼火的同时，也有很多小确幸，那么小确幸就会中和掉小恼火，这个人的心情就会还不错，他的学习目标就不会受到影响。

那小确幸从哪儿来呢？当然你需要主动制造一些，这就是为什么人得有点爱好，有点社交。但是你还需要一双能从生活中发现小确幸的眼睛。我以前专栏中讲过中年人的大脑，说人到中年的一个好处就是善于看到生活中好的地方，忽略那些不好的地方，更容易跟世界和解——原来这对健康也有好处。

第三，更强的功夫，是使用斯多葛哲学和阿德勒"课题分离"思想。

关键在于，不要把小麻烦给"个人化"。这件事只是一个客观的存在，并不是世界在针对你，更没有那么多人与你为敌。客观的存在是你控制不了的东西。

人真正能控制的，只有自己的行动和自己的态度。你控制不了堵车，但是你可以控制自己在堵车的时候做什么。你控制不了麻烦，但是你可以控制自己对麻烦的反应。

"认真做好每一件小事"这个观点为什么是错的呢？因为你还是想要控制。能控制的，才谈得上要认真做好，而小麻烦往往是我们不能控制的。不能控制总想强行控制，情绪就会上来，健康就会下去。

关于慢性日常麻烦，咱们中国人有很多民间说法。有的说要"难得糊涂"，意思似乎就是要忽略这些小麻烦。可有的又说"诸葛一生唯谨慎，吕端大事不糊涂"。那到底什么时候应该谨慎，什么时候应该糊涂呢？不糊涂又能如何呢？

那当然是对控制不了的小麻烦要忽略，对能控制且有必要做好的事，尤其是大事，要谨慎——因为不这么干，不但事情做不好，而且影响健康。我们作为现代人，得有点成体系的、逻辑自洽的认识。斯多葛哲学结合现代心理学和医学研究，能给我们更好的答案。

最后我想分享一点个人心得。我认为把一切小麻烦都忽略的态度也不对。永远处在战斗状态固然不好，但偶尔战斗一下，也是锻炼身体。根据反脆弱养生法，我主张如果遇到不公平的对待，可以偶尔跟人发生一点急性的冲突。

不要找熟人，最好在全是陌生人的公共场合。比如排队的时候遇到有人插队，你完全可以站出来跟他"干一仗"。我在中国的火车站、在美国的机场、在大学校园和儿童游乐场，都曾经跟人发生过冲突。我有一次把机场管理员都给惊动了，还有一次差点被警察抓起来。只要不动手，基本不会有太大的事儿。我平时非常老实，每次遇到这种事儿都会满脸通红、心跳加快，当时感觉并不好，但事后想起来，都是美好的回忆。

怎样不做"必须做的事儿"

如果有一个神奇力量，突然给你两个月的假期，让你在这两个月内可以抛开一切责任想干啥就干啥，你会干啥呢？

如果你是一个成年人，我相信你不会把这两个月全用在吃喝玩乐上。你肯定有很好的计划。我有个朋友说他想以普通打工者的身份体验一下中国各地各种人的生活。也许你想去哪个寺院当两个月和尚，也许你可以去土耳其和沙特冒险，也许你可以学习一个新的技能，也许你只不过想读一本早就想读的书，也许你想研究一个什么东西，憋个大招！也许这两个月就能让你的人生状态发生根本的改变——最起码能让你的职业生涯上一个台阶。

某大学号称要"为祖国健康工作五十年"——在你五十年的职业生涯中，两个月真不算什么。那你为什么没干这些事儿呢？你为什么就没有这样的两个月呢？

1. 时间管理的最高境界

这些事儿对你非常、非常重要。可是它们不紧急。时间管理的学问要求我们把事情按照"重要"和"紧急"这两个维度分类，可是你的日程表上全都是紧急。

所谓成年，大约就是习惯了做"该做"而不是"想做"的事儿吧。那两个月的梦想是你**想做**的事儿，而你做的全都是你**必须做**的事儿。

而且你连必须做的事儿都做不完，所以你需要"时间管理"。

以我之见，时间管理的最高境界，是不做必须做的事儿。

先说简单的。比如有个作业必须周五交，如果到了周四的晚饭时间你还没写，那么对周四晚上来说，写作业就是你必须做的事儿；但同样是写这个作业，对周一来说，它就不是必须做的事。

咱们想想周一是个什么情形。你可以不写这个作业，也可以写。如果你选择写，那是你的主动选择——你手里有主动权，你不是被人用枪指着头，你充满控制感。如果你在周一提前把这个作业写完了，你的生活中就少了一件"必须做的事儿"。

如果你始终领先于你的时间表，你就没有必须做的事儿。当然这么说并不严谨，如果明天上午十点有个会议，你自己是不可能单方面提前完成它的，这个会议是你必须做的事儿。但是，对与会者来说，会议也存在"必须做"和"可以做"的区别。

不做必须做的事，带来的不仅仅是积极主动的感觉，还有战略意义。

没有必须做的事，你就有了选项。所谓"决策"，就是看看自己有什么可选项，从中选一个最好的。绝大多数人在绝大多数时候根本谈不上什么决策，因为你没有可选项！你的日程表早就排满了，你只不过是随波逐流而已。只有在某个神奇的、空白的日子里，你才有可能抬起头来想象另一种可能性，你才用得上"决策科学"。

2."余闲"的价值

几年前一个经济学家和一个心理学家写了本书叫《稀缺》[2]，说贫穷和忙碌会把人陷入一个特定的思维模式，这个思维模式又会进一步限制人的发展能力，使得穷人更穷。

这本书里有个概念叫"余闲"，英文是"slack"。这个概念听起来非常新颖，因为此前人们完全不重视余闲。slack 这个词在英文中带有贬义。一个游手好闲，穿个拖鞋听着随身听，谁跟他说个什么事儿他都心不在焉，"混吃等死"的人，就被称为"slacker"。但是 slack，在《稀缺》这本书中是个褒义词。

余闲代表任何一种多出来、可以任意使用的资源，可以是金钱、时间或者空间。很多自诩高效率的人认为应该可丁可卯地利用资源，但是《稀缺》认为余闲有两个好处。

一个是你不用必须选择。如果你手里只有几百元钱，买什么东西就必须做取舍——也就是权衡。要买衣服，可能就不能买书了。但是如果你有很多钱，你就可以既买衣服又买书。

更重要的一个好处是你不怕犯错误。如果时间或者金钱是可丁可卯的，你选择做什么事情就得非常谨慎，一旦选错就会有巨大的损失。但如果有余闲，你就可以积极探索一些风险比较大的事情。看场电影来回要花三四个小时，时间少的人只敢看人人都说好的电影，有余闲的人却可以探索小众的东西。

探索需要代价，创造来自余闲。以前我听说，瑞典化学家阿尔弗雷德·诺贝尔之所以设立诺贝尔奖，本意并不是为了让科学家们展开发论文竞赛，更不是为了让科学家把日程表排得更满，而是为了给天才提供一笔奖金——好让他们不必再为了钱而工作。诺贝尔希望你有财务自由，这样你就可以专门做自己**想做**，而不是**必须做**的事情，能够自由自在地搞研究。

可干可不干的事儿才有创造性。干什么都行的时间才是你的时间。

诺贝尔很可能没想到，他发的这点奖金完全不够给科学家赎身。对现代人来说，余闲比余钱可珍贵多了。

3. 紧缺思维

《稀缺》这个书名在我看来应该翻译成"紧缺"，书中描写穷人的一种紧缺思维模式，用的例子主要是金钱上的贫穷。但是紧缺思维的所有表现，都可以归结到时间上的贫穷。一个忙碌者可能有很多余钱，但因为没有余闲，其实是个时间上的穷人。

穷人一直都在做取舍。就这么一点钱，用在这里就不能用在那里。同样，如果你只有这么一点时间，要多跟一个客户见面，就不能陪孩子出去玩了。

穷人对价格非常敏感，忙碌者对时间非常敏感。我听说有些人跟老朋友见面约时间都得精确到分。说好了跟你聊15分钟，聊high了聊了25分钟，他后面的日程就都会受到干扰。

紧缺思维有个"管窥效应"，就是说穷人观察世界只能看见他急需的东西。经历过紧缺时代的中国人看东西都是"这值多少钱"。我还看到一个2018年的研究[3]，说正在节食减肥的人看什么东西都能优先发现食物。他们逛街对小吃摊最敏感，看电视最关注食品广告。他们除了吃简直就不想别的事情。而忙碌者满脑子都是时间。《奇特的一生》这本书说苏联昆虫学家柳比歇夫永远知道现在是几点钟，做什么事情都知道已经花掉了多少分钟。

我看金钱上的穷人和时间上的穷人只有一点不同，那就是金钱上的穷人认为贫穷是不好的，而很多忙碌者意识不到这一点。感叹"长恨此身非我有"的都得是重要人物，要说"偷得浮生半日闲"必须得位高权重才有资格。

但是在时间上斤斤计较真的好吗？要知道出其不意的创造性思维大多是在大脑空闲的时候迸发出来的。塔勒布在《反脆弱》[4]这本书中推崇一个"杠铃原则"，说我们应该用最少的时间做最剧烈的脑力劳动，然后用大部分时间什么都不干。

对时间永远把握主动权，才是美好的生活。古典主义的英雄都是松弛有度的人，不可能一天到晚疲于奔命。那怎么才能做一个时间上的富人呢？

4. 人穷别借钱

首先你得避免变成时间上的穷人。《稀缺》列举了很多研究，说贫困本身会加剧贫困。穷人本来钱就不够花，遇到紧急情况只好去借钱，而美国有很多专门针对穷人的小额贷款公司，利息非常高。为了偿还利息，穷人还得再借新的钱，以至于每个月光各种借款的利息就要花费400~600美元，这对于中产阶级家庭来说是不可想象的事情。

穷人在很多方面的花费其实都更高。拿固定电话来说，以前手机不普及的时候，正常家庭每月的电话费也就30美元左右。如果你这个月交不起电话费，那么电话就会被停机。下个月等你发工资有钱了，还得再开通电话——而重新开通电话需要40美元的

"开通费"。有的家庭会反复交开通费。像这样因为贫穷而多出来的费用是个巨大的负担。

所以富人反而可以借钱，穷人千万别借钱。

同样的道理，如果你时间本来就少，就千万别预支未来的时间。这件事挤占了下一件事的时间，下一件事就不得不挤占另外一件事的时间。一步赶不上，步步赶不上，还得重新交"开通费"。透支会大大加剧贫困。

5. 自由和自律

那如果我已经是时间上的穷人了，怎么才能给自己积攒一点余闲呢？

首先你得改变姿态，敢于对很多事情说"不"。我不做这件事不是因为我没时间做——是因为我想"有时间"。

其次你可以搞个重新启动，干脆放弃一些项目，一次性地得到一大笔余闲，比如主动休假或者换个工作。

但是要想保住这笔余闲，你得非常自律才行。印度有些穷人做这么一种生意。每天早上向人借1000卢比作为本钱，买一些货物到集市上卖，到晚上能得到1100卢比。但是他必须当天还回借款，外加5%的利息，所以他一天只挣50卢比。

那你自然会想，如果这个人自己能拿出来1000卢比，他就不用去找人借钱，他每天赚的100卢比不就都是自己的了吗？他的收入不就立即翻倍了吗？

研究者也是这么想的。研究者来到印度，直接送给这些人每人1000卢比，想看看这样能不能彻底改善他们的生活。

结果发现不能。头几个月这些人的生活的确好转了，但是不到一年，他们纷纷又回到每天要借1000卢比的状态。

这是因为生活中会有各种"震动"。亲朋好友过生日，没钱也就算了，可是既然现在有钱了，他就会心动，就会拿出钱来买一个贵重的礼物，于是第二天的本钱就没有了。

余闲在很大程度上就是给震动做准备的，但是余闲非常害怕震动。你得忍住不动才能保住余闲。一下午的自由时间，如果说不干，就真的什么都没干就没有了。余闲的种种好处，也就没有了。自律未必等于康德式的自由，但是自律总比他律好。

拥有余闲就拥有主动权，就拥有了创造、冒险和改变的可能。时间就像金钱，你花了，它就不是你的了；可是你一直不花，它也不是你的——只有在你"可以花也可以不花"的那一刻，它才是你的。

如果你从未错过航班，说明你在机场待的时间太长了

这一节专门献给好孩子、好学生、好员工和好公民。标题这句话是经济学家乔治·斯蒂格勒的名言[5]，他是1982年的诺贝尔奖得主。

经济学家几乎不能准确预测世界，他们的很多看法都不一定对，但他们总是能够提供有用的洞见。斯蒂格勒这句话的洞见是，任何"好成绩"都是有代价的。

坐飞机出行，很多人会确保自己在登机前两个小时，甚至三个小时就到达机场。再考虑到路上堵车，你可能提前四个小时就得从家里出发。

而斯蒂格勒提醒我们，错过航班虽然是个大麻烦，但并不是

世界末日。我就曾经因为到机场晚了错过了航班，而且还错过了转机航班，而且还因此不得不找人替我做一个会议上的报告，但我的亲身体会是这没什么大不了的。我不是一个总迟到的人，不过我的记录并不完美。

而你如果想要一个完美的记录，要确保自己从不错过航班，那你就必须每次都提前很久到达机场——那你的代价就有点大了。

我是从一个数学家那里听到斯蒂格勒这句话的，越想越觉得有道理，至少有三个。以下排列的顺序是从被动到主动。

1. 代价

完美，是个很贵的东西。生活中的事情都具有不确定性，哪怕你已经做得很好，也不能确保不出错。我们知道有个"80/20法则"，把一件事做到"差不多"的水平其实是比较容易的，而如果想做到近乎完美，你要付出的代价将会不成比例地上升。

比如说，每个公司都有自己的报销制度，出差、应酬，凡是因工作发生的花费都可以回公司报销。我们可以想象，一般公司的报销制度都是有漏洞的。有的员工可能会钻空子，让公司蒙受损失。那请问，公司的财务人员是不是应该设计一个天衣无缝的制度，确保公司完全不受损失呢？

答案是不应该。一个天衣无缝的制度必定是非常烦琐的制度。公司不可能去打电话核实每一笔花费的真实情况，那要消耗大量的时间和人员，成本太高，员工也麻烦。一般公司的做法都是差不多就行，只要损失不大就可以接受。

没有漏洞的系统不见得是最好的系统。最好的系统应该在减小的损失已经比不上付出的成本时停止优化。

我们在生活中经常看到过于追求完美的情况。以前，几乎是出于某种玄学，飞机上禁止乘客使用手机和笔记本电脑之类的设备，说怕无线电信号干扰飞机通讯。现在有些航空公司已经全程允许乘客随便用手机和平板电脑了。我感觉这并不是因为技术部门终于想通了，而是因为乘客使用电子设备的需求越来越强，而禁止的代价越来越高了。

当然你可以说生命是无价的，为了安全干什么都值得——但是经济学家会说那根本不可能。人只要出行就有出车祸的危险，可我们照样出行。安全不是无价的。

特别是在一些不涉及生命安全的领域，允许一些错误和漏洞的存在，可以说是理性的。出一个事故就要召开全员大会，制定一系列详细的规章制度，想要从此杜绝这种事情的发生，那常常是小题大做。敢于忽略小概率事件，才是科学的风险管理。

我的"精英日课"专栏偶尔会有一些小错误。可能我在这里写错一个字，音频转述师怀沙在那里有个口误，读者总是能在文章上线几分钟之内把错误指出来。那我们是不是应该再投入三倍的校对时间去杜绝这些错误呢？我看没必要，读者完全理解我们是人工，不是人工智能。

如果你这个系统没有错误，说明你的成本太高了。

2. 放飞

如果你上班上学从来没迟到过，那你花在睡眠上的时间可能太短了。只要不是习惯性的，偶尔迟到没关系。我上学上班经常迟到，还因为接送孩子迟到被罚过款，但那都是值得的。偶尔迟到的人对生活的掌控感更高。

如果你从来没有丢过东西，那你在个人生活管理方面可能花费太多精力了。做事得抓大放小。如果你的雨伞就好像钻石戒指一样从来没丢过，那只能说明你像对待钻石戒指一样对待雨伞。

如果你从来没得罪过人，那你活得可能太憋屈了。偶尔让人感到不舒服，哪怕是爆发冲突，也没什么大不了的，有时候吵吵更健康。

关键在于，通常的情况都是好人自己给自己施加压力。今天这身衣服搭配合适吗？PPT里是不是还有小错误？领导会不会觉得我这句话是在批评他？其实除了你自己，别人根本就没注意到。实验表明，哪怕让一个人穿着扣错了纽扣的衣服上一天班，同事一般也发现不了。

所以别活得那么累，别怕放飞自我。

3. 试探

我发现好人和坏人的一个区别是，好人总是适应世界的规范，而坏人总是试探世界的底线。有些效能特别高的人之所以被人说像个坏人，就是因为他们采用了坏人的高效能做法。

那我们这些好人为什么就不能偶尔试探一下世界呢？比如你新加入一家公司，你的上级领导看上去像是一个很严厉的人，一开始你在他的面前不敢多说一句话，老老实实地做事。

但有时候他给你的命令是不对的，有时候你想用自己的方法做，可是你不知道老板能不能容忍，那你就应该积极试探。

你可以每次稍微突破一点自己，看看对方有什么反应。如果他不抗议，你就得寸进尺，一步一步加大力度。要试探到什么程度呢？到他抗议为止。没试探到抗议，你就没有充分利用对方的宽容度。

乔纳森·海特在《正义之心》[6]这本书中讲"确认偏误"的时候，提到过一个实验，我看非常能说明这个道理。实验人员请一群受试者做一个游戏。实验人员先报三个数，说这三个数符合一个规则。受试者的任务是，猜一猜实验人员用的是什么规则。你猜测的方法是每次也报三个数，实验人员只告诉你它符合规则还是不符合规则，看看你通过几次试探之后，能不能把规则猜出来。

比如说，实验人员最初给你的三个数字是2、4、6。

你一看这是一个偶数等差数列，那规则是否就是"偶数等差数列"呢？于是你就问实验人员，6、8、10符不符合规则。实验人员说没错，符合规则。

接下来你又问，3、5、7符合规则吗？实验人员说符合规则。那你就会想，可能这个规则是任意的等差数列。受试者们就这样不断地试探。

研究发现，绝大多数受试者试探到"任意等差数列"，就不再继续试探了。而事实上，这个规则是只要是依次变大的三个数字就可以。比如2、10、6000也符合规则。规则的底线其实很深。

为什么一般人都没能试探出这个规则？因为一般人的试探都不够大胆。因为确认偏误，人们总是小心翼翼地提出符合规则的例子——可你不犯规，又怎么能知道规则在哪里呢？

如果一个年轻人敢想敢干，老一辈的人就会说他"不撞南墙不回头"，可是科学地探索世界难道不就是这样吗？不撞南墙怎么能知道南墙在哪里呢？

刚才那个实验告诉我们，大部分人的问题在于不敢试探周围世界。试探到别人抗议为止，你的自由度才能最大化。

如果你从未被人说过"不"，说明你没有充分利用周围的有利环境。

当然，动不动就试探别人底线的人恐怕也不是什么好人。我是个好人，我几乎从来不给别人提什么额外要求。但是我观察到有些人特别喜欢提要求，他们吃个饭、坐个飞机、坐个火车都得一会儿要这个，一会儿要那个，一点都不怕给别人添麻烦。我们不喜欢这样的人，但是你不得不承认，他们充满了"被讨厌的勇气"。

其实最应该使用试探精神的并不是日常生活中的琐事。我们应该把勇气用在大事上。比如在谈判之类的关键场合，有时候一个不经意但是大胆的试探能带来很好的机会。

我特别佩服那些宁可冒险也要试探一下的人。如果你从未碰过壁，说明你对这个世界探索得不够——那个墙壁留给你的空间也会越来越小！

蝴蝶无效应，安全有小事

"蝴蝶效应"是人们经常谈论的一个科学现象，说巴西的一只蝴蝶扇动翅膀，有可能几周之后导致美国得克萨斯州的一场飓风。人们经常用蝴蝶效应形容微小的事情可能带来很大的影响。

这一节我想说的是，人们谈论蝴蝶效应的时候，基本上都说错了。而这个认知错误更体现了一个重要的观念错误。

咱们先说说"蝴蝶效应"是怎么来的。

1961 年，美国数学家爱德华·洛伦兹在用计算机模拟天气变化的时候，发现一个有意思的现象。我们知道计算机模拟都有输入的参数和输出的结果。本来有个输入参数的数值应该是0.506127，一次模拟中，洛伦兹为了省事，就把它给来了个四舍五入，用0.506代替。其实我们平时工作中经常这么干，误差不到万分之二，对吧？

可是洛伦兹发现，计算机输出的结果，不是相差万分之二，也不是相差百分之二，也不是相差百分之二十——而是变成了一个完全不同的天气状况。

这就相当于说，你测量某地大气压数值如果有万分之二的误差，你预测出来的天气就从晴天变成下雨了。

这是一个令人绝望的发现。如果是这样的话，请问谁能保证测量的参数都无比准确呢？那所谓的天气预测还有什么意义呢？

不过数学家们可不是第一次遇到这种情况。数学家早就知道，对于"非线性系统"，结果有时会对初始值非常敏感——初始值差一点点，结果就会相差很大。这也是"混沌"这个概念的起源。比如著名的"三体问题"——三个邻近的星球在引力作用下会如何运动，就是一个非线性系统。开始的位置差一点点，后面的结果就会很不一样。反过来说，"线性系统"就简单了，输入差一点，输出也差一点。

洛伦兹有感于非线性系统这个性质实在太不好对付，就打了个夸张的比方，说这简直就是巴西的蝴蝶扇动翅膀，带来了得克萨斯的一场飓风啊！

请注意，洛伦兹说的只是一个夸张的比喻而已。蝴蝶不会导致飓风。

非线性系统并不是完全不可控的系统。今天我们的天气预报是相当准确的，气象局能够很好地预测雨、雪、飓风和台风。气象局的工作人员是通过卫星云图和地面气象数据的观测来预测天气，他们并不需要关注地球上所有的蝴蝶——事实上他们根本就不考虑蝴蝶的事儿。

洛伦兹当初可能正好用了一个特别敏感的模型。事实上，并不是所有的非线性系统对所有的输入参数都那么敏感。天气系统并不是一个特别夸张的变化多端的系统。人们经常把股市描写成混沌系统，有些看起来无害的小波动也有可能带来股市比较大的波动，但是小波动不会导致股灾之类的大事件。

人们经常用蝴蝶效应形容小事导致了大事，但这个观念是错误的。如果你对"导致"这个动词的理解跟我一样，我就要说服你，小事不会导致大事。

咱们先看看什么叫"导致"。

下面这张图，大概是人们心目中蝴蝶效应的一个形象写照。

图3-1

从小到大的一堆多米诺骨牌排在一起，最大的一块有一个人那么大，最小的一块比指甲盖还小，只能用镊子拿。碰倒最小的一块，骨牌就会有连锁反应，最终最大的一块也会被推倒。

这不就是蝴蝶效应吗？这不就是小骨牌导致了大骨牌的倒下吗？

不是。

是这些骨牌的排列方式，导致了大骨牌的倒下。这是一个极其危险的系统。就算最小的骨牌不倒，中间任何一个骨牌倒下，都会导致后面所有的骨牌倒下。

如果要追责的话，你要问的不是谁推倒了最小的骨牌——最小的骨牌有权做它想做的事情——而是谁把骨牌排列成这个样子的！这就好比说，你把一堆炸药堆放在一起，只要一个火星就能引起爆炸，如果真的爆炸了，你不应该埋怨那个火星，你应该反思的是，为什么炸药这么危险的东西你不好好管理。

火星总会来的。小骨牌总要倒下。蝴蝶总要扇动翅膀。你应该怪罪的是系统，而不是导火索。

那什么样的系统容易出危险呢？1979 年，美国宾夕法尼亚州的三里岛核电站，发生了一次严重的反应堆堆芯熔毁事故。事故没有造成直接或者间接的人员伤亡，但光是清理费用就超过了 10 亿美元。当时美国政府请了一位叫查尔斯·佩罗的社会学家帮着分析事故原因。佩罗的研究，从此改变了人们对大事故的看法[7]。

跟一般公众的观点相反，核电站其实非常不容易出毛病。切尔诺贝利核电站是因为它的设计完全没经验，才出了那么大的灾难。三里岛核电站采用的是老式设计，虽然其安全性能跟今天的新型核电站不能比，但就是这样，它也没那么容易出问题。佩罗发现，三里岛事故，是由三个因素同时起作用导致的。

第一，反应堆有个给水系统，正常情况下应该供水，但是出现故障没有供水。本来这个可能性在设计方案中就考虑到了，还有两个备用系统可以自动供水——但不巧的是，备用系统在之前维护的时候被关闭了，没有按规定打开。

第二，因为没有水，反应堆温度上升，这时候有个泄压阀就自动开启，降低温度。等到温度降下来，按理说泄压阀应该自动关闭，可是因为故障它没有关上，于是导致反应堆的冷却剂往外流。

第三，如果工作人员能正确判断发生了什么，就能立即采取有效措施。可是工作人员看到的指示灯显示，泄压阀已经关闭了。这是因为指示灯的设计是，显示是否已经命令泄压阀关闭，而不是显示泄压阀的真实状态。工作人员被误导了。

这三件事只要有一件不发生，大事故就不会发生。英文中有个词叫"perfect storm（完美风暴）"，意思是几个因素恰好一起出现了，导致一个剧烈的后果——三里岛核事故，就是一场完美风暴。

那请问，这个事故里谁是"蝴蝶"呢？应该指责谁呢？人们的本能反应是指责当时负责操作的工作人员，可是三件事是在13秒内发生的，工作人员根本来不及反应！

佩罗说，我们真正应该指责的是系统。

从三里岛事故出发，佩罗总结，现代几乎所有重大事故——包括飞机坠毁、化工厂爆炸等——都有两个共同特征。

第一个特征是"复杂"。中文的"复杂"对应到英文有两个词，一个是 complex，一个是 complicated。后者的意思差不多是

"很麻烦、不容易理解"，而前者的意思是系统的各个部分互相关联，不是简单的连接。我们说的这个复杂是 complex。

复杂系统里往往有正反馈回路和负反馈回路。正反馈回路会让系统不稳定，负反馈回路会让系统回归稳定。核电站这种系统实在太复杂了，其中有各种反馈回路，有些部分之间的关联还是隐藏的，可能设计者都想不到。那么如果有一个正反馈关联回路是你没想到的，在事故中开启了，就会很麻烦。

第二个特征是"紧耦合（tight coupling）"。所谓紧耦合，就是这个系统缺少缓冲地带，错一点都不行，没有余闲。

出现这个情况往往是因为系统过于追求效率，搞得什么东西都一环套一环，可丁可卯，结果错一步就导致后面全错。

比如大桥就是一个不复杂、耦合也不紧的系统。哪个桥墩有问题，不至于马上波及别的桥墩，大桥对付着还能用上一段时间。道路交通也不复杂，但是耦合比较紧，一条路上任何一个地方出事故，整条路都得堵车。大学系统很复杂，但是耦合不紧，教授们就算搞搞政治斗争也翻不了天。可是像核电站和化工厂这种东西，如果又复杂耦合又紧，就容易出大事故。

当人们强调"安全"的时候，总爱说什么要狠抓"安全意识"，什么"年年讲月月讲天天讲"，什么"警钟长鸣"。可是光有安全意识有用吗？

安全意识关注的是蝴蝶。如果飓风真的是由蝴蝶引起的，你就应该好好教育蝴蝶们，不要随便扇动翅膀。如果事故真的是因为工作人员疏忽，你就应该给员工天天讲。

其实"天天讲"是个不好的教育方法，重复的信息会被人脑自动忽略。如果一个烟雾报警器有事没事动不动就叫，你会直接关掉它了事。

更重要的是，真正的大事故不是蝴蝶引起的。我们需要的不是安全意识，而是安全系统。

经常与蝴蝶效应共同出现的一句话是"XX无小事"，这也是一个错误的观念。无小事 = 无大事。

如果一个领导只会笼统地说什么"这很复杂啊！这很重要啊！千里之堤毁于蚁穴啊！核电站无小事！"我认为这领导啥也不懂。做事得善于分清轻重缓急。敢于忽略小事，你才能做好大事。

把系统搞好了，有缓冲区、有余闲、有稳定回路，我们就可以有恃无恐。反过来说，如果系统不行，人就算整天战战兢兢也难保不出事儿。

凡夫畏果，菩萨畏因。我们有现代化管理知识的人还要再加一句：佛畏系统。

马尔可夫宿命论

我先给你讲两个故事，你看看其中有没有什么规律。

第一个故事叫"捐款"。美国很多地区的公立学校系统有衰败的趋势，生源、政府投入和师资力量都不太行，学生的考试成绩很差。有些热衷于公益事业的富豪看到这个情况，就想采取行动。

2010年，脸书（Facebook）的创始人扎克伯格，给新泽西州纽瓦克市的公立学校系统捐款一亿美元。这是一笔巨款，再加上别人匹配的捐款，相当于给这个地方每个学生六千美元。这笔钱可以用来改善教学条件、给教师提高待遇，还可以给学生发奖学金。那这笔钱最终起到了怎样的作用呢？

结果是，过段时间再考察学生的成绩，没有任何提高。扎克伯格的钱，白花了。

第二个故事叫"情绪"。你有一个朋友因为失恋而情绪失控，说自己抑郁了。这已经不是第一次了，但你非常关心他，就专程飞到他身边，陪他度过了几天愉快的时光。你明显感觉到这几天他确实很开心，他还表态说以后要保持阳光的心态，积极生活。你放心地回去了。

可是过了没多久，你朋友说因为感情受伤太深，实在不能安心上班，辞职了。

两件事的共同点是，想要一次性地采取一个行动去改变某件事，结果徒劳无功。不管你付出了多少努力，事情总会回到老样子，就好像冥冥之中有个无法摆脱的宿命一样。

数学模型能告诉你其中的原理。

1. 宿命

这个模型叫"马尔可夫（Markov）过程"，以俄国数学家安德烈·马尔可夫命名。密西根大学政治学教授斯科特·佩奇在《模型思维》[8]这本书中就这个模型举了个例子。

比如有一位老师，发现课堂上总有学生无法集中注意力，会溜号。所谓马尔可夫过程，就是假设学生在"认真"和"溜号"这两个状态之间的切换概率是固定的。

我们设定，今天认真听讲的学生，明天依旧认真的概率是90%，还有10%的可能性会溜号。而今天溜号的学生，明天继续溜号的可能性是70%，剩下30%的可能性会变得认真。

咱们看看这个模型怎么演化。假设总共有100个学生，第一天认真和溜号的各占一半。

根据概率设定，第二天，50个认真的学生中可能有5人溜号；而溜号的学生中，可能有15人变得认真——所以第二天是有50-5+15=60个人认真，剩下40个人溜号。

继续演算，第三天应该有66个认真的，34个溜号的……以此类推，最后有一天，你会发现有75个认真，25个溜号的。

而到了这一步，模型就进入了一个稳定的状态，数字就不变了。因为下一天会有7.5个学生从认真变成溜号，同时恰好有7.5个学生从溜号变成认真！

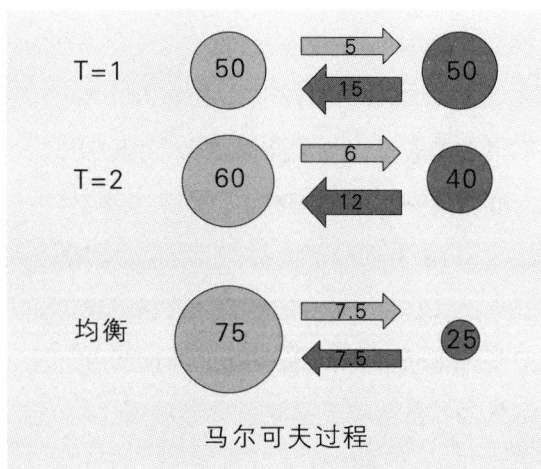

图3-2

而老师对这个稳定态很不满意，为什么只有75个认真的呢？他安排了一场无比精彩的公开课，还请了别的老师来帮他监督学生。这一天，100个学生都是认真的。

但这样的干预对马尔可夫过程是无效的。第二天认真的学生就变成了90个，第三天就变成了84个……直到某一天，还是75个认真和25个溜号。

这个情形是不是很像咱们前面说的那位失恋的朋友？他的情绪有"愉快"和"失控"两种状态。他愉快的时候有10%的可能性变成失控，他失控的时候有30%的可能性变成愉快——那么不管你的干预能让他连续愉快多少天，只要你不再干预了，他终将回归到75%比例的愉快、25%比例的失控的日常状态。

马尔可夫过程有一个固定的宿命。这不是巧合，这是数学定理[9]。

2.定理

咱们先严格地说说什么叫马尔可夫过程。马尔可夫过程要求满足四个条件。

第一，系统中有有限多个状态。比如"认真"和"溜号"，就是两个状态。

第二，状态之间切换的概率是固定的。比如从认真到溜号的概率永远都是10%，保持不变。

第三，系统要具有遍历性，也就是从任何一个状态出发，都能找到一条路线，切换到任何一个其他的状态。

第四，其中没有循环的情况，不能说几个状态形成闭环，把其他状态排斥在外。

而数学定理说，只要是马尔可夫过程，不管你的初始值如何，也不管你在这个过程中有什么一次性的干预，它终究会演化到一个统计的平衡态：其中每个状态所占的比例是不变的。

就好像终究会有75%的学生认真，25%的学生溜号。

马尔可夫过程，都有一个宿命般的结局。

生活中有哪些事儿是马尔可夫过程呢？很多。四个条件中只有第二个条件是关键，也就是状态之间切换的概率是固定的。很多事情都是这样的。

不发达地区的很多人会因为疾病而不得不去借债，还不上债务就变成了贫困户。现在政府要扶贫，说我干脆一次性地给穷人发一笔钱，让他们把债都还了，以后好好过日子，这行不行呢？马尔可夫模型说不行。你并没有改变他下一次得病或者欠债的概率。你改变的现状仅仅是一个初始条件，只要概率不变，他的宿命终究不变。

再比如说美国的穷人经常失业，而在很大程度上失业是自己的原因。他可能因为不按时上班被老板开除了，也可能因为跟老板有点小矛盾一怒之下辞职了。那如果你改变不了他对工作的态度，哪怕你一次性地给所有穷人都安排了工作，你也改变不了穷人的命运。

马尔可夫模型，真是"江山易改本性难移""授人以鱼不如授人以渔"这些话的数学原理啊。

咱们再说一个真实的例子。世界上所有国家可以分为三类：自由国家、半自由国家、不自由国家。这三种国家状态是可以互相转换的，一个不自由的国家哪天想通了，就可能变成半自由或者自由的国家；一个自由国家万一选一个独裁者上台，也可能变成不自由国家。

历史数据表明，不自由国家在五年之内变成自由国家的可能性大约是5%，变成半自由国家的可能性是15%，继续保持不自由状态的可能性是80%。下面这张表格列举了三种状态之间切换的概率。

当前状态	下一阶段状态		
	自由	半自由	不自由
自由	95%	5%	0%
半自由	10%	80%	10%
不自由	5%	15%	80%

表3-1

同时我们还知道，从1975年到2010年，这三种国家在全世界所占的比例是下面这样。

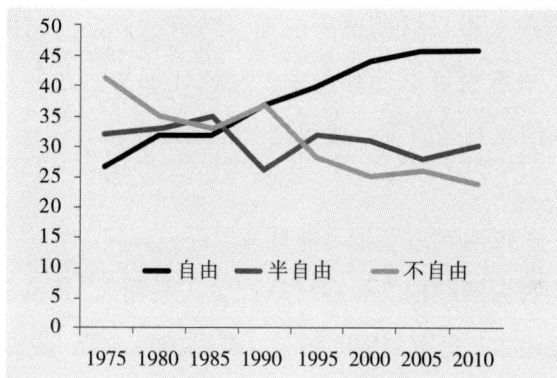

图3-3

总体来看，自由国家是越来越多，不自由国家是越来越少。一个不懂数学的人看到这张图可能会说，哈！自由是大势所趋，将来所有国家都会变成自由国家！殊不知这就犯了简单外推谬误。

事实上，既然三种国家状态切换的概率是几乎固定的，这就是一个典型的马尔可夫过程，那么最终结果必定是一个三种国家按照固定比例分配的稳定状态。数学计算表明，到2080年，世界上将会有62.5%的国家是自由的，25%的国家是半自由的，12.5%

的国家是不自由的。

只要切换概率不变，世界上始终都会有不自由的国家。

3. 用途

马尔可夫模型有很多应用。比如谷歌做搜索引擎，希望按照人们访问的热度给网页排序，但是谷歌并没有每个用户实际点击哪个网页的数据，怎么办呢？它使用一个叫作网页排名（PageRank）的算法，其中就用到马尔可夫模型。

谷歌能知道的是各个网页之间互相链接的情况。我们把网页想象成状态，那这些链接就相当于描写了马尔可夫过程中状态之间切换的概率。根据前面说的定理，网页被点击的比例终究是一个平衡态。谷歌就可以计算出来，在统计平衡态之下，每个网页获得点击率的比例是多少，按照这个比例排序。

连有些意想不到的事儿，都是马尔可夫过程。

有一本著名的政治文献叫《联邦党人文集》，是由三位美国政治家，亚历山大·汉密尔顿、约翰·杰伊和詹姆斯·麦迪逊在1787到1788年共同写作的。文集中有85篇文章，可是因为三人使用了同一个笔名，人们并不知道到底哪篇文章是谁写的。

后世的历史学家经过多方考证，确定了其中大部分文章的作者，但是还有那么几篇，历史学家表示无能为力。于是统计学家就出手了。

统计学家说，一个作者写文章的用词习惯，其实是个马尔可夫过程。

比如英文中有个短语是"for example（例如）"，而人们也会经常说"for the……"，对某一个作者来说，for 后面接 the 的概率，是接 example 的四倍，这就是一个用词习惯问题。比如我经常说"但是请注意"，而有的作者可能更喜欢在"但是"后面接一个逗号。

我们可以把每个常用词都想象成马尔可夫过程中的一个状态。因为每个作者的用词组合习惯非常固定，统计学家就可以给每个人都做一张马尔可夫状态切换概率表。那么把一篇文章中相应词语的马尔可夫概率表，跟这个作者概率表进行对比，就可以知道这篇文章是不是他写的。

使用这个方法，统计学家判断，悬而未决的那几篇文章，最符合詹姆斯·麦迪逊的写作风格。

马尔可夫模型这么有用，说明"本性难移"是个常见现象。

但是请注意，生活中有些事情是"路径依赖"的，意味着后面发生的概率会根据之前发生的事情做出改变。比如原本有两种高清电视标准势均力敌，而如果你能一次性地说服几个重要厂商采纳其中一个标准，那其他的厂商为了兼容性，就会跟着选择这个标准。

而马尔可夫模型说的则是那些概率不随以前的历史发生改变的情况。那到底什么情况下用路径依赖，什么情况下用马尔可夫呢？你得灵活判断。

一个酗酒的人，你看着他一周时间不让他喝酒，并不足以改变他酗酒的概率；但是如果你有办法让他连续一年不喝酒，也许他就真戒酒了。逢年过节找一帮志愿者去养老院给老人送温暖，不足以影响老人长期的精神状态；可是如果养老院弄个生活方式改革，也许就会有实际效果。

马尔可夫模型解释了历史的怪圈，它给我们的教训是历史很难改变。临时性的措施往往没长久的作用，本性的力量很强大。有些公司换个开明的领导人，可能刚开始几年都挺好，之后就又会走上老路。想要改变历史，你得改变机制。

找亮点解决问题法

咱们来说一个不常见的解决问题方法。我们解决问题通常的思路，是先发现问题，再分析问题发生的原因，找到它背后的病根是什么，然后从根本上解决。这个方法不见得好使。

比如说弗洛伊德的精神分析疗法。你觉得你有心理问题，可能做事比较腼腆不大方，你就去找心理医生。心理医生会反复地帮你回忆自己的过去——你有过精神创伤吗？你童年受过虐待吗？你的原生家庭是什么样的？

你就这样跟这个心理医生在一起五年，你花了五万块钱，中间痛哭了好多次，最后你们终于找到了病根——都是你妈妈的错。

然后你又能怎么样呢？难道你能把童年重过一遍吗？找到病根不等于就能改变病根，更不等于能改变你的症状。更何况像这样追溯，可能所有的问题都指向同样的原因，比如有人开玩笑说，最根本的原因就是自己没钱又长得丑。

像这样的病根，用英文说叫作 TBU——true but useless（正确而无用）。

我们要说的这个方法正好相反，不找病根，找"亮点"。这个方法我是在希思兄弟多年前的一本书《瞬变》[10]中看到的，而我认为它已经超越了那本书的主题，是一个通用的方法。

什么叫找亮点呢？咱们还是说刚才那个心理治疗。动不动就问你童年创伤，是弗洛伊德精神分析学派的做法，现在很多心理医生还在用，但是心理学家其实很反感，因为精神分析方法经不起实验检验。现在还有一派心理治疗方法，叫作"焦点解决短期治疗（Solution-Focused Brief Therapy）"，简称SFBT，跟精神分析学派正好相反。

这个疗法是20世纪70年代创立的，现在有大量的论文在研究它。据说创始人是从打高尔夫球中得到的启发。比如你打高尔夫球，有个动作总做不好，教练并不会问你是不是在内心深处害怕赢球，是不是小时候被父亲吓唬过。教练只关注技术动作——你球杆握得太紧了。就这么简单！

焦点解决短期治疗——以下我们简称"焦点疗法"——完全不在乎你的过去。它不追究你为什么变成了现在这个样子，它问你**好的时候**是什么样的。它找你的亮点。

比如说，有一对婚姻亮红灯的夫妇来做婚姻咨询。焦点疗法派的心理医生会问他们，假设今天半夜有个奇迹发生了，你们一觉醒来发现什么问题都没有了，有什么现象能让你们相信奇迹的确发生了呢？在医生的不断启发之下，这对夫妻说，如果他们能够互相倾听对方说的话，那就是奇迹。

顺着这个问题，医生问出了关键问题，你们不可能一天到晚都在吵架吧？你们至少偶尔也会有相处融洽的时候，就好像那个奇迹时刻一样。那你们上一次出现这种奇迹状态是什么时候？当时是怎么做的？

这就是医生在寻找那些好的时候，也就是亮点。找到了亮点，就可以推广亮点。

比如一个家长说自己跟孩子的关系很不好，孩子总不听她的话，也不尊重她。焦点疗法的医生就会引导她回忆：有没有哪怕一个时刻，孩子对你是尊重的？在那个时刻，你是如何对待孩子的？

家长想了很多，最后找到一个亮点。她说因为平时总是很忙，担心工作做不完很焦虑，而有时候工作正好做完了，跟孩子说话的时候特别平静，孩子好像就挺好。那么医生就建议这位家长，下次和孩子沟通的时候保持心情平静。

咱们说个真实的例子。某小学有个叫博比的问题学生，家里很不幸，没有父母管教，一身毛病。他在学校里总惹麻烦，破坏课堂纪律还干扰老师讲课，动不动就被送到校长室罚站。你完全能理解博比为什么会成为这样，但是理解有用吗？

这个学校的心理医生，就对博比采取了焦点疗法。医生耐心地、反复地让博比想：有没有不惹事、表现好的时候？学校这么多老师就没有一个你喜欢的吗？

博比想起来一个。他说他比较喜欢史密斯老师，在史密斯老师的课上他好像就没捣乱。医生接着问，你为什么喜欢史密斯老师呢？史密斯老师对你有什么不同吗？

结果这位心理医生帮博比总结了史密斯老师的三点不同之处。第一，每次博比走进教室的时候，史密斯老师都会和他打招呼，而别的老师不但不理他，还故意回避他。第二，史密斯老师会安排一些博比会的问题让他在课堂上回答。第三，让所有学生一起做题的时候，史密斯老师会专门走到博比的身边，看看他是否听懂了老师的要求。

心理医生立即召集博比的其他老师，说咱们能不能多照顾照顾博比同学，都用用史密斯老师的做法。大家这么做之后，博比的表现果然大大改观，去校长室的次数减少了80%。

哪怕是像博比这样的学生，身上也有亮点。找到亮点，推广亮点，你就有可能解决问题。

找亮点这个方法可以被用在各个方面。希思兄弟讲了一个发生在越南的故事，最早可能是来自《快公司》杂志的一篇报道[11]，我特别喜欢。

1990年，有个国际慈善组织的专家叫杰里·斯特宁，奉命帮助解决越南农村儿童的营养不良问题。那时候的越南非常落后，卫生状况很差，连干净的饮用水都无法保障，农村妇女们根本就没有营养知识，其实问题归根结底就是一个字：穷。

可是这个认识对斯特宁啥用都没有。斯特宁没有纠结越南怎么这么穷，他的做法是找亮点。越南农村再苦，也不至于连一个健康的孩子都没有吧？

有肯定是有。有些孩子营养充足是因为家里亲戚在政府工作，有外快，那种不算亮点，因为不可复制。斯特宁一个一个地调查，找到了真正的亮点。有一些孩子，家庭状况跟别人一样贫困，但是并没有营养不良的问题。他们是怎么回事呢？

斯特宁调查发现，这些健康孩子的妈妈喂养小孩的方法，跟其他妈妈有三点不同。第一，其他孩子都是每天和大人一起吃两顿饭，而这些孩子吃四顿饭。吃的总量是一样的，但是分成四次吃。第二，这些妈妈会很主动地喂孩子吃饭，而其他家庭都是随便孩子吃不吃。第三，这些妈妈会把一些小虾、小螃蟹，特别是红薯叶子捣碎了，拌在米饭里给孩子吃。这些东西在越南很常见，但是其他家长普遍认为红薯叶子是一种低等食物，不给孩子吃。

你是不是也觉得这三个做法很有道理？吃饭很重要，小孩的胃容量有限，一次吃太多不好消化，而且小虾、小蟹和红薯叶子能补充蛋白质和维生素。斯特宁自己绝对想不出来这样的方法，但是他发现了这些方法，而且这些方法是可复制的。

斯特宁立即推广。他把越南农村的妈妈们组织起来，分成小班，请那些做得好的妈妈来现身说法，大家一起动手给孩子做饭。结果项目大获成功，越南儿童的营养不良现象被显著改善了。

找亮点还可以用在商业上。

有个制药公司发明了一种治疗哮喘的新药，疗效非常好，但是销量并没有达到预期。这家公司不知道哪里出了问题，就找到一家咨询公司。咨询公司也是用了找亮点的方法。

这个药的销量虽然总体惨淡，但是有两个销售员非常成功，业绩是别人的20倍。他们是怎么做到的呢？原来这两个人并不是简单地向医生介绍新药的疗效，他们还会细心地告诉医生如何操作。这个药不像一般的哮喘药是口服或者呼吸道吸入的，而是要注射的，医生不愿意研究操作流程就不愿意买。事实证明，只要过了操作这一关，医生就会给患者用这个药。

道理这么简单，为什么这个公司自己没发现呢？答案是公司根本就没往这方面想。公司还以为这两个销售员的数据有问题，要不就是运气特别好——他们只注意了失败，没看到失败之中还有成功。

找亮点，是一个既反直觉又符合自然的方法。

反直觉是因为我们的头脑总是倾向于关注问题，而不是关注亮点。问题能刺激你，亮点不会刺激你。别人做错一件事你很敏感，别人做对了的事你不会注意。比如说一谈到自己的孩子，很多家长都能列举各种让人头疼的地方，但是对孩子的优点很少关注。

那为什么说找亮点的做法符合自然呢？自然选择和市场的规律恰恰是亮点能生存、繁衍和复制。灭绝了的物种可以出于各种各样的原因灭绝，成功的物种才是此时此刻最值得我们学习的。识别那些最好的东西，把它们推广开来，这符合天道。

白金汉和古道尔在《九个工作谎言》这本书[12]中说，好的管理者应该像园丁一样，善于让手下发挥强项，而不是给人挑毛病。人最需要的是正反馈而不是负反馈。他做对了，你应该鼓励他下次还这么做；至于他做错了，你真没必要揪着一个毛病去帮他做什么精神分析。

理解问题不等于解决问题，解决问题不一定需要理解问题，甚至可能都不需要你直视问题。

你会骑自行车，你知道自行车的原理是什么吗？搞个心理咨询而已，为啥非得痛哭一场呢？有些伤疤根本没必要揭开。就算你不回顾以往的人生，你也是可以变的，事情本来就一直在变，每一步都是重新开始。这就好像下围棋一样，你的任务是把当前这个局面走好，而不是去追究自己是如何走到这个局面的。

找亮点还有个好处是，解决方案其实是你自己发明的。比如说咱们中国有个什么问题，你要说"对这个问题美国是这么做的，我们学美国吧"，你就会遭到反对。有些人会说我们中国人为啥学美国？我们要给世界提供中国方案！

找亮点就不用担心这个。你仔细找找，也许中国某些地区就没有这个问题，也许中国某些公司就做得特别好。我们应该直接推广他们的方法，然后宣布这就是中国方案。

决策是一门技能

得到 App 的读者有时候能写出一些特别有意思的留言。一位叫"吉卜力"的读者在梁宁的课程中分享了他家族的故事。

> 我的爷爷参加了解放战争和抗美援朝，为了新中国光荣负伤，国家给我奶奶优待，可以在医生、教师、裁缝中任意选择职业，我奶奶选择了裁缝。在我父亲和叔叔找工作的时候，因为根红苗正，我父亲被保送军官，我叔叔被保送警察。一家之主的奶奶死活不同意，哥俩双双进了工厂。我父亲下岗后决定卖房买车，在货车和出租车中选择了货车，然后房价和出租车牌照价格嗖嗖地往上涨。而我叔叔把发家致富的眼光投在彩票上，天天研究彩票走势，我堂妹天天在家砸核桃给她爸补脑……

把每一个重要决策都做错确实不容易，但是决策，确实不是简单的事情。有些人总做错固然是因为知识有限、能力不足，可哪怕你是个高智商高学历的知识分子，一路刻苦钻研专业技能，也可能因为该买房的时候没有果断出手而被家人埋怨。

加拿大心理学家基思·斯坦诺维奇有本书叫《超越智商》[13]，说决策的能力和智商，是两种完全不同的东西。可能你特别善于学习，日常工作都做得很好，还是一位技术高手，但是你决策不一定行。而像刘邦这样的人，带兵打仗和治国安邦的业务水平都比不上专业人士，为啥还是个好领导呢？也许最重要的就是因为他决策能力强。

决策能力，就是你在关键当口能不能做出明智的选择。它并不是纯粹靠天赋形成的。现在关于决策能力的研究有很多，而学者们公认决策能力是可以提高也可以训练的。

一般人之所以不善于决策，根本原因在于缺少决策的机会。我们生活中绝大多数事情都是走流程。你该上学上学、该上班上班，学什么做什么都是别人设定好的，你自己并没真的做什么决策。你可以考出好成绩做出好业绩，但是你没拿过什么大主意。你很少有纠结的时候，你没冒着风险下过什么决心，你没有承担过错误决策的后果。

两个东西让你选，如果其中一个又便宜又好，另一个又贵又不好，那每个人都知道该选又便宜又好的那个，这不叫决策。

真正的决策都是面对两难选择：这个东西便宜但是不好，那个东西好但是贵，这时候你怎么选？这么做能解燃眉之急可是对长远发展不利，那么做倒是立足长远，可是你能熬过眼前这个困难吗？你是否面对过这样让人纠结的局面？

做好决策很难，但是并不神秘。

包括心理学家和管理学家在内的各路学者，现在对于怎样做决策，已经有非常成熟的理论。诺贝尔经济学奖得主丹尼尔·卡尼曼一生都在研究科学和理性决策，他的《思考，快与慢》一书已经成为经典。斯坦福大学的奇普·希思和杜克大学的丹·希思两兄弟的《决断力》[14]，麦肯锡学者的《超越曲棍球杆的战略》[15]也都可以说是学习决策的必读书。科学作家史蒂文·约翰逊的《远见》[16]，则是关于决策科学较新的一本书。

总结来说，科学决策的规律都是相同的，可以分为三步：

第一步，看看你手上有哪些选项。

第二步，评估各个选项的价值，选择那个价值最高的选项。

第三步，执行过程中，根据实际情况进行调整。

如果决策就这么简单，为什么人们还做不好呢？这是因为在实际操作中我们并不总是理智的。面对陌生的局面，我们在决策中每一步都会有各种各样的认知偏误，导致最后选错。

第一步是列出自己的所有选项。人们通常的做法并不是找张纸，坐下来，心平气和地把所有选项写在纸上，而是认准了一条路就不放松，根本意识不到还有其他选项。人们常常不知道自己现在有个做决策的机会。如果别人遇到艰难选择的局面让我们给出个主意，我们常常能说得头头是道；可是对自己的事，我们异常草率。

克服这个毛病有很多现成的方法，比如画"思维导图"。现在很多人用思维导图做读书笔记，在我看来这就如同把杀伤性武器当礼宾枪用——思维导图真正的作用是把各种选项同时直观地摆在你面前，帮助决策。

如果参与决策的不止一个人，"头脑风暴"也是个好办法。大家坐在一起集思广益，开个"诸葛亮会"。你说几个想法，我说几个想法，先把各种想法都写在黑板上。这一步追求的是选项越多越好。先别管可行不可行，哪怕是你觉得特别不靠谱的想法，也可以提出来给大家一个启发。事实证明，越是天马行空的主意，越有可能成为神来之笔。

重大复杂的决策，有时候还应该专门请一些外行参与，以期获得"跳出盒子"的奇思妙想。我听说物理学家奥本海默组织研发第一颗原子弹的时候，就专门邀请了一些画家、诗人和音乐家进入洛斯阿拉莫斯秘密研究基地，看看他们能不能激发科学家的灵感。

当然也不是什么外行都有用。密西根大学的复杂性理论和社会科学家斯科特·佩奇在《多样性红利》[17]和《模型思维》这两本书中提出，我们决策一定要参考多样性的意见，但这个多样性必须是视角和思维模型的多样性，而不是利益诉求的多样性。换句话说，我们要"君子和而不同"，要是"来自五湖四海，为了一个共同的目标，走到一起来"的决策参与者，而不能是一群互相之间充满利益冲突的人，否则决策就成了一群人对另一群人的打压。

第二步是选择价值最高的选项。在充分考虑了每个选项的价值之后，我们一个个删掉不合适的选项，最后选择一个最有利的。这一步需要理性。但决策者常常因为自身的认识差异，而非理性地、强烈地倾向于某一选项，或者强烈地反感某一选项。在这一步，你必须强迫自己听见不同的声音。

千人之诺诺，不如一士之谔谔。那既然如此，何不指定一些人，专门提不同的意见？现代大公司和政府组织的标准做法是成立一个"红队"，专门跟你唱反调。红队是思维的假想敌部队——按咱们中国的传统应该叫"蓝军"。

高明的决策者会让一些人从反方面寻找证据，力图推翻自己的决定，以此来提醒自己不要犯一意孤行的错误。你要往东，红队就非要往西——你能找到充分的理由去说服这些反对者，这个决策才算是成熟的。

而即便如此，我们也不能肯定那个决策就一定是对的。这是因为未来有不确定性，决策总是包含着预判，甚至可以说是赌博的成分。而学者早已证明[18]，很多专家对未来的判断还不如随机赌博。

不过这个世界毕竟还是讲理的，未来并非完全不可预测，总有一些办法让你赌对的可能性比赌错的可能性大，这样赌多了还是你赢。

丹尼尔·卡尼曼的一个办法是，多看看别人做类似事情的时候结果如何。低水平决策者常犯的一个错误是总以为自己很特殊，殊不知每个人做这件事的时候都以为自己很特殊。高明的决策者应该先打听打听别人的情况——信息，是决策的营养。

第三步是调整。有些人是一旦下了决心去做一件事儿就会一条道走到黑，好像调整方向就等于承认失败一样。撒切尔夫人有句名言，"阁下想转弯就转弯吧，本夫人是不转弯的。"可是不转弯的汽车能开吗？

如果我们把决策看作一个做选择的技术过程，承认其中的不确定性因素，那么调整决策不但不代表失败，而且还是科学决策的必要组成部分。在实际执行过程中我遇到一个之前决策的时候完全没想到的情况，如果考虑到这个情况我应该做出别的选择——那我就改呗。

当然，如果你从来都不坚持自己的决策，一有风吹草动马上就改，那也不行。有时候道路本来就是曲折的。

那到底是要坚持，还是不要坚持呢？正确的态度是，考虑新的信号是否已经强到足以改变当初的决策逻辑的程度。我听说最好的风险投资家都非常善于在果断选择和果断改变之中取舍，而低水平的决策者考虑的是付出的沉没成本、个人的威望和面子。

考察新一代学者的科学决策理论，我有三个体会。

第一，应该把决策参与者和决策拍板者分开。

以前听评书，英明的主公身边总有一个足智多谋的军师，主公的英明就体现在他能不顾个人面子，对军师言听计从，而军师的足智多谋则近乎魔术一般。

真正高水平的决策不应该是刘备和诸葛亮的关系，而应该是曹操和他的智囊团的关系。你需要的不是一位军师，而是一个参谋部。决策参与者应该根据各人不同的视角和掌握的不同信息提出各种意见，包括专门去做好某一方面的调研工作，然后大家把信息共享，把多样性的意见摆在一起综合判断。如果没有智囊团，你自己就得掌握多个思维模型，让头脑里有不同的声音。

但"民主"可不一定是个好的决策方法，决策理论总是提醒我们集体决策容易陷入人云亦云、不敢有不同意见的误区。这就需要有人作为拍板者，在达不成一致的时刻一锤定音。

第二，应该把决策过程和决策结果分开。

因为决策具有不确定性，正确决策不一定带来好的结果，错误决策也不一定带来坏的结果。我们不能根据结果的好坏去评价决策水平。失败就追究责任，赢了就庆功奖励，那是非常土的决策养成模式。

高明的决策者追求的不是每一次都赌赢，而是一个让赢的概率大于输的概率的科学决策系统。职业扑克选手安妮·杜克在《对赌》这本书里说，打扑克应该在意的是数学期望，是要做时间的朋友，而千万不能被每一次输赢的情绪左右。

第三，应该把决策贡献和决策者的身份分开。

我以前是个物理学家，我们物理学家讨论问题不分年龄，老教授和一年级研究生是平等的。在物理学之外，我听说了很多韩国人经常因为要照顾尊卑秩序而不敢发言，美军却能在每次行动后的点评中畅所欲言的故事。团队文化能影响决策水平。

再进一步，如果我们把决策当成一个技术性的活动，那么我们作为决策者就应该有一点运动员的精神，全力以赴把事情做对，别太考虑结果会如何。没有纳西姆·塔勒布说的"skin in the game（利益攸关）"，当然就不会认真决策，但是太过患得患失也不行。

人们说满清入关之前是靠着一本《三国演义》学习的决策，今天的我们完全可以有更高级的学习方法。如果你心态足够超脱，把决策当作一项体育运动，那么跟古代的决策者相比，你现在拥有好得多的工具，完全可以有更好的结果。

第四章　情感人生系统

真正的自我是你从本性中建立起来的，而不仅仅是你最初那个本性。

——大卫·布鲁克斯

你和你的渴望

人们经常说要成为"更好的自己"，这句话到底是什么意思呢？比如有个程序员，收入是10万元，他说他要努力工作，刻苦钻研技术，要让年收入达到20万，这算不算更好的自己？再比如有个中年大叔，非常羡慕那些有运动员身材的人，说他要努力锻炼，把肚子减下去，这算"更好的自己"吗？

这些愿望的特点是有非常明确的目标。但是还有另一种愿望，你体会一下。

同样是一个程序员，他对自己收入很满意。有一天他突发奇想，打算欣赏古典音乐。他并不懂古典音乐，甚至在音乐会现场都睡着过，但他想要成为一个会欣赏古典音乐的人。他认为，将来那个会欣赏古典音乐的自己，比现在这个自己更好。

再比如，有一个中学生，有一天突然下决心，说他将来要当一个物理学家。他不是想拿诺贝尔奖，也不是想出名，他只是觉得物理学家研究的东西特别酷。你要问他物理学到底酷在哪儿，他也说不清楚——他不能完全了解物理学家，但是他想成为物理学家。

我要说的是，这个不懂古典音乐的程序员和这个不了解物理学家的中学生，才是真正想要成为"更好的自己"的人。

"愿望"有两种，一种可以叫"欲望（desire）"，或者叫"需求"。比如此时此刻的我特别想吃一碗兰州拉面，这就是需求。吃面是我现有价值观的一部分，我不会因为吃了一碗面而变成更好的自己。需求实现与否，都不会改变我的价值观。

另一种"愿望"，可以叫作"渴望（aspire）"。比如我想要成为一个会欣赏古典音乐的人，就是一种渴望。我现在并不喜欢听古典音乐——古典音乐不在我现有的价值观之中，我想要发展一个新的价值观。

所谓价值观，说白了就是"我喜欢什么"和"我想要什么"。价值观可以在相当程度上定义一个人。

价值观不变的愿望都是能说清的。本书前面讲了科学决策，它的前提假设就是你得是一个"理性人"，而经济学中"理性"的意思，就是你对事物的偏好是固定的。决策就是做选择，根据什么选择呢？归根结底是根据你的价值观。

这么说的话，想要成为会欣赏古典音乐的人，这件事因为涉及价值观的改变，就不是理性决策了。

这个问题最近才得到哲学家的关注[1]。

有位已逝的以色列女哲学家叫埃德娜·乌尔曼-玛格丽特，她在 2006 年写过一篇文章，说人生的很多决策其实都不是理性的，因为人的价值观会变。

比如说有个叫秦奋的人，本来过着自由快乐的单身生活，每天下班想打游戏就打游戏，想学习艺术就学艺术。后来他遇到爱情，就结婚了，然后就面临一个问题，那就是要不要孩子。

秦奋观察自己身边那些有孩子的人，觉得他们的生活实在太辛苦了，而且很没意思，简直就是"孩奴"。秦奋并不十分想成为一个父亲，但是既然结婚了不生孩子好像也不对，后来他还是跟妻子生了一个孩子。

可是当秦奋把孩子抱在手里的那一刹那，他的感觉完全变了。他突然觉得，当父亲实在是太有意思了。

你看这像不像网上流传的那个"真香定律"——事前说我打死也不吃，结果吃了一口马上表示"真香"。这个原理是你的价值观发生了改变。生孩子之前的你和之后的你，是两个不同的你，有两套不同的价值观。

那之前的你，又怎么能理性地决定要不要成为之后的你呢？

这简直是一个悖论。耶鲁大学的哲学家 L. A. 保罗，提出一个"维吉麦原则（Vegemite Principle）"，我看就相当于"真香定律"。维吉麦是澳大利亚土产的一种食物酱，可以抹在面包上吃。这个原则说，如果一个人从来没吃过维吉麦，那你不论如何向他描述维吉麦的味道，他都无法判断自己到底喜不喜欢——他必须尝过之后才知道那种感觉。

看别人带孩子，哪怕你帮别人带过孩子，都不能让你真正体验到拥有自己的孩子是一种怎样的感觉。听不懂古典音乐的人，怎么也理解不了欣赏古典音乐是怎样一种享受。

那你说一个连薛定谔方程都不会解的人，又凭什么说渴望成为物理学家呢？如果人的行动都是为了实现自己的价值观，你又如何能想要改变自己的价值观呢？

这个渴望的悖论，直到2018年才被芝加哥大学的一位女哲学家艾格尼斯·卡拉德解决。

卡拉德写了一本书叫《渴望：成为的自主过程》[2]。卡拉德的答案很简单——人生本来就是这样的。

渴望，不是一个理性决策的过程，但也不是什么事情发生的一瞬间就把你改变了。渴望是一个逐渐发生的过程。

可能一开始你并不十分想成为父亲，或者你一听古典音乐就睡觉。但是成为父亲这个前景的某一方面打动了你，某支曲子的某个段落打动了你，你看到了那个"新的你"的可能性，你模模糊糊地觉得那是一个"更好的自己"——这就是渴望。

"新自己"的价值观和"旧自己"是不一样的，但是因为你渴望成为新自己，你就采取了行动，准备接受新价值观。可能你会主动去了解古典音乐，你懂得越多就越能欣赏，你逐渐变成了一个爱好古典音乐的人，你的价值观就变了。

体育、艺术、慈善、信仰，甚至是品酒，世间凡是有门槛的爱好，都是这么培养起来的。

从对价值观的改变这个意义上讲，"需求"是"want to（想要）"，而渴望则是"want to want to（想要想要）"——是你想从一个只想听通俗歌曲的人变成一个想听古典音乐的人。

强行用数学语言给你形容的话，需求是对现状的改变，是现状的一阶导数；渴望是对需求的改变，可以说是现状的二阶导数。

而二阶导数是不太容易说清楚的东西。你问一个人为啥好好的突然听起古典音乐来了，他要跟你说"古典音乐有一种深刻的美感，我要体会这种美感"，那肯定是吹牛，他这时候其实还欣赏不了那种美感。所以他更可能说"我听古典乐是为了获得放松的感觉"，而这其实是刻意的轻描淡写。

他其实是在渴望。哲学家比他自己更了解他。

我们很庆幸人有渴望的能力。如果没有渴望这种机制，每个人都会一直沉浸在自己现有的价值观之中，不愿意探索新的价值观，这样的世界就太没意思了。

赫拉利在《未来简史》[3]里说人没有决定自己喜欢什么的自由，现在看来他这个说法是不对的。他没有考虑到"渴望"。

我看这个渴望理论能解释很多事情。

什么叫青春呢？青春就是充满渴望的那个状态。

年轻人没有稳定的价值观。他们有很多偶像，他们追逐明星，他们想成为各种各样的人。他们其实并不完全理解那些偶像人物做的事情，但是他们勇于探索。他们并不知道那个所谓更好的自己是什么样的，但是他们反正不想停留在"现在"的自己这个状态，他们不论如何都要超越自己。

刘邦和项羽观看秦始皇的仪仗队，十分羡慕，其实他俩那时候并不知道当皇帝是一种怎样的体验，但是一个说"大丈夫当如是"，一个说"彼可取而代之"。青春少年就得有点这样的劲头。

而探索总是有危险的。比如有个人在银行有个收入很好的职位，他原本的价值观是岁月静好，赚钱养家。有一天，他突然焕发了第二青春，产生了当艺术家的渴望。为此他决定从银行辞职，全职学习艺术。

可学艺术是需要时间的。在旧的价值观已经不好使、新的价值观还没有完全建立起来的时候，这个人对艺术的决心并没有那么坚定。他会有一段迷茫的状态。

所以，青春总是跟迷茫联系在一起。

什么是"中年油腻"呢？就是这个人的价值观已经定死了。他再也没有了渴望，他认为他现有的价值观就是最好的了，他所有愿望都只不过是欲望，他鄙视其他一切价值。

不再渴望，是青春彻底死去的标志。

"渴望"理论告诉我们，人生的重大决策不可能是完全理性的。钱锺书先生的《围城》里说，婚姻就像一座围城，城里的人想出去，城外的人想进来。那你可能会说，为什么城外的人不问问城里的人为什么想出来呢？为什么大家在结婚之前不好好做一番计算呢？

因为这不是一个纯理性的决策。一旦遇到爱情，你的价值观就变了，你就不是以前的你了——以前的你，不能给以后的你拿主意。

上大学选专业，到底是选一个自己喜欢的，还是选一个赚钱的呢？"渴望"理论告诉我们，上大学之前的你，其实并不完全知道受到专业训练之后的那个你喜欢什么。你真正应该选择的其实是变成什么样的人，而不是单纯的爱好和赚钱。

让人产生渴望的那个最初契机，可能是非常渺小而又模糊的。但是你感受到了一个召唤，你想要去追求自我超越（something bigger than yourself），你意识到自己可以成为更好的自己，你产生了渴望。

正是因为有了渴望，我们才可能摆脱那个"旧自己"的价值观的束缚。人生中的选择不仅仅是"根据价值观选择"，还有"选择价值观"。

纳粹集中营里活下来的那位心理学家，维克多·弗兰克，曾经说过，自我实现是自我超越的副产品。人应该追求自我超越。超越之后是什么状态，你其实并不知道。不知道就对了，你就是想成为一个自己不知道的人，一个现在的自己理解不了的人。

还记得《权力的游戏》里那句台词吗？

布兰问他的父亲："一个人如果感到害怕，他还能是勇敢的吗？"

回答是："人在害怕时候的勇敢，才是真的勇敢。"

如果你不完全知道一个地方有什么，还能去那里探险吗？你不知道会有什么的探险，才是真的探险。

现在的你理解不了的自己，才是真正值得你渴望成为的自己。

大人物不走直线路径

你注意过没有，中美两国人民对人才的期许有个系统性的差异。咱们中国人鼓励学生或者同事，一般都是说"你要好好学习""你要像XXX一样""你要考个好大学""你要找份好工作"。这些要求不但非常具体，而且都是让"你"变成一个榜样化、标准化的人。对比之下，美国人鼓励别人的时候总爱说"你要做你自己"。

这其中有社会文化的原因，美国人更讲个人主义。有些人可能会觉得美国人说得太虚了，评价人才就是要有具体要求才行。如果连大学都没考上，说什么"做自己"不纯属自我安慰吗？

不一定。这里面还有个格局的差距。中国人常常自诩最重视教育和人才培养，但是请恕我直言，我们的人才观，格局太低。

当代中国对人才培养的注意力都集中在30岁之前，而且是年龄越小越重视。

对于还在上幼儿园、上小学的孩子，我们不但不惜重金聘请名师给补习，期待他们有各种天赋，而且家长本人还要亲自指导、直接干预。可是到了中学，家长就指导不了，只能搞搞后勤了。到了大学就只剩下鼓励。等到人才大学毕业之后，很多家长就会劝他别努力了，赶紧找个安稳工作，老老实实上班等着升职加薪别惹事，买房结婚生小孩……然后等孩子出生，再来新一轮培养。

这个充满关爱之情的人才观，其实是燕雀之志。规划来规划去，其实是在设定一条最保险的人生路线。各种不计成本的高投入，只不过是为了一个平庸的目标。

你考清华北大就为买房子生孩子吗？中国的英雄豪杰都哪儿去了？

求田问舍，怕应羞见，刘郎才气。中国需要的不仅仅是这帮整天研究升职加薪的人，中国还需要能治国安邦、经天纬地的大人物。古代读书人都要讲个"修齐治平"，认为人才就得做大事，但是现在我们对"做大事"研究得太少了。

说得直白点，当今的人才观，都是"打工者心态"。社会上都有些什么位置、哪个行业挣钱多、哪个职位待遇好，我就争取去成为这样的人。公务员稳定，可是程序员收入高，那我就得在稳定和高收入之间做个取舍。这种心态培养出来的人再厉害也不过是一只优秀的绵羊，还不如几十年前受教育程度很低的那一代人敢想敢干。

打工者人才观的本质是把人变成标准化的产品，去填充现成的位置，是削足适履。大人物的成长，可不是这样的路线。伟大的国家不可能全靠打工者建成，我们需要一个更高级的人才观。

哈佛大学的托德·罗斯和奥吉·奥加斯的《成为黑马》[4]一书，描写了一种关于大人物的人才观，也是他们历时多年的研究"黑马项目（The Dark Horse Project）"的总结。两人专门调查各行各业的大人物，看他们是如何有了今天的成就，想从他们的成长经历中找到共同点。

托德·罗斯还写过一本书叫《平均的终结》[5]，他这两本书的思想一以贯之，那就是人才不应该是标准化的产品，没有固定的成长路线——高级人才是自由发展的产物。

什么叫标准化呢？比如你要培养一位女子铅球世界冠军，你判断她肯定要有很强的上肢力量，于是就从青少年中开始选拔，专门挑那些具有男子体格特征的女孩训练。这没错吧？这正是苏联培养铅球运动员的模式，这个模式的确也能培养出世界冠军，但并不是只有这一个模式。

2016年里约奥运会女子铅球金牌得主、美国黑人选手米歇尔·卡特，就完全不符合标准化的选拔标准。她的身材曲线很优美，并不男性化。她在高中，甚至在大学的时候，上肢力量都不强，连一个俯卧撑都做不起来。苏联肯定不会选她，幸亏美国不搞举国体制，才没有埋没这个人才。

我们设想一下，这就好比说20世纪90年代的时候，如果要在全中国范围内选拔几位"未来领军人物"，让他们在二十年内把中国通信行业带到世界第一，你会选谁呢？你肯定得从通信技术的重点研究所、大专院校和国有企业中去选吧，你怎么可能会选一位退伍军人呢？所以你就肯定选不到任正非。同样，如果要选一位中国互联网的领军人物，让他改变零售商业模式，推出电子支付手段，你怎么会想到从乡村教师中选拔呢？那你就肯定选不到马云。

事实是行业领军人物这样的人才比铅球运动员复杂得多，标准化路线根本就出不了这种级别的大人物，任正非、马云这样的人根本就不可能按部就班地成长。

"黑马项目"中所有的人才走的都不是直线。有人上学的时候表现不行，甚至辍学，后来竟然成了某个领域的专家；也有人原本在一个领域做得很好，突然就不想干了，结果转行做得更好。像这样的故事会让人担心其中有没有"幸存者偏差"，毕竟"黑马项目"这个选题选的就是"黑马"——而黑马的定义就是那些出乎意料的获胜者。有没有可能书中这些人物都是特例呢？有没有可能大多数不走寻常路的人都失败了呢？

好在还有别的研究可以和罗斯这个研究互相印证。大卫·爱泼斯坦有本书叫《成长的边界》[6]，就提供了更多的证据。一方面是统计表明，像公司CEO这种级别的人物，的确往往都是大器晚成，尝试过很多不一样的工作；另一方面那些敢于跨领域尝试不同工作的人，最后结局也的确是比一般人更好。

比如有一项研究追踪了英格兰、威尔士和苏格兰地区学生的职业生涯。在英格兰和威尔士，学生们高中时就要选定自己的专业，一直到大学都是上对口专业。但苏格兰正好相反，学生们在大学头两年都不需要选专业，到了大三才分专业。结果跟踪研究发现，定型越晚的人，越能找到更好的工作，收入也更高。而那些早早定型的人则最好工作一段时间赶紧换个专业——统计表明换专业能让他们的收入增长速度加快。

这个普遍规律是，如果你一开始就想好了这辈子要做什么，你不太可能取得特别大的成功；反而是一开始走错了，后来才找到人生目标的人，更容易取得高水平成功。

真正的人才，都有黑马的气质。那黑马气质都是什么气质呢？

罗斯和欧格斯找到的这些黑马的共同点，并不包括什么"特立独行""叛逆精神"，其实黑马有各种各样的性格，有很多人都是非常温顺的。书中总结了几点，在我看来，最主要的黑马气质就是两点。

第一，黑马总是在追求"做自己"。

这些人不问这一行好不好找工作、这个工作挣多少钱、这个职位的地位高不高，他们也不问社会需要什么人。他们问的是"我到底喜欢做什么"。他们更在意对工作本身的享受，他们想要一种"满足感"——不是因为收获而满足，而是做这件事就很满足。他们不是因为卓越而满足，而是在满足中达到卓越。

第二，黑马没有长远的目标。

标准化思维总是树立一个长远的目标并为之奋斗。如果你认为金融工作最厉害，那你就要先考上一所985院校的金融专业，最好再去国外留学几年，然后拿着亮丽的学历加入一家顶尖金融公司，一路努力拼搏，最后成为一个成功的金融人士。这样可以是可以，但这是金融打工者的攻略。

事实是，你去看看那些最厉害的、说了算的、对市场有影响力的金融人士，他们并不是这条标准化流水线的产物。他们有的大学学的是历史，有的学哲学，有的以前是物理学家或者数学家，有的从小爱好赌博……他们是自己用五花八门的方式折腾出来的。

经历复杂，思想才能复杂；思想复杂，才能想大事儿——经历简单、思想简单的都是"工具人"。

但黑马们并不是为了复杂而复杂，他们只是在探索。

这个道理是，你不太可能大学一毕业就知道自己应该干什么。那些一直为同一个目标而努力的人，并不是早早知道了自己想干什么，而是根本没想过自己想干什么。连想都没想好的人，又怎么能干好呢？

那你说为了"做自己"而选择工作，这是不是不够理性呢？不理性就对了。人生的重大决策不可能是完全理性的。

我们上一节说的女哲学家卡拉德的"渴望理论"就说，现在的你，并不知道未来的你喜欢什么。人的价值观是会变的。

比如你是个高中生，你想考上清华大学计算机系，将来做一个计算机科学家，这条路怎么样？你不知道。上过清华之后的你，不会跟作为高中生的你喜欢完全一样的东西。在清华读过几年书的那个你，是作为高中生的你所不能理解的。

所以黑马们的策略是走一步看一步，他们不讲长远目标，只有近期目标。近期目标符合你现在的价值观，想方设法完成这个目标。完成后干什么，那时候的你自然知道。每次选择一个自己最关心、最适合、最能取得满足感的项目去做，从一个个局部最优中寻找全局最优，这才是不确定世界中的最佳路径策略。

罗斯强烈批评了标准化思维，但是我们也得知道，这个批评只在今天才成立。标准化思维不是凭空产生的，它是过去标准化生产方式的产物。如果生产就得是同样的流水线、同样的操作流程，那人们就必须步调一致才行。机械化生产方式本来就是让人去适应机器，而不是让机器适应人。

但是现在已经不同了。人工智能、机器人和3D打印正在从根本上改变我们的生产方式，标准化的事情应该都交给机器去做。现在连制造业都越来越讲个性定制、讲创造性、讲多样性合作，每个人不管做什么事情都做出自己的特色来才好。这种社会分工要求人是一个一个的，而不是一批一批的。你做得跟老张、老李他们做得都不一样，这个工作才值得让你做。

所以，标准化只是人类历史上的一个插曲。古代人不讲标准化，未来的人也不会讲标准化。标准化思维是按照固定的模式批量生产人才。事实证明，那样的人才既不快乐也不厉害，都是教育工业化制造的残次品。做自己喜欢的事情、发挥自己的个性，这并不是对人的一种祝福或者一种愿望，而是一个要求。

希望咱们中国的人才教育和选拔机制赶紧改革，拥抱百年未有之变局。中国人当前对标准的评价过高，对自由的评价过低。向谁谁谁学习、按照教学大纲温课备考、模仿满分作文、参照职场攻略……这些都是把人变成产品。你认为这个事儿现在的做法不对，那你想怎么做？你觉得这个范文写得很俗气，那你会怎么写？你看社会上有些事情不合理，那你能怎么改？敢问这些问题的，才是真正在培养人才。

真正的奢侈是冒险，真正的富足是自选探索方向，真正的优秀是藐视标准，真正的自由是个性发挥。英雄豪杰应该人生由我，伟大的国家应该人人如龙。

才华和野心

我在微博看到一个北大化学博士的故事。他一路努力学习，考上北大也丝毫不敢懈怠，毕业就读研，总算拿到了博士学位，却发现自己的专业比较狭窄，就业形势并不好。而他的一位中学同学，成绩一直不如他，而且还贪玩，一路玩着上了北京邮电大学，毕业就去做了程序员，现在一个月收入五六万，人人称赞。博士就提出了一个质问："凭什么我辛苦二十年，现在却比别人差那么多？"

这不是一个好问题。我们应该把眼界稍微放宽一点。北京邮电大学并不好考，同学玩着就能上北邮，说明智商很高。北大化学博士的出路其实也不会太差。眼界再放宽一点，博士根本不应该跟自己的同学比较，更不应该等到这时候才想起来比较。世界上有无数个学习没你辛苦、收入却比你多的人，而且这个局面不是在一天之内形成的。

如果要严肃对待自己的命运，我们应该尽早把真实世界的成长路线调研明白。学历和收入有强烈的正相关，但并不是一回事。

个人的学识和财富的关系，大约有点像国家的"民主"和"繁荣"的关系。民主并不能保证带来繁荣，像乌克兰一民主，经济反而不行了。那你能说民主是个坏东西吗？事实上，民主和繁荣是两码事。同样繁荣的两个国家，人民更喜欢民主的那一个；同样民主的两个国家，人民更喜欢繁荣的那一个。民主和繁荣都是人的需求，只不过不同的人需求程度大小不一样而已。说我们为了繁荣就应该不要民主，就如同说一个人应该为了赚钱不要学识。

化学博士对化学达到很深的理解，这是个好事儿，那些功夫并没有白费，是真学问。学问能让你"配得上"财富，但是并不一定能带来财富。

那如果一个有学问的人说我也想赚点钱，他应该怎么办呢？我希望用这一节帮你把这个问题彻底想明白。

如果一个人一直只是上学，没经历过社会，特别是在中国这个有科举考试传统的国家，他很容易产生一个幻觉，认为"学识应该得到奖励"。我们幻想国家有一个中央机构，看谁有才华就多给谁发钱，给少了就是不公平。其实你只要学点经济学就知道，财富分配本质上是个信号和激励机制，看的是你"做"什么，而不是你"是"什么。

如果你想要很多钱，你就得去做跟赚钱有关的事才行。然而很多有才华的人，不愿意做事。

"学习"这个行为，可不等于做事。做事需要冒险，需要动力，需要忍受跟世界的交接。

哲学家泽娜·希兹在《恍惚在思考中》[7]这本书中，以意大利小说"那不勒斯四部曲"为例，分析了为什么有才华不等于能做事。小说的作者是个不愿透露身份的神秘人物，我们只能猜测她是一位女性。这个小说特别火，它的第一部已经被拍成了电视剧，叫《我的天才女友》。

小说讲的是两位出生在那不勒斯的女性，作为朋友，一生的故事。她们一个叫埃莱娜，也就是小说作者用第一人称写的那个"我"；另一个叫莉拉。埃莱娜和莉拉，代表知识分子的两种生活路线。

从小，两个人的学习成绩都是最好的，远远好于同年级的男生。当时的那不勒斯非常贫困，读书是那一代人摆脱命运、前往大城市的唯一出路，而这条路特别窄，两人都在努力争取。但她们并不是只知道读书。两人一起凑钱买了一本奥尔科特的《小妇人》，一起反复读，一起收获了艺术的快乐。

两人之中，莉拉是更聪明的一个。她成绩比埃莱娜好，关键是特别有创造力。她的一举一动都是那么特别，敢做一些一般小孩——更不用说小女孩——不敢做的事。莉拉在埃莱娜眼中充满魅力，埃莱娜表面上不服气，实际上暗自在模仿莉拉。

然而这可不是一个提供爽点的小说。完全是出于家庭原因，埃莱娜可以去读好学校、读中学，而莉拉只能辍学，在家里的鞋店帮忙。这纯粹是命运的安排，谈不上什么个人奋斗，但是接下来就不一样了。

在命运的分叉点上，莉拉把自己的几个日记本交给埃莱娜保存，因为她觉得自己的父亲和哥哥不会允许她再玩这些东西了。

那真是天才的笔记本。上面画着画，有大自然，有身边的事物。莉拉还写了很多感悟。

埃莱娜对笔记本爱不释手，她反复阅读，全都记住之后，却把笔记本扔进了河里。

埃莱娜脱离了那不勒斯，上了大学，找到一个学术职位，而且找到一个同样搞学术的丈夫。他们赢得了声望和地位。然而小说作者把埃莱娜——也就是小说里的"我"——和她丈夫描写成了一心只想往上爬的人。

夫妻俩表面上很有才华，说起话来滔滔不绝，但是并没有真正的创造力。他们似乎并不真的热爱学问，只是把学问当成竞争的手段。

而对比之下，莉拉没有机会继续上学，反而保持了创造的天性。莉拉长到十六岁突然变得非常漂亮，有众多的追求者。可惜也许是因为生活所迫，莉拉嫁给了一个有钱但人品不好的男人。她的婚姻很不幸福。后来她不得不带着孩子从家中出走。

但就是这样，当埃莱娜回到那不勒斯见到莉拉的时候，还是觉得自己比不上她。

莉拉任何时候都对世界有一种自发的、率真的兴趣和能量。原本死气沉沉的东西，莉拉只要一染指，就变得充满活力。莉拉总能让埃莱娜感受到世界真实的一面。两个人只要在一起，埃莱娜的智力、兴趣就被莉拉激发出来。可是离开莉拉，埃莱娜自己就怎么也找不到那个感觉。

希兹评论道，莉拉这个人之所以那么有吸引力，就是因为她琢磨的都是"无用之学"。莉拉有创造、有想法、有思考、有见识，但是她并不用这些东西去建设什么，反而是用来破坏。她就那么随意地把才华虚掷，仿佛学问本来就是用来浪费的。

莉拉，只为了自己而存在。

埃莱娜跟丈夫除了聊聊政治，就没有别的话可说。她一路拼搏进入了城市知识分子的圈子，可是因为起点低，总有一种自己配不上这里的感觉——在心理学上，这叫"冒充者效应"。埃莱娜很想证明自己，就决定写小说。

埃莱娜写小说的灵感，全都来自莉拉。莉拉对此完全了解，但是毫不介意。两人的友谊一直保持着，时不时地像小时候那样讨论。莉拉成了埃莱娜的缪斯女神。

埃莱娜的小说大获成功，她一本接一本地出小说，而莉拉什么都没得到。

大概是两人六十多岁的时候，莉拉做了最后一个惊人之举——她抹掉了自己在世界上所有的痕迹，从此消失不见。

"那不勒斯四部曲"描写了一段奇特的友谊。这样的小说是不是比爽文更能让我们认识世界和产生思考？我们应该怎么理解埃莱娜和莉拉的命运呢？

莉拉有天才级的才华，但是没有取得任何成就。她自己也许认为这没什么，但如果你觉得这很遗憾，那莉拉欠缺的是什么呢？

不是运气。希兹认为，莉拉缺少的是野心。

为了学习而学习，等于为了自己而学习，才华是自己的享受，这完全没问题。但是如果除了为自己之外，你还想出来做点事情，那你就得跟世界有一定的对接才行。你得虚心接受训练，你得耐心跟人合作，你得苦心做各种没意思的事，你还得忍受一次次的失败。可能写成一本小说需要作家做一件特别爽的事儿，那就是挥洒才华——同时还需要做99件没意思的事儿。

那是什么东西支撑着那些了不起的艺术家去做那些没意思的事儿呢？是野心。

有的人只有野心，为了野心什么都做。埃莱娜愿意只是为了取得成就而做事，但是莉拉不愿意。莉拉绝不向任何事物妥协，因为莉拉没有野心。

莉拉对做自己很感兴趣，对做事没兴趣。

莉拉的笔记本，被埃莱娜扔了。莉拉少年时代曾经写过一个小说，然后自己烧掉了。给埃莱娜的小说提供灵感的日子里，莉拉自己也在创作一个作品，但是她从未将其示人，最后莉拉跟她的作品一起失踪了。而对比之下，埃莱娜做每一件事都做成了，而且都起了作用。

希兹还让我们特别注意，莉拉完全不享受生孩子，她认为那简直是酷刑，而埃莱娜对生命很有激情。

有些读者可能认为，埃莱娜在小说的结尾超越了自我，不再是一个只想往上爬的人。希兹则认为埃莱娜从来都不只是那样的人。埃莱娜如果没有对艺术的追求，又怎么能写出那样的小说呢？也许作家故意理想化了莉拉，故意拉低了埃莱娜；也许"那不勒斯四部曲"是半自传小说；也许莉拉这个人根本不存在，是作家为了反思自己故意创造出来的理想人物。

作家把两个女孩摆在我们面前，就好像林黛玉和薛宝钗。我猜每个人都会更喜欢莉拉。但每个人都会思考，自己是要做莉拉，还是要做埃莱娜。

哲学家会告诉你，学习本身是人生的终极目的——但是人生还有别的目的。奥古斯丁说的猎奇、埃莱娜的野心，也都是目的。如果一个人不在乎别的，就想追求真理，没时间做事，那他是求仁得仁，也不会抱怨什么。我认识好几个才华高而野心小的人，生活很幸福。他们真的是自带魅力，你见到这样的人就会心生亲近之感。

但如果一个人搞不清自己到底想要什么，一边说着要求知，一边又羡慕人家的成就，自己又没有太大野心去狠心做事，那他就是人生观不够自洽。

哪怕你搞的是最纯粹的艺术，想要做出成就来，想要被世界认可，也需要强大的野心。

但野心又有破坏力量，可能会破坏你的内心，把你变成一部只知道追逐外界奖励的机器。你得有个强大的内核才能控制住这个力量。埃莱娜之所以有野心又没失控，可能也是因为她和莉拉的友谊是真挚的，这个友谊让她的内核更强大了。

所以读书人应该怎么跟这个财富世界相处呢？这就好像练内功一样，既要努力地练，又要防止走火入魔。你要避免被虚假的体验迷住，你要追求真理，你要想明白自己要什么。如果要做事就得有野心，但是你可别失控。

千金一诺

你肯定听说过这样的事情。一个人得了一场大病，他在病中重新思考人生，认为如果自己这一生就这么过了，实在太不值得了。痊愈之后，他立即选择投身一项超越自我的事业，也就是我们常说的那个 something bigger than yourself（比你自身更宏大的存在）。

有的人是经历了人生最大的不幸而做出改变。有一位女性，她的三个儿子在一天之内被人枪杀而死。这件事让她悲痛欲绝。她觉得再也回不到从前那种美好生活的状态了，便选择把余生投入到为他人服务之中。

有的人是目睹了一个什么事件而反思人生。鲁迅和托尔斯泰都是因为旁观了一场死刑的执行而走上新的人生道路。托尔斯泰原本已经是个非常上进的人，一心想要完善自我；鲁迅想的是去做个好医生。可是看到死刑，托尔斯泰就想，这个杀人的暴力做法肯定是不对的，你说什么理论它也不对，世人怎么是这样的呢？鲁迅看到的是，被杀的就是中国人，而中国人居然在旁边看热闹玩，这都什么人？他们从此决心不再为自己，而是为了世人和国人写作。

也有的人是因为自己的人生太成功了，简直没什么可追求的了，而感到倦怠。这个状态有个专门的英文名词，叫作"acedia"，意思是对什么东西都没有热情了。这时候你可能需要使命的召唤。

不管是什么原因，当一个人经历人生低谷的时候，一般的做法都是赶紧设法走出来，比如多跟亲友聚一聚、喝点酒、让人安慰安慰。但是《纽约时报》专栏作家戴维·布鲁克斯在《第二座山》[8]这本书中说，正确的做法，是看看这段经历能教给你什么。

古往今来仁人志士的道路，是从自己的痛苦中学到智慧，然后运用这个智慧去服务别人。

为此，你得提出一个"誓约"。

"誓约"的英文是"commitment"，一般翻译成"承诺"，我感觉这个词在现代汉语里用得不多。誓约的意思是你主动向别人提出，你要做到如何如何，然后你自己约束自己，拼命也要做到。

博弈论研究过承诺，那是一种可信的信号，能确保对方相信自己，而人们在博弈中提出承诺，本质上是为了自己的利益。我们今天常用的承诺工具叫作"合约"，或者更直白的说法叫"合同"，作用都是通过外界力量约束自己。我们今天有时候也发誓，但就好像是签合同一样，誓言中常常会有"有违此誓天打雷劈"

之类的狠话——女主角听到通常会制止男主角说这么不吉利的话，但制止总是发生在男主角说完之后。

可是在中国实行郡县制之前，在那个春秋战国分封制、国家权力不能领导一切的时代，中国人讲的承诺，是不需要附带什么违约责任的。因为承诺是自己对自己的约束，这样的约束最厉害。

李白说朱亥和侯嬴是"三杯吐然诺，五岳倒为轻"，人家一句"我答应了"就OK，根本无须再来一句"我要完不成任务你就把我如何如何"。曾子说，君子都是"可以托六尺之孤，可以寄百里之命，临大节而不可夺也"，都是看似轻松地承诺，然后用生命去捍卫。

乔治·马丁的《冰与火之歌》[9]时代背景模拟分封制的欧洲，所以书中结婚有誓词，被封为骑士有誓词，生活状态的正式改变总是伴随着誓约。咱们先看一段骑士誓词。

> 我发誓善待弱者
>
> 我发誓勇敢地对抗强暴
>
> 我发誓抗击一切错误
>
> 我发誓为手无寸铁的人战斗
>
> 我发誓帮助任何向我求助的人
>
> 我发誓不伤害任何妇人
>
> 我发誓帮助我的兄弟骑士
>
> 我发誓真诚地对待我的朋友
>
> 我发誓将对所爱至死不渝

最后并没有一句"如果违反上述约定，我的骑士资格就会被取消"，更没有"如果我失去骑士待遇，上述约定自动无效"。

誓约是无条件的。

为啥有人愿意自己束缚自己呢？

布鲁克斯提出了三个概念：心、灵魂和大脑。

心，代表你的渴望。你渴望很多东西，但是归根结底，你最大的渴望，是"被爱"——正如阿德勒说，人的幸福和烦恼的根源都是人际关系。而要想被爱，你就得做个"值得爱"的人，你就得爱别人。

灵魂，代表道德。灵魂决定了你有些事不能做，有些事必须做。世界上没有一个文明会赞美那些从战场上逃跑的人和出卖朋友的人，灵魂具有普遍的意义。

布鲁克斯说，心和灵魂在人的意识中的排位，都在代表理性思维的大脑之上。有心，你的生活才有目的；有灵魂，你才知道什么对什么不对。

心的最高追求是爱，是自己与他人，或者与一项事业的融合。灵魂的要求是做正直的事。誓约就来自这里。

父母和子女之间、情侣之间、朋友之间、人和事业之间，当你爱一个什么东西或人爱得特别深的时候，你会想要把自己生命的某一部分拿出来，无条件地奉献给他。不管发生什么事情，你都愿意付出时间和精力给他。你就提出了一个誓约。

我们考虑自己时，总想让自由度和独立性最大化，尽可能地保留选项，让自己永远都有选择权。但是当我们考虑他人，考虑自己和别人的关系时，一旦建立了誓约关系，你就是在取消选项，让自己变得被动，变得有依赖感。

誓约是不求回报的许诺。父母对孩子就是这样的，任何时候孩子有事你都得管，生孩子给你带来了无穷的责任和义务，可是没有对等的权利——但我们从来没听说过有人后悔生孩子。

婚姻也是这样。两个人互相喜欢那就一起生活呗，为啥非得弄个结婚程序呢？将来万一不喜欢了分开不麻烦吗？爱到一定深度，你就想弄个这么正式的承诺。

学习和工作也是这样。你喜欢读书就读书，为啥非得读个学位呢？这些都是对自己的约束。誓约是哪怕我将来某个时刻觉得这不好玩了，我也不能放弃。

戴荃的《悟空》这首歌里有两句歌词，"叫一声佛祖，回头无岸。跪一人为师，生死无关。"我入了这个门就不管发生什么也不能反悔了。这就是誓约。

誓约可能会带给你痛苦，但是誓约也会带给你好处。

布鲁克斯说，誓约给了我们身份认同。别人问你是什么人，你能回答说我是一个喜欢吃爆米花的人吗？你可以说你是做什么事业的人，你是谁谁的丈夫或妻子，你是一个信仰什么的人，你是哪个组织的人。

建立了誓约，你的生活才是连贯和自洽的。我是专栏作家，不是因为我擅长写专栏，而是因为我必须写专栏。

誓约给了我们目标感。根据盖勒普2007年的调查，世界上认为人生有意义的人口比例最小的国家是荷兰，因为荷兰人的日子过得太好了，他们不知道还有什么可奋斗的；而认为人生有意义的人口比例最大的国家是西非的利比里亚——那里的人必须苦苦挣扎，他们对彼此有强烈的责任感。

誓约让我们得到更高级的自由。可以**不做**什么的自由——比如"免于恐惧的自由"——是低层次的。你什么都可以不做，那你做啥呢？能去**做**什么的自由，是高级的自由。

你想表演弹钢琴，可是你没有那个水平，那你就没有那个自由。想要有表演弹钢琴的自由，你必须先限制自己的行动，逼着自己该练琴的时候只能练琴。

自由不是没有限制，而是选择正确的限制。

誓约还能让我们建立品格。现在一提"品格"，人们首先想到的是自律、自控、坚毅力这些跟工作相关的东西。可是别忘了，品格更是道德的要求。真正高贵的品格，不是吃饭时遵守礼节——那是自控力，而是仁义礼智信那些自古以来就被人推崇的东西。

建立和遵守一个誓约，你就能在这个过程中慢慢改变自己。誓约通常是你对别的东西建立的。布鲁克斯说最重要的誓约有四个，分别是使命、婚姻、哲学信仰和社区，下一节咱们单独说说婚姻。

下面这段话是《冰与火之歌》里守夜人的誓词，我每次看到都热血沸腾。你想想，如果你有一个这样的誓约，你是变得更卑微了，还是更强大了呢？

> 长夜将至，我从今开始守望，至死方休。
>
> 我将不娶妻，不封地，不生子。
>
> 我将不戴宝冠，不争荣宠。
>
> 我将尽忠职守，生死于斯。
>
> 我是黑暗中的利剑，长城上的守卫，抵御寒冷的烈焰，破晓时分的光线，唤醒眠者的号角，守护王国的坚盾。
>
> 我将生命与荣耀献给守夜人，今夜如此，夜夜皆然。

婚姻是什么

婚姻可能是你一生中最重要的一个决定。大多数人都会结婚，但很多人做出的都是错误的决定。

按美国的数据来说，40%的婚姻以离婚告终，10%～15%的婚姻处于没有离婚但是分居的状态，7%的婚姻是两人还在一起，但是感觉到强烈的不幸福——也就是说幸福的婚姻还不到一半。如果是25岁之前就结婚，得到坏结局的概率更大。而如果你身处坏的婚姻之中，你得病的概率会增加35%，你的预期寿命会减少4年。

所以结婚这件事肯定需要理性判断。但是从另一方面来说，我们为啥结婚呢？结婚难道不是因为你对一个人爱到如此之深，以至于想要跟她融为一体，永远在一起，所以必须提出一个誓约吗？

这和被使命召唤是一样的感觉：不是你的大脑想不想结婚的问题，而是你的心和灵魂觉得已经不得不结婚了。而维护婚姻，也与为某个使命献身一样，是改变自我的过程。

婚姻是二人的关系与每个人的自我之间的斗争。

我们看看大卫·布鲁克斯在《第二座山》这本书中是怎么分析婚姻关系的。谁要敢说布鲁克斯是婚恋专家，我估计他肯定不干，但是他离过一次婚、结过两次婚，对婚姻的确有很多感触，而且他调研了各路专家的说法。布鲁克斯提出，一段典型的亲密关系，应该像下面这样层层递进地发展。

第一阶段是一见钟情。你一看到这个人就被吸引住了。不是平常的那种眼前一亮，而是她身上有一种让你惊心动魄的新奇感，你从来没见过这样的人。而与此同时，你又对她有一种莫名的熟悉感，好像多年以前认识一样。正所谓"喜欢 = 熟悉 + 意外"。

有的人认识第一天就决定结婚了，其中有些结局也挺好，但是一般来说"一见"肯定是不够的。

第二阶段是想要了解对方。你对她非常非常好奇，想知道她到底是个什么样的人，你简直每时每刻都在想着她。

有的人以为男人只会被性所吸引，其实不是这样。专家的观点是在这个阶段，男人想的全是对方这个完整的人。

第三阶段，两人开始约会了，在对话中慢慢把自己暴露给对方。

一开始的话题是发现双方的共同点：我喜欢这个电影，啊原来你也喜欢？这不太巧了吗！咱俩真是有缘啊。专家认为两人如果能有个什么话题一起笑，是加速亲密关系的好办法，所以第一次约会也许应该一起去看喜剧片。

这种关键对话非常讲究分寸和节奏。布鲁克斯形容这就好像是打网球一样，双方你来我往，怎么给怎么接必须高度可控。

她跟你说很喜欢某个电影，你说你也喜欢；然后你说你还喜欢另一个电影，她说她也喜欢。这时候，她给你发过来了她手机音乐播放器的播放列表，"你看这是我喜欢的歌曲。"

你想，听歌是个非常私人的事情啊，她这是不是已经把对话的深度往前推进了一步呢？那你是不是应该再推一步？可是推多少合适呢？布鲁克斯跟他妻子当初还在对话阶段的时候，两人大都是用电子邮件交流。有一次他发了个邮件就上飞机了，飞机上没有网络，布鲁克斯担心了好几个小时，不知道自己是不是说过了。

而话题总会越来越深入。你们会聊到各自人生的经历，快乐和痛苦的记忆，甚至连你这个人什么时候情绪会失控、你是不是从小缺爱，都会告诉对方。

等到你们的对话能进入心流状态，有时候电话一打就是好几个小时，就该进入下一阶段了。

第四阶段是燃烧。第一次亲密接触发生在这个阶段。

你会给对方一个许诺，说从此之后我保护你。你感受到了责任。你觉得对方比你自己重要。你们正式确定了恋爱关系，你们一起去做各种事情，"我"变成了"我们"。

这是双方对对方印象最理想化的阶段。你觉得她简直太完美了——而这很好！专家的结论是在这个阶段你觉得她越完美，将来你们的婚姻就会越长。

第五阶段是危机。每一个好故事都有危机阶段。两个人不会永远都越看对方越理想，你的本性、你的各种缺点会暴露出来。

双方在某些原则问题上无法达成共识：你经常迟到，她总是守时；你说钱应该省着点花，她的风格是大手大脚；你说不用每天打扫房间，她却非常爱整洁。两个人的生活习惯不可能完全合拍，这时候你们怎么办？

第六阶段是原谅。在浪漫关系中，你必须足够强大才敢于指责对方，而你必须更加强大才能原谅对方。

一方愿意原谅，一方愿意改变，关系才能进入下一层。

这就是第七阶段，融合。当个人的自我能够让步于二人的关系时，你们就可以进入婚姻了。

但是在正式决定结婚之前，你还需要最后一次理性的思考。

到底要不要跟这个人结婚，理性层面的核心问题是，你愿不愿意为了婚姻而放弃自己对生活的控制权？你爱这个人到没到愿意一辈子都跟他聊的程度？如果回答都是yes，布鲁克斯说，你还得再考虑三个问题。

第一是道德。经过这么长时间的交往，你应该能看出来这个人到底是不是好人了。专家的意见是，别的什么毛病将来都能忍，唯独一条——如果你从内心鄙视这个人，那这个婚姻就无论如何也不能维持。

第二是性格。我们知道人的性格是可以变的，但是有些个性不容易改变。而对结婚来说，你需要特别关注的是这个人的"情感依赖类型（attachment）"。

研究表明，一个人小时候——从出生后18个月开始，父母对他照料的情况，跟他这一生的情感生活有莫大的关系。有60%的人非常幸运，从小被父母呵护，有很强的安全感，那么他的依赖类型就是"安全型"。这样的人跟有亲密关系的人相处的时候，心率会下降，呼吸会变慢，是一种特别放松、特别自在的状态。安全型的人中有90%都会结婚，而他们的离婚率也是最低的，只有21%。

而如果一个人小时候被照顾得不是很好，父母有时候在有时候不在，比较缺爱的话，就可能是"焦虑型"。他们非常害怕失去亲密关系。他们跟爱人相处的时候不但不放松，反而更紧张了，他们的心率和呼吸都会更急促。

最不幸的则是，有些人从小就没有被爱的感觉，对大人提出什么需求根本就得不到回应。这种人是"回避型"。他们为了不受伤害，就把自己封闭起来，从不打开心扉，不跟别人建立亲密关系。

回避型的人，结婚率只有70%，而结婚之后的离婚率高达50%。但是焦虑型人的婚姻可能更不成功，他们的离婚率比回避型还高。

理性地说，我们应该尽量找安全型的人结婚。可是专家研究表明，大多数人都是选择跟自己同一类型的人结婚。

第三个问题是你必须想好，你对这个人的爱到底是哪种爱。希腊人把爱分成三种：

1. philia ，是朋友间的爱。你喜欢他是因为他是个有趣的人，跟他在一起你觉得很好玩。

2. eros，是男女之间的激情之爱。这种爱能让你深深迷恋对方。

3. agape，是无私的爱，崇拜的爱。

要结婚，你得三种爱都有才行。比如有时候两个人在一起感觉特别美好，但是没有激情，就算不在一起互相也不想，这种就不适合结婚。

好，现在万事俱备，你们终于结婚了。但是接下来的事情，也别抱太多幻想。

有15%的婚姻，两人关系一直都像初恋一样美好。他们一天不见都会互相想念，讲了几百遍的笑话还能一直讲，激情永不消散。但专家认为这种完美婚姻是有硬性条件的。

如果你要选择两个人扮演一段长达一辈子的完美姻缘，你得这么选演员：妻子的母亲必须是个在他们那一辈的婚姻中有点冷淡的人，父亲必须是热情的一方，这样妻子就会把自己父亲扮演的那个理想的丈夫形象投射到自己的丈夫身上。而丈夫为啥没有辜负这个形象呢？因为他有一个特别美好的童年，但是后来失去了某个亲人的爱，他强烈相信爱，同时又强烈需要爱。

一般夫妻的设定不满足这个条件，大部分婚姻是凑合着过。

有的人出于自我保护，对配偶也不会暴露弱点。有的人想的是结婚就是要让一方全力支持另一方的成长，认为个人自我实现的需求高于婚姻关系。很多婚姻是陪伴式的，没有什么戏剧性，但是也没什么激情，好处是双方都比较自由。

但我们还是应该追求完美婚姻。结婚不是为了凑合，是为了爱，是我们内心就想要跟另一个人融合。

事实是，不管对方是个多么好的人，婚姻终究都会限制你的个人自由。最起码，如果有了孩子，你想不管都不行。

更重要的是，结婚意味着你的生活被人给入侵了。婚姻是个人主义最严重的危机，你等于生活在一个连续不断被监控的状态之下。你身边一直都有个人在对你做各种评判。你的所有缺点都暴露在对方的火力之下。

而你以前根本都不知道你有缺点。结了婚你才知道，原来自己一早起就爱发脾气，别人跟你谈重要话题你总爱躲闪，从来不关心别人感受，你还喜欢扮演受害者，给人制造负罪感……你怎么是这样的人啊？！

所以婚姻是对你的教育。婚姻能不能搞好，取决于你愿不愿意被改变。可能你明白改变一个人最好的方式是去爱她，通过爱，把她可爱的一面激发出来，让她变得更可爱。可是如果对方要这么改变你，你能接受吗？

良好的婚姻中，两个人必须都失去一部分自我，让位给婚姻关系。关系比个人重要，这就是美满婚姻的秘密。

你在实践誓约的过程中慢慢被改变，成了一个更好的人。

但是人终将老去

有的少年不想放弃撒娇的权利。有的青年会在"六一"儿童节发朋友圈庆祝。有的中年倔强地命令自己每年跑两次马拉松。现代社会的整个情绪是大家假装都还年轻，谁也不会老。我们喜欢听未来生物技术能延长寿命的预测，我们强调终身学习。

但是人终将老去。"不老"只是一种 wishful thinking（愿望思维）。人类预期寿命的延长速度在迅速放缓，未来也许会有新的突破。但是我不太相信，现在活着的人之中有很多人能坚持直立行走到135岁。自然规律终究会在某个程度上起作用。也许你当年是"十岁裁诗走马成"，你曾经在每个房间里都是最年轻最聪明的人，可是总有一日，你只能看着别人"雏凤清于老凤声"。

现实是我们不能总回避衰老，我们应该学会正确面对衰老。这一节咱们说几个有关衰老的新研究，也许你能从中获得一点新的认识。

好消息是你不会像你的父辈老得那么快。中国1978年规定的退休年龄是男性60岁，女工人50岁，女干部55岁。50岁啊，今天的女性50岁可能正在读书、学习和谈恋爱，甚至可能还在预备读书，50岁算中年。可是1978年那个时候，50岁真的已经老了。

那从1978年到现在，这期间发生了什么呢？这里面没有任何神奇的效应，跟基因突变什么的没关系。你老得慢是因为你生活条件好。

有一项芬兰的研究，对20世纪10年代出生和40年代出生的两代人进行了长期的跟踪调查[10]。两代人都在75岁和80岁的时候做了体检，通过对比发现，40年代出生的这一代走路速度更快，手的握力更强，小腿力量更足，语言流畅性更好，大脑反应得分更高。他们更能独立完成像洗澡和穿衣服这样的日常活动。还有其他研究得到了同样的结果，人真的是一代比一代活得年轻。

现在的70岁，就如同过去的60岁。

而科学家分析，对身体影响最大的因素是营养。芬兰在1943年成为世界第一个给学生提供免费午餐的国家。那一代人从小吃得就好，自然长得就好。这表现在他们的体型更大，身体更灵活。当然成年以后的生活肯定也有作用，最起码新一代人的医疗水平更高。

而对大脑来说，基本上唯一的影响因素就是受教育的年限。新一代老人之所以脑子更好使，是因为他们普遍接受了更长时间的教育。他们二十来岁的时候正好赶上大学教育普及，而老一代普遍没上过大学。但是老一代之中上过大学的那些人，到老的时候脑子就如同新一代一样好使。

这是令人鼓舞的结论。"受教育"不是举行什么神奇仪式对大脑做手术，我们完全可以把终身学习视为增加受教育年限，这就意味着你可以主动让自己老得慢一点。

真能让人长寿的药现在还没有靠谱的，但是有些经过科学验证的方法可以帮你延缓衰老[11]。

一个是走路。注意不是那种悠闲的慢走，对健康最好的方式是快走。速度要达到让你有点喘不上气来才好，得走出汗来才算达标。最好在户外走，顺便晒晒太阳，建议每天30分钟。

一个是间歇性断食。你可能听说过用老鼠做的实验，每顿不给喂饱能显著延长老鼠的寿命。但人不是老鼠，人的寿命本来就很长。不过仍然有一系列的研究支持间歇性断食这种做法。现在最流行的方法叫"5:2饮食法"，每周七天之中，你选五天正常吃饭，两天节食。节食的日子中一天只摄入500到600卡路里，而且最好有14到16个小时的隔夜禁食。有研究表明这个方法能对抗II型糖尿病和老年痴呆症。

一个是运动。四十岁以上的人每年流失1%的肌肉。需要上力量上强度的无氧运动对肌肉有好处，比如说划船或者负重训练。跑跑跳跳的有氧运动则对骨骼密度有好处。如果你的关节承受得住，建议每天蹦跳十到二十下。

一个是读书。没错，读书也能增加寿命。耶鲁大学有个研究认为，每周阅读时间超过3.5小时能让你增寿两年。但是注意是读书，不是读报纸杂志，更不是"读手机"——可能是因为沉浸感不一样。哪怕每天读30分钟也有好处。专家建议睡前读，读不进去的话至少有利于睡眠。

一个是继续工作。如果工作不太累，最好晚点退休。工作能带给你社交互动，能给你一个目标感——最起码能让你每天都动一动。

一个是学习新东西。并不是这个东西非得对你有什么实用价值，现在的目的是锻炼大脑，让你的神经元再长一点新的连接。有的人学做新菜，有的人学唱歌跳舞，这些都行。我私下的建议是，你应该学那些年轻人做的事情，比如打打电子游戏、了解了解新的电影和流行歌曲、摆弄摆弄编程什么的。关键词是"新"，书法、老干部体诗词、广场舞之类的老年大学项目没啥意义。

还有些别的。比如多做好事，为社区做贡献；白天可以小睡片刻，但是以25分钟为宜，超过90分钟则有害处；可以喝咖啡；要有朋友；要乐观；可以选择橄榄油之类的健康食物，等等。

这些建议背后都有科学研究。其中有些结论的相关性和因果性可能不好区分，但是没关系，反正你知道长寿的人都这么做就行。这些肯定比老年朋友圈发的那些靠谱——我还是建议多看年轻人发的东西、新的东西。

然而即便你做到这些，你还是会变老。

我们面对现实吧，这只是速度快一点慢一点的问题。你的身体机能必然会下降。从某一天开始，你的膝盖将不能再承受蹦跳。你想走快也快不了，可能需要借助拐杖才能站起来。

但是你可能更接受不了认知能力上的变化。

中年人上有老下有小，会有很多要操心的事，有研究说53岁是人们自我评估最不幸福的年龄。不过如果你受过足够好的教育，保持持续的学习，中年的大脑其实是非常好用的。你的晶体智力正处在巅峰状态，你会非常善于主动调节情绪，你可以选择性地看，并觉得什么东西都挺好。中国人劝人的时候爱说"想开点"，中年人最会想开点。

但是到了老年，可就不是这样了。也许80岁，也许70岁，也许60岁，你的认知能力、情绪调节能力会变差。

人的性格并不会定型在中年。心理学家喜欢用所谓"大五人格"来考察性格的五个维度——开放性、尽责性、外向性、宜人性、神经性。现在有证据表明，除了"宜人性"不会随着变老而改变，其他四个方面都会变[12]——而且不是往好的方向变。

人的开放性、尽责性和外向性程度会从某一年开始逐渐下降。老人慢慢地就对新事物不再感兴趣了，再也听不进去跟自己想法不同的意见，也不愿意到陌生的地方住，不想接触陌生人。老人慢慢地就不想操心了，你们爱怎么样就怎么样吧，我以后不管了。老人会收缩自己的社交网络，只跟最熟悉的几个人来往。

而神经性程度则会增加。神经性代表这个人会不会暴躁易怒，会不会充满焦虑。本来人在中年神经性程度是下降的，人刚退休的时候可能觉得再也不用焦虑了，享受人生就完事儿了。但是到了真正的老年，人会再次焦虑，甚至疑神疑鬼。只不过这一次焦虑可不是像年轻时那样"为国家的前途担忧"，而是为自己的身体害怕。

人并不像自己年轻时想的那样能够从容面对死亡。

有的老学问家七八十岁还能跟年轻人谈笑风生。他们仍然会说一些很文艺或者很有激情的话。但是如果你仔细品，那里面其实已经没有新东西了，一说个什么思想都是以前的理论。你要让他说说对某一本新书有什么看法，他会告诉你那都是他三十年前就知道的事情。我以前遇到这样的事儿会对他们很不服气，现在我的神经性程度下降，更多的是感到同情。

能不能浪漫地慢慢变老呢？

我最近读到中国近代史专家桑兵的一本书[13]。桑兵先生在序言中描写了自己精彩的老年规划。他这个精彩可不是说要去唱歌跳舞，而是做学问——做真学问。

中国历史太长，学人的寿命太短。桑兵说：

> 学问始终是令人遗憾的事业，尤其是史学，必须绝顶聪明的人下笨功夫，等到功力见识皆备之时，已是去日苦多，时光不再。

> 屈指算来，尚待完成的计划为数甚多，在编拟编的大型资料和编年系列各有十数，在写拟写的专书还有数十，而且常常

触类旁通，生发出许多预想以外的新枝。

这是"我怕我时间不够用了"的感叹，是"君子疾末世而名不称焉"的呐喊。为此桑兵采取了主动收缩的策略，能不参加的活动就不去了，能不见的人就不见了，在学问里自得其乐。

这个老法暗合了老年人的心理活动规律，却有一种英雄气概。桑兵先生不打算像什么"十全老人"那样度过完美的一生，他挑战的是永远都做不完的事业，他决意到时候带着理想和遗憾离开。这是英雄豪杰的老法。

然而英雄如此，也终将死去。

有没有什么心法能像积极面对衰老一样积极面对死亡呢？请允许我效法一下王国维，借用三句名言，说明面对老去的三个高级认识。它们可以是衰老路上的三个人生阶段，也可以说是三个境界。

第一个境界是"最是人间留不住，朱颜辞镜花辞树"。这是王国维的诗句，意思是自然规律不可抗拒。人人都向往年轻，我们真是不服老，可是没办法。

第二个境界是"通会之际，人书俱老"。这是书法家孙过庭的话，意思是高级的技法你年轻时怎么学也练不到火候，必须到了老年，有了足够的阅历，融会贯通，才能达到巅峰。这是对年老的庆祝，让人一直有希望。

第三个境界是"诸行无常"。这是佛经的说法。巴利语中无常叫 anitya，我最近读到这个词却是来自一位演化生物学家，大卫·巴拉什的文章[14]。

在巴拉什用生物学的视角看来，年轻跟年老没有什么好与不好的区别，活着跟死去也都是同样正常的存在。万事万物都在不停变化，留是肯定留不住的，但是巴拉什说，"无常"并不仅仅是变化的意思——无常还代表物质的流动性。组成生命的每一个粒子都是环境中因缘际会而来的，生物死后也只是回归环境而已。

考虑到自己是整个大自然的一部分，死亡也并没有让世界少了什么。巴拉什有一次在野外偶然听到一个护林员用对讲机说的一句话，很有佛学精神。

"发现阿格尼斯溪有一只死麋鹿，分解得很好。完毕。"

"Dead elk in Agnes Creek decomposing nicely. Over."

"很好"，英文是nicely。死亡了，分解了，但是这也很好。

第五章　社会是个大系统

百姓日用而不知，故君子之道鲜矣。

——《易经》

历史是总在重演吗

我们中国人特别爱讲"以史为鉴"。以前的人读书要么就是读"经"，要么就是读"史"，像毛泽东读的绝大多数都是历史书。就好像下棋要打谱、商学院要教案例一样，我们希望吸取历史的教训。人们相信历史总在重演，有句话叫"太阳底下没有新鲜事"，还有一句号称是丘吉尔的话——不学习历史的人注定要重复历史。

可是真是这样吗？历史总在重演吗？如果历史真是可以学习的，那为什么人们都不吸取历史教训，以至于杜牧在《阿房宫赋》里要感叹"后人哀之而不鉴之，亦使后人而复哀后人也"呢？还有一句号称是黑格尔的话——人类从历史中学到的唯一教训，就是人类无法从历史中学到任何教训。

如果历史总在重演，你吸取点教训怎么就这么难呢？有些人可能会说历史的重演不是简单的重复，规律是一样的规律，但是每一次的具体参数会有所变化。就好像马克·吐温说的，历史不会重复自己，但总是押着同样的韵脚。这个其实也不对。确实很多事都让你觉得似曾相识，但真正改变人类命运的历史事件可不是用同样的韵脚写出来的。

比如说，近代改变人类命运的大事件，大约有下面这些：

大萧条、第二次世界大战、原子弹的出现、抗生素的出现、互联网的出现……

这些都是根源性的历史事件。其他的事儿，比如战后美国经济如何增长，21世纪中国的互联网公司如何成为世界第一，都是从根源性事件中衍生出来的。研究历史你得抓住根源性事件，而根源性事件都是意外事件。

这些事件不跟以前的任何事情"押韵"，当时的人——包括历史学家在内——不但不能预测到这些事件，而且连想象都想象不到。历史的确不是一点规律都没有，但历史有三个规律，恰恰决定了历史不会重演。

第一个规律是，时代会有结构性的进步。

所谓结构性进步就是这个东西不仅仅是新鲜的，而且它对世界有系统性的改变。

比如原子弹，它不仅仅是"又发明一种新武器"或者"一种新型炸弹"的问题，而是这个武器一出来，不但人类的整个战争方式要彻底改写，而且连"超级大国之间还会不会有战争"这个问题都得改写。再比如抗生素，它不仅是"又发明了一种新药"的问题，而是彻底改写了整个医疗卫生事业的问题，是一下子把人类平均预期寿命提高了好几十年的问题。

这种重大科技突破具有绝对的不可预测性，因为科学没有义务给人类提供这些东西。过去的人不知道会有原子弹和抗生素，我们也不知道将来一定会有或者不会有什么。

像这样的事，能说我们查一查《二十四史》，我们中国早就有过，我们读史早知今日事吗？不能。这些是太阳底下的新鲜事。

不单单是科技，人类的生产方式、社会结构、文化习俗，包括人的性格，也都一直在发生结构性的变化。你读一读约瑟夫·亨里奇的《西方怪人》[1]就知道，西方人的个人主义不是自古以来就有的，而是历经千年演变出来的。你读一读张宏杰的《中国国民性演变史》[2]就知道，中国人的性格、中国人做事的风格过去两三千年来一直都在变化。战国的经验并不适用于汉朝；唐朝的经验不能指导明朝；大清官场规则跟新中国并不一样，曾国藩不适合当代人的励志偶像。

第二个规律是，人其实可以吸取历史的教训，而正因为人吸取了历史教训，历史才不会重演。

下面这张图出自摩根·豪泽尔的《金钱心理学》[3]一书。这不是条形码，它表现的是美国历史上的经济衰退。

美国经济衰退期

1854　1876　1897　1918　1940　1961　1982　2004

图5-1

每条黑线代表一次经济衰退，线的粗细代表衰退持续的时间，线与线之间的空白代表经济正常增长的时间。

这张图想说的可不是历史的重演，而是历史的进步。整个趋势是经济衰退一直在变得越来越少，而且持续时间越来越短。

19世纪末的美国基本上每两年就会发生一次经济衰退。那真是跟以前我们在中学课本里学的一样，经济危机是资本主义的本质矛盾和内在缺陷，是绝对不可避免的，每隔几年就一定发生一次。

可是从20世纪初开始，经济衰退就变成了每隔5年一次。到1950年以后，更是变成每隔8年一次。美国上一次经济衰退是2007年底开始的，一直到2019年，已经过去了12年，都没有发生另一次衰退。可以说美国经历了自内战以来历时最长的连续经济增长。要不是因为新冠肺炎疫情，可能2020年这次衰退也不会发生。

经济周期为什么变了呢？难道说资本主义没有矛盾和缺陷了吗？

豪泽尔说，这里面可能有两个原因，一个是经济结构的改变。过去美国以制造业为主，容易出现产能过剩的情况。众所周知，资本主义经济危机主要是产能过剩导致的。而现在美国以服务业为主，不太容易出现产能过剩的情况。但是这个说法不能解释为什么中国没发生过经济危机。

也许另一个原因的作用更大，那就是人们总结了历史教训，学会了避免，至少是延缓经济衰退，并学会了如何快速从经济衰退之中复苏。

人们发明了"中央银行"这个东西，最早的中央银行就是美联储。中央银行可以用货币政策，政府可以用财政政策调节经济，这两招都是干预经济的"看得见的手"。而历史证明，用这些方法调节经济周期是好使的。

所以，人不是不能从历史中学习——人只是不能"总"从一段历史中学习。这拨人学会了，做出改变了，下一段历史就不是那样的了。

第三个规律是，历史有连锁反应效应，所以本质上是不可预测的。

比如关于20世纪30年代美国经济大萧条，我看到过两种解释，都涉及一环套一环的连锁反应。

一种解释是，技术升级导致大萧条。阿诺德·克林在《分工与贸易》[4]一书中说的可能代表比较主流的看法。当时"发动机"这种东西普及了，使得大量工作，特别是美国的农业，实现了机械化。这个突如其来的工业化让很多人失业了，失业导致全社会的购买力下降，购买力下降导致过剩危机，过剩危机导致大萧条。

另一种解释可能有点非主流，是前任美联储主席伯南克在

2004 年出版的《大萧条》⁵这本书中提出的。伯南克说，本来欧洲各国的货币都盯着英镑，但是因为第一次世界大战，各国对英镑都有点丧失信心了。为了让老百姓对本国货币有信心，各国纷纷实行了金本位。既然搞金本位，政府就必须想方设法多储备黄金。为了把黄金留在自己手里不被兑换走，各国就减少了货币发行，而这导致了通货紧缩。经济学的一个常识是，通货紧缩比通货膨胀要可怕得多。通货紧缩的时候，市面上流动的资金大大减少，商家融不到资，生意做不下去，于是导致了大萧条。

这两个解释截然不同，但它们都是正反馈过程。产生剧烈影响的历史大事件总会有些正反馈过程，包括从大萧条到第二次世界大战，也是一个正反馈。

但正反馈是脆弱的，中间只要有一个环节出于种种原因没发生，最后的局面就会完全不一样。

豪泽尔还举了一个例子。为什么现在美国的学生贷款急剧上升？可能因为"9·11"事件。这个连锁反应是这样的。

2001 年的"9·11"事件导致了美国航空业萎缩，而这带来了一次小规模的经济衰退。美联储为了刺激经济，就降低了利率。利率降低后贷款更容易，于是大家开始疯狂买房，导致了房产泡沫。房产泡沫导致了 2008 年金融危机。金融危机导致就业市场萎缩。人们不容易找到工作，就都去上大学。上大学的需求增加，学生贷款大量增加。而学生贷款现在已经是美国经济的一个严重问题。

当然这是一个非常粗糙的解释，但这个链条是存在的。那"9·11"事件发生的那一刻，你能想到，二十年后的美国人会因此受到学生贷款的困扰吗？

如果你学过足够多的历史，你也许可以在链条中的每件事发生之前，推测出它可能会发生。但是你绝对不敢预测哪件事一定会发生。而这么多事形成链条，就成了完全不可推测的了。

历史有结构性的进步，每个时代都是新的。人们吸取了历史教训之后就会改变历史，从而使之前的那个教训不管用了。历史事件的链条充满偶然性。所以，历史怎么可能重演，我们怎么可能从历史推测未来呢？

那种相信历史有个必然的方向，有各种必然发生规律的"历史主义"，是错误的历史观。

历史其实是一系列意外事件的集合。

2017年，丹尼尔·卡尼曼曾经有一次讲话。他说人们习惯于在遇到一个意外事件、没办好一件事情的时候，检讨自己犯错误了，说要吸取教训，下次不再犯错。这个态度其实是不对的。这件事纯属意外，你何谈下次改正呢？卡尼曼说，你真正应该学到的其实是"这个世界是很难预测的，它总是令人惊讶的"。

事实上，前面黑格尔那句话是被人误读了。黑格尔的意思不是抱怨人们怎么不好好吸取历史教训，而是人们根本就不可能把教训当经验，完全照搬。那段话出自黑格尔的《历史哲学》[6]，他的原话是：

> 每个时代都有它特殊的环境，都具有一种个别的情况，使它的举动行事，不得不全由自己来考虑、自己来决定。当重大事变纷乘交迫的时候，一般的笼统的法则，毫无裨益。回忆过去的同样情形，也是徒劳无功。一个灰色的回忆不能抗衡"现在"的生动和自由。

如此说来，我们了解历史还有什么用呢？这个问题非常大，这不仅仅是历史观的问题，更是读书有没有用、经验有没有用、学习任何东西有没有用的问题。

尽信书不如无书，以及"价值投资"还可行吗

这一节咱们以"价值投资"为例，说说我们应该如何从历史中学习。

一说价值投资你就会想到巴菲特和查理·芒格。查理·芒格有个学生叫李录，李录2020年出了本书叫《文明、现代化、价值投资与中国》[7]，这本书很好地总结了什么叫价值投资。李录还特别提到了价值投资这一行的师承传统。

价值投资的祖师爷并不是巴菲特，而是一位比巴菲特更早的传奇人物，叫本杰明·格雷厄姆。几十年前的人们谈论格雷厄姆，就好像我们今天谈论巴菲特一样，格雷厄姆在投资上也取得了巨大的成功。跟巴菲特不同的是，格雷厄姆是个学者型的投资者，他非常专业地把自己的投资方法写成了书，好像教科书一样。

根据李录的总结，价值投资的理念一共有四条，格雷厄姆贡献了前三条，巴菲特贡献了第四条。我大概说一下这四条理念，你看看你能不能执行。

第一个理念是，买股票的本质是买公司。投资是为了公司的价值，而不是为了投机。

一个公司之所以值得你拥有，不是因为它的股票会涨，而是因为这个公司能够创造价值。你（部分地）拥有一个能持续创造价值的东西，它给世界做出了贡献，所以根据私有财产应该得到保护的原理，你从中赚到的钱是你应得的。

我理解这就是查理·芒格所谓的"配得上"[8]。你配得上不是因为你聪明，而是因为作为公司的所有者之一，你参与了一件创造价值的事，这让你感到很踏实。这也正是投资的正道。

第二个理念是，忽略市场的短期波动。市场并不能告诉你公司真正的价值，市场告诉你的只是当前公司股票的交易价格而已，而交易价格常常偏离价值。

价值投资者眼中的市场是个情绪经常波动，时而疯狂时而消沉的家伙。市场不是一个好老师，它只是你取得公司拥有权的工具。

这个理念要求你把公司价值跟市场当前交易价格严格分开，这样你才能不受短期波动影响，专注于长期。

第三个理念是所谓的"安全边际"。因为你对公司价值的估计具有不确定性，你一定要等到这家公司的股票交易价格远远低于——而不仅仅是"低于"——它的内在价值时再买。

你估计这只股票应该值100元，但你的估计可能是错的，也许它实际上只值70元。那怎么确保安全呢？答案是等到股价波动到50元的时候再买。

那你可能会说，哪儿有这么好的事啊？所以你绝大多数情况下应该只看不买。你要看很多很多公司，等待很长很长时间。你就这么耐心等着，反正根据第二个理念，市场总会波动到让某一个好公司的股价低到离谱的程度——那就是你出手的时机。

这三个理念构成了一个完整的投资逻辑。这些都是格雷厄姆早在七十多年以前就提出来的。

巴菲特贡献的是第四条理念，"能力圈"。为了合理评估公司的价值，价值投资者必须是个通才，得从宏观到微观、从消费到科技什么都懂才行。你得深入分析纸面之下的东西，包括亲自前往这家公司做现场调研，才有可能真正了解一家公司。但人的能力终究是有限的，你怎么可能真的什么都懂呢？所以巴菲特提出，钱是赚不完的，你不要指望什么钱都赚，你能理解特定的行业和特定的公司就行了——但是千万别不懂装懂，莽撞行事。你得认清自己能力的边界。

这四条理念简单吧？有问题吗？

这四条理念，用两个字就能概括——捡漏。大商家倒腾古董都是看差不多就买，买很多，高抛低吸，频繁交易，有赚有赔，追求总体的盈利。价值投资者的做法则是，整天在潘家园逛古董摊，天天看天天问价，但是只看不买。非得等到有不懂行的把好东西当白菜卖的时候，才非常坚决、非常大手笔地出一次手。正所谓三年不开张，开张吃三年。

如果我讲价值投资，一定会反复提醒读者，绝大多数散户所谓的价值投资，不过是自我欺骗而已。你以为买了自己喜欢的公司的股票放着不动就叫价值投资了吗？你的调研呢？你的安全边际呢？你的能力进圈了吗？你能坚持五十年吗？

而读者一定会说，你讲这些理念是不是太虚了，具体怎么操作呢？那个"度"应该怎么掌握？股价比价值低多少的时候才能买？你不能脱离剂量谈论疗效，你得给个数字才行！

格雷厄姆，其实是给出了数字的。

格雷厄姆的投资方法非常细致，包括一些特别具体的操作标准。其中有一个标准是，如果一家公司的市值高于实际价值的1.5倍，你就别买。

这个标准线比"安全边际"要高得多，安全边际是股价得显著低于实际价值的时候才能买。所以这个标准应该是一条高压线，应该是铁的纪律，对吧？

那如果我们现在坚决执行格雷厄姆定的这个标准，会怎么样呢？

这个有人验证过了。豪泽尔在《金钱心理学》中说，如果你在2009到2019这十年间使用格雷厄姆的标准，你能买的只有保险公司和银行的股票。

现实是，现在根本没有什么被严重低估的好公司等着你去捡漏。开玩笑，现在是大数据时代，潘家园任何风吹草动都在别人的模型之中。

格雷厄姆的标准早就过时了。但是你可不能怨格雷厄姆。事实上，格雷厄姆一直都在告诉世人他的标准会过时。

格雷厄姆关于价值投资的思想最早是他在1934年提出来的。1949年，他非常有名的一本书《聪明的投资者》[9]的第一版问世。这本书已经改进了他1934年的操作方法。

然后1954年，格雷厄姆改写了《聪明的投资者》这本书，更新了第一版中的公式，提出了新的公式。

1965年，他又改写了1954年的公式。然后，1973年版又改写了1965年的公式。1934年到1973年间，格雷厄姆一共更新了四次炒股方法。

那你凭什么相信他1973年的方法就是最终方法呢？1973年版的书没有继续更新，不是因为无须更新，而是因为格雷厄姆1976

年去世了。

如果今天的投资者还拿着《聪明的投资者》这本书作指导，就是刻舟求剑，就是尽信书不如无书。

事实上，在格雷厄姆最后的日子里，他可能把价值投资的根本理念都给改了。去世之前有人问他，是否还会坚持对个股做详细分析，专注于"买公司"而不是综合评估整个市场？格雷厄姆明确说他不会了。他不再强烈推崇通过详细分析一家公司的股票，来寻找超级价值机会这种操作。

那你说"安全边际"还能用吗？"价值投资"是不是过时了呢？

以我之见，这取决于你如何理解价值投资的"表象"和"本质"。具体的操作标准都是表象，注定过时，但你说价值投资的四条理念有没有道理？我认为有道理。你得透过表象，看到那些道理的本质。

可是"本质"通常又没什么用。谁不知道捡漏好？你告诉我这种原则有啥用，你得告诉我哪儿有漏才行。世间的道理就是这样，有用的都会错，不会错的都没用。所以你要出来做事就会犯错，你要想不犯错就只剩下道德优越感。

以史为鉴是让你"借鉴"，是让你体会本质，不是让你生搬硬套表象。可是我在《科学思考者》这本书中说过，事物并没有绝对的、"本质的"本质。哪个是表象，哪个是本质，你只能根据具体情境自己分析。

李录认为，价值投资者永远只占人群的5%，其余95%都抵抗不住频繁交易的诱惑，所以价值投资永远都有机会。我对此表示智识上的同情。我自己的看法是，价值投资将会越来越难，越来越不适合散户。如果你认为你每年花在研究股票上的时间价值超过100万元，而你投入的总资产不到2000万元，我从数学角度建议你干点别的[10]。

我们应该如何学习历史上的东西？价值投资也许能带给你四个教训。

第一，人生不是算法，学东西不能机械照搬。适合巴菲特的不一定适合你，你们的时间、地点、能力，特别是规模，非常不一样。巴菲特能以股东身份直接干预一家公司的运营，巴菲特买股票有皮格马利翁效应[11]，这都是你不可复制的。

第二，高手真正的智慧不在于他们会使用那些规律，而在于他们发现了那些规律。格雷厄姆了不起不是因为他是个"价值投资者"，而是因为他开创了价值投资这个行业。

巴菲特跟格雷厄姆不一样，李录跟巴菲特也不一样。历史最爱奖励的是那些发明自己的方法的人，而不是模仿别人的人。

齐白石说，"学我者生，像我者死。"我们真正要学习的，不是那些高手的具体操作，而是他们"找到方法的方法"。

格雷厄姆这帮人找到了最适合当时股票市场，并且最适合自己的操作方法——然后他们还要不断地更新。实践、试验、试错、总结、更新，这些方法之上的方法才是你应该学习的。

第三，尽管很多历史规律会变，但的确有些规律不会变。我们可以直接借鉴的是那些不变的东西。

具体投资方法都会变，但是人们面对金钱决策时的贪婪和恐惧、在压力状态下的行为、面对激励时的反应，这些是很难改变的。这些是你可以直接学的。

各种历史故事最大的作用其实都不是直接用，而是提高你的想象力。读书最好是一惊一乍——啊，还有这种操作！到时候能想到各种操作的"可能性（possibility）"就已经很好了，然后再考虑"概率（probability）"。

第四个教训是考虑时间。越是遥远的历史，你就越只能借鉴一些非常广义的、不具体的规律。如果你想利用一个具体的趋势，就只能参考近期的东西。

而这四个教训也都不是可直接操作的。你要非得说到底哪些规律会变，哪些规律不会变，遥远到底是多远，我说不清。你要像格雷厄姆一样，知道怎么掌握那些度。

演化是军备竞赛，还是和平协议

进化论绝对是人类最伟大的思想之一，能与之媲美的大约只有数学和物理。

但你可能没想过，其实进化论只是一个科学思想，而不是一个科学理论。科学理论说的都是某个特定的现象、某个特定的机制。比如电动力学描写了带电粒子的性质，遗传学描写了基因的性质，这些理论都可以用数学作精确的表述。而进化论，说的是一个适用范围特别广的一般规律。它只是很笼统地说生物演化是"随机突变＋自然选择"，但是到底怎么个突变法，怎么个选择法，都没有详细描写，更谈不上使用数学。事实上，达尔文那个时候，甚至连"基因"这个概念都没有。

但达尔文说的居然基本都是对的！所以人们非常喜欢拿进化

论和人类社会内部的事作类比。有人认为各个国家之间的竞争就如同生物竞争。还有像瑞·达利欧在《原则》[12]这本书中，把公司的竞争和创新跟物种演化作类比。凯文·凯利认为技术的演化跟生物演化可以类比。有些人则认为个人的成长也可以和生物演化类比。

从逻辑上来说，这种类比没有理由是完全正确的。可是既然进化论不是一个科学理论，但却这么厉害，我们似乎也可以相信，生物演化真的已经穷尽了任何事物、一切可能的"演化"智慧。

我们要说的就是演化生物学家近年来的新发现。你会越发觉得生物演化简直是奇计百出，而且实在太像人类社会了。

不过我们还是先梳理一遍一般人对进化论的传统认识。这个传统认识用两个字概括，就是"斗争"。

首先是跟敌人的斗争。羚羊必须跑得比狮子快，才不会被狮子吃掉；狮子必须跑得比羚羊快，才能吃到羚羊。强者生存，弱者死亡。

其次是跟同类斗争。鹿群里的公鹿为了争夺交配权，必须长出巨大的鹿角来，去跟别的公鹿斗争。很多鹿角已经大到了夸张的地步，已经不利于鹿的奔跑，已经威胁到鹿面对老虎时的安全了，但是鹿角必须得长。强者生育，弱者无后。

更高层次的，则是一个族群内部团结起来，去对外斗争。这三种斗争是有矛盾的，生物界演化出各种办法进行协调。比如人类社会就会用"道德"来约束人们少内斗，一致对外。

把这个斗争思维类比到人类社会，人们就会讲"物竞天择，适者生存"，就会追求个人地位，就会有强烈的"敌我"意识。

因为要斗争，人们还相信严酷的生存环境对人的成长是有利的，能锻炼人。所以"男孩要穷养"，而"温室里的花朵"是没有前途的。

那你注意到没有，这些斗争思想，对我们现代人，特别是对"90后""00后"的年轻人来说，好像有点过时了，听起来有点土。这是为啥呢？因为"斗争"，本来就是个很片面的认识。

"斗争"是老百姓对进化论的理解。达尔文可没说作为生物就应该一门心思斗争。

2019年，瑞士巴塞尔大学的神经科学博士后凯莉·克兰西，有一篇综述文章[13]，介绍进化论的一些最新研究进展。这些研究讲述了进化论另一面的故事。如果你想从进化论中悟出开公司或者提升个人竞争力的智慧，这一面的故事可能对你更有用。

我来给你解说一番，分为五点。你会发现这些现象全都可以跟社会和市场作类比，而且比"物竞天择，适者生存"更接近社会和市场。

第一，宽松的环境更有利于创新。

严酷的环境固然能选择出那些特别适合严酷环境的生物个体，但是这种选材模式太狭窄了。现代进化生物学有个核心概念叫"放松了的选择（relaxed selection）"，意思是把环境选择的压力减小一点，让生物们活得放松一点，更容易带来繁荣和创新。

天敌减少了、气候变暖了、食物充裕了，只要环境更舒适了，生物们就会在更多的演化方向上进行探索。比如我以前听说有一种小鱼，如果环境很安全，没有捕食者，它们就会长着很漂亮的红色花纹；而一旦环境险恶，有了捕食者，那用不了几代，活下来的就都是灰色的了。这当然是因为红色太扎眼，容易被捕食者发现目标。

可能有人会说，还是严酷环境锻炼人，红色小鱼没有生存能力，灰色的小鱼好！我看这不太对。灰色只在严酷环境里是"好"的颜色，可你为啥非得指望环境是严酷的呢？

有能力的生物，总是想方设法让自己的环境不那么严酷。英国谢菲尔德大学2017年的一项研究认为，老鼠可以通过跟别的老鼠抱团取暖的办法，放松选择压力。而相对于那些孤独的、不会合作的老鼠，这些善于合作的老鼠因为有更宽松的条件进行探索，就有了更多的基因变异，有更好的多样性。

那么，如果将来环境发生改变，你猜哪种老鼠的适应能力更强呢？是善于抱团取暖的老鼠。研究者认为，从爬行动物到哺乳动物的关键一步，也许就是因为有些爬行动物学会了抱团取暖，给自己弄了个更宽松的环境，而这次进化，让这些创新者获得了只有哺乳动物才有的，比如在夜间也能捕猎的能力。

这就好像富养的孩子因为多才多艺而找到了新兴领域的工作一样。

第二，有时候不是环境选择新生物，而是生物占领新环境。

在宽松环境中自由探索出来的新本领，能干什么用呢？除了被动等待将来可能出现的新环境之外，生物还会主动出去寻找新环境。

瑞典隆德大学的研究者对4000种鸟类的繁殖策略进行了研究，发现有些鸟搞的是互相合作式的哺育后代，等于是让后代的环境更宽松。而用这种方法哺育出来的鸟，由于在更宽松的环境中长大，反而更容易掌握在严酷环境生存的本领。

以前的人都以为是环境先变严酷了，适者生存，不适者被淘汰，但这些研究者发现至少对鸟来说不是这样。是那些在良好环境中长大的鸟，因为有合作的保证而敢于大胆探索新事物，主动飞到了严酷环境中生存。它们的能力不是更弱，而是更强——它们主动选择了去开疆拓土。

这大约相当于，那些开拓海外市场的公司往往不是在本土混不下去的，而是在本土混得好的。

第三，有些生物会主动搭台，让别的生物来唱戏。

生物不但会适应环境和占领环境，而且还会制造新环境。比如说珊瑚虫会制造珊瑚礁，而珊瑚礁能减缓水流的速度，减少水流对身体的冲击，这就给其他海洋生物提供了一个非常优越的生存环境。很多物种都依靠珊瑚礁生存，而它们同时又给珊瑚虫提供了食物和安全保护。

各个物种互利共存，也许是比"斗争"更大的常态。

第四，有些生物会因为和别的生物共生，而放弃自己的一些能力。

以前的生物学家很希望在实验室里单独培养某一种细菌，但是他们很快就发现，绝大多数细菌根本就无法作为一个单独的种类存活，它们都必须跟别的细菌生活在一起才行。这是因为有些生物本来就是跟别的物种共同演化的；而有些生物更会因为总跟别的物种在一起，形成了强烈的依赖，而干脆就放弃了自己的一部分功能。

这个现象叫作"基因剥落（gene shedding）"——以前有这个基因，后来很长时间不需要，干脆就没有了。

比如聚球藻和原绿球藻是两种总在一起生存的海洋藻类，它们都依靠光合作用生活，而光合作用会产生一种有毒的副产品——过氧化氢。有一种酶可以中和过氧化氢。本来两种藻类都会制造这种酶，但是因为聚球藻生产的这种酶就足以中和掉所有的过氧化氢了，原绿球藻干脆就不用自己生产这种酶了。

这就好比马尔代夫这个国家不需要有自己的工业、农业和国防，它只要把自己的地方管理好，单纯靠外国人来旅游的收入就足以让国民过上好日子。

第五，比独立自主更高级的生存策略，是解放自我。

那像原绿球藻这种生存策略是不是有点危险呢？万一哪天聚球藻突然不愿意跟它一起生存了怎么办？原绿球藻是不是应该尽量"独立自主"地生活呢？

世界上没有绝对的万全之策。独立自主，是一种很贵的生存方式。在生物学家看来，保留所有基因是不经济的，非常不利于发展和演化，基因剥落其实是常见的生物现象。生物发展和演化的合理策略是，在与多个物种共存的环境中给自己谋求一个独特的定位，而不是总想脱离别人自己单干。

类比到市场经济，就是再厉害的公司也不应该什么都做。哪怕是丰田汽车，也应该把轮胎、汽车玻璃，包括各种零部件，都交给别的公司做。专业化的分工最有利于调整和创新，最能适应快速多变的新环境。

所以生物正确的价值观，不是总想着在一个严酷的环境里搞独立自主，而是设法放松自己的环境，让自己探索新的可能性，也就是解放自我。

人类恰恰就是这么干的。演化发展到人类这一步，就成了文化和基因共同演化的局面。自然选择不再仅仅由外部环境决定。人类发明用火加工肉类食物，之后再吃。这让人类的牙齿和下巴缩小了，从而让大脑的容量可以更大——人类解放了自己的大脑。人类驯化动物，解放了自己的劳动力。现代人不再终日从事体力劳动，解放了自己的天性。

我们时不时就会听到有人说，很多老一辈的人会干的活儿，现在的年轻人都不会干了。现代人的体能、手劲儿、坚韧程度、吃苦耐劳的精神，包括记忆力和速算水平，都不如过去。那万一灾难来了怎么办？万一突然没有电力了怎么办？现代人还是一种独立自主的生物吗？

答案是，人类早就不是独立自主的生物了。世界上根本就没有什么独立自主的生物。

这些知识跟你心目中的进化论也许非常不一样。一般公众对进化论有很深的误解。

别的先不说，"进化"这个词就有问题。"进"暗示着"进步"，暗示生物进化是有方向的，"从低级到高级，从简单到复杂"，这个说法其实是错的。事实是，生物进化并没有特定方向，基因突变可以在任何方向发生，可以变高级也可以变低级——有时候变低级更能适应环境。所以现在严肃的中国科学人，都把"evolution"翻译成"演化"，而不是"进化"。

还有，"物竞天择，适者生存"这个进化论的标志性口号，其实不是达尔文说的，而是赫胥黎在《进化论与伦理学》[14]这本书里说的。清朝末年的翻译家严复把这本书翻译为《天演论》，并且强行概括成了一句口号，这句口号激励了无数青年。可严复其实是误读了赫胥黎。赫胥黎的本意根本不是说人类社会应该搞弱肉强食、优胜劣汰，他认为人类社会不是动物世界。

而现代科学家发现，动物世界也不完全是弱肉强食的世界。

共存、合作、双赢，也是天道——至少和斗争一样重要，很可能更重要。演化不是军备竞赛，而是和平协议。

以前有个阿拉伯国家的政要曾经警告他的国民，石器时代之所以结束，并不是因为当时人类没有石头可用了。

下一次科技进步，也不太可能是因为地球发生了什么大灾难，这一代的技术不能用了。

我们为什么总想着灾难要来，一门心思应对严酷环境呢？创造宽松的环境和自由的文化，求新、求变、求多元，面向未来主动探索新领地，这才是过着好日子的现代人更该做的事情。

最高级的交流策略

这一节的主题是交流方式的演化。我希望你从中再体会一下演化思维。

演化思维说，一个基因也好，一个性状也好，一种行为模式也好，如果这个东西能够长期、稳定的存在，它就必然有它存在的道理。不利于生存和繁衍的东西肯定不能长期稳定存在。

能让它存在的这个道理，我们就可以称之为"天道"。演化就是生物的天道。你要想做事顺利，就得符合天道。

交流的天道是什么呢？

1. 交流的难题

咱们先来说一个令人震惊的知识。女性在怀孕的时候，跟肚子里的胎儿之间，除了共生合作之外，还有一场小小的战争。

这个战争是为了争夺糖。孕期女性的胰岛素分泌水平会提高。我们知道，胰岛素的作用是把体内的糖分转化为脂肪。胰岛素提高，意味着母亲想给"自己的"身体多储备一些能量，把糖变成脂肪留下。但奇怪的是，胰岛素提高了，母亲的含糖量仍然很高，就好像那些胰岛素不起作用一样，这是为啥呢？

因为胎儿分泌了一种叫作hPL的激素，通过胎盘传递给母亲，这个激素能对抗胰岛素——胎儿也需要糖。胎儿说你的糖别留着了，都给我吧。

母亲分泌更多的胰岛素，胎儿就分泌更多的hPL。这是一场军备竞赛。

军备竞赛都是恐怖平衡，各方投入的力量只会越来越多。到了什么程度呢？这么小的一个胎儿，自己还在长身体，竟然能每天分泌1～3克的hPL，比他输入胎盘的其他所有激素高几千倍！只有战争才能让人投入这种规模的资源。

人都说母子关系是最亲密的，殊不知其中也有利益冲突。母亲不可能把一切都奉献给这一个孩子，她还有自己的人生，她还有别的孩子要照顾，她必须养好自己的身体——可是胎儿只知道尽可能从母亲身上获取更多资源。

不过有冲突不等于就必须爆发战争。有冲突，又缺乏有效交流手段，才会爆发战争。

而有冲突，如果能够交流，那就对双方都有好处。

比如说，当一只瞪羚面对捕食者的时候，它可能不会马上逃跑，而是先故意在原地蹦一蹦，这是什么意思呢？

这就是在跟捕食者交流。瞪羚通过跳跃传递了一个信号：你看我能跳这么高，我的身体很健壮，你要抓肯定追不上我，干脆去找别人吧，咱俩都省点力气。而捕食者也能接受这个信号，瞪羚跳跃的高度确实反映了它的强壮，瞪羚敢冒这个险，说明这个信号是可信的。

博弈论专门有关于发信号的理论。想要让信号可信，你就得付出一定的代价——瞪羚的代价是冒险。有些富人为了证明自己的实力去购买奢侈品，有些信徒为了证明对宗教的虔诚而斋戒，这些都是代价。

所以交流很重要，而为了让交流有效，代价很重要。

2. 更高级的交流

《枪炮、细菌与钢铁》[15]的作者贾雷德·戴蒙德，三十年前出过一本书叫《第三种猩猩》[16]，也是一本名著，我还给写过书评。这本书讲到生物发信号的原理时就讲了瞪羚，还讲到一种澳大利亚的鸟，叫花亭鸟。

雄性花亭鸟会搭建一个漂亮的屋子，要用各种花瓣、果子和五颜六色的石子装饰，好看是好看，但并没有实用价值。这些"花庭"唯一的作用是让雌鸟来评判雄鸟的能力。雌鸟觉得你这个房子装修得有水平，就可能嫁给你。

戴蒙德当时说，这就是雄鸟为了发出信号而不得不做一些无用而昂贵的事情，就好像人类中的男性买奢侈品一样。但是现在，这个知识得更新了。

新一代科学家发现，搭这个窝对于花亭鸟来说，其实并不费事，花不了多少时间也不用冒险。那这就奇怪了，花亭鸟为什么不全力以赴地吸引异性呢？因为雄鸟之间有一个协调机制。

有个科学家偶然给某个雄鸟的窝里多放了几颗蓝莓，让窝看起来更漂亮，结果别的雄鸟看见之后立即就来把这个窝给毁了。原来其他的雄鸟认为这只鸟不配拥有这么漂亮的窝。也就是说，雄鸟跟雄鸟会互相监督：你是个什么水平，我们心里都有数，你该有什么配置就是什么配置，谁也别超标，这样大家都省力。

雄鸟通过协调，破解了那个搭窝竞赛的囚徒困境。

你看这是不是更高水平的交流？只要你能惩罚违规者，就不用发特别昂贵的信号。而我们人类，甚至可以免费交流。

3. 什么人最容易被骗

人肯定得比花亭鸟还聪明。那人与人之间的交流，怎么确保可信性呢？说话实在太容易了，人们怎么识别真话假话，怎么不被骗呢？

以前主流学界认为，骗与被骗是一个能力竞赛的过程。说话的人手段越来越高，听话的人也必须越来越精明，要想不被骗，就得多思考才行。

丹尼尔·卡尼曼有个"系统1"和"系统2"的说法。系统1是直觉快速思维，系统2是理性慢速计算思维。哈佛教授丹尼尔·吉尔伯特做过实验，说如果你干扰一个人的系统2，让他不能理性思考，他就会更容易相信你说的话是对的。

这些说法完全符合我们的常识。肯定是越傻的人越容易受骗上当啊，要不怎么说容易被忽悠的人群愚昧呢！

那根据这个原理，要想说服一个人，就应该让他放弃思考。有人发明了通过"潜意识"来施加影响力，比如在睡觉的时候听录音带，用观众注意不到的方式播放广告。还有人发明了"洗脑术"，也就是先对一个人进行精神和身体的双重摧残，让他丧失思考能力，这时候你告诉他什么，他就相信什么。

但是，这些说法都过时了。有关审讯技术的最新科学研究结果表明，严刑拷打作为一种审讯方法其实是没用的[17]。如果放弃思考的人都不会跟你合作，又怎么能被你说服呢？

认知科学家雨果·梅西尔在《你当我好骗吗》[18]一书中推翻了

过去那些主流的说法。其实早就有研究表明，"潜意识"广告、严刑拷打和洗脑术根本就没用。至于吉尔伯特那个实验，他们给受试者判断对错的句子，答案都非常偏门，人们事先并没有成见，所以容易相信他们说的。更新的实验发现，如果你让受试者判断一些他本来就知道的东西，剥夺他的系统2，只会让他更坚持自己原来的看法。

并不是越傻的人越容易被骗，而是越傻的人越保守。

4. "开放的机警"

2010年，梅西尔和一些研究者重新考虑了人类交流的问题，提出了一个新理论。要理解这个理论，咱们先用动物的饮食结构来打个比方。

有些动物吃的东西非常特殊。比如大熊猫，只吃那么几种竹子。再比如吸血鬼蝙蝠，只吃活着的哺乳动物的血。别的东西它们一律不吃。这种吃法可能比较省心，它们永远都不用自己判断什么东西能吃，什么不能吃。但是，这是一种把路越走越窄的吃法。

一旦环境变化，比如说没有那几种竹子了，大熊猫可就麻烦了。

我们人类的吃法是另一种。人类是杂食动物，杂食动物什么都可以吃，路越走越宽，但是这对你有个更高的要求——你得有判断力才行。比如吃某个东西吃出了毛病，或者你看别人吃出了毛病，你得长记性，下次碰到这种食物就不吃。

杂食动物的特点，梅西尔称之为"开放的机警（open vigilance）"。一方面你很开放，什么东西都能尝试；另一方面你又很机警，有判断力。而对比之下，单食性动物则是保守而又愚钝的，它们只吃特定的东西，而且哪怕那个东西坏了，它们也不会判断。

梅西尔说，人类的交流方式，也是开放的机警。

动物只能接受有限的几种信号，为了让一个信号可信，得花大价钱。我们人类的交流方式很多，如语言、表情、动作、抽象符号等。而且我们的交流成本很低，你当面跟我说一件事情也行，你非得用英文给我发个电子邮件也行，我都能相信你。人类交流的开放度非常高。

但是光开放不行，我们还得机警。我敢信任你，是因为我有办法识别信息的真假，你骗我，我可以惩罚你。

人类交流方式的演化，就如同从单食性动物到杂食性动物的过程。你看越是原始部落的人思想越保守，只信任自己的族人，遇到外族的第一反应可能就是打仗。等到社会越来越复杂，我们可以和陌生人打交道了，甚至可以相信陌生人；而与此同时，我们也更精明了，更善于识别谎言。我们没有因为害怕受骗而减少接收信息，社会演变的趋势是人们接收越来越多的信息。

个人也是这样。小孩就相当于单食性动物，生活在非常有限的环境中，很少跟陌生人交流。小孩很相信父母和老师的话，因为他只能接触这些人。人慢慢长大以后，接触的人越来越多，环境越来越开放，思考能力越来越强，人也越来越机警。

横向比较，聪明爱思考的人往往更容易接收新东西。而那些比较笨、不爱思考的人更保守，他们只相信自己以前知道的东西，接触新事物的第一反应是不信。历史上的新思想，各种当时看来是异端邪说的东西，往往都是先在知识分子中间传播，普通老百姓是不信的。

其实世界上根本就没有特别容易轻信他人的人，轻信他人的人早就被演化淘汰了。只有两种人能稳定地存活下来：一种是开放而又机警的，一种是保守而又什么都听不进去的。

这一节我们对比了几种交流方式。

第一，没有利益冲突的个体天生就能无障碍交流。比如蜜蜂，因为工蜂是不能生育的，各个工蜂是纯粹的合作关系，它们之间的交流就是绝对的信任。

第二，如果有利益冲突，就会有问题。比如母子之间有那么一个小小的利益冲突，都导致了一场战争。

第三，有效的交流对双方都有好处。比如瞪羚，宁可付出冒险的代价，也要发一个有效的信号。

第四，最高水平的交流，则几乎不需要代价——这就是人类"开放的机警"式的交流。

这是不是一个非常有意思的事情？我们每个人每天都在跟人交流，但是如果科学家不弄一个理论，我们还真说不清自己有什么交流策略。事实上，就连科学家一开始也弄错了，这才给了梅西尔一个颠覆主流学说的机会。

这就如同《易经》里说的那个"道"——百姓日用而不知，故君子之道鲜矣。你在用，但是因为你不会总结，或者你总结得不对，你就没法从中学习和提高。现在我们知道了这个"道"，也许就可以从中悟出一点做事的原则。

越高水平的交流应该越开放，同时伴随着机警。你要说把门关起来只跟自己人交流，或者只跟认证过的"友好人士"交流，那就不是自信而是畏惧，不是进步而是退化。不管是谁，咱先交流起来，在交流的过程中保持机警，这才是符合天道的做法。

困在奖励里

现在有两个工作，收入相差不多，你看看你喜欢哪个。

第一个工作有绝对明确的目标和达成目标的手段。任何时候你都知道应该做什么，而且只要做了就有奖励，不做或者做错了就没有奖励。你的付出和回报紧密相连，你和同事们每个人的绩效都一目了然，绝对公平。

第二个工作虽然也有目标，但是目标很含糊，好像几个方向都有道理。遇到一件事到底应该怎么办，似乎可以有几个选择。有时候你明明很努力，却没看到什么成果。有一阵你有点懈怠了没好好干，收入也没减少。同事们有的干得好，有的一般，可是领导好像根本看不出来，你偶尔感到不公平。

第二个工作中的情况是比较常见的，这样的工作经常受到谴责，而第一个工作有点像打游戏。所以你更喜欢第一个工作，是吗？

不是。你不喜欢第一个工作，你喜欢第二个工作。

第一个工作是外卖骑手，第二个工作是中学老师。现实是做外卖骑手的门槛很低，做老师的门槛很高。老师的收入并不高，有的可能低于骑手，但是哪怕再低一点，他们也不会去做骑手的。

2020年有一篇《人物》杂志的文章刷了屏，叫《外卖骑手，困在系统里》，作者是赖祐萱。送外卖的工作既辛苦又不安全。辛苦和不安全不是因为"送货"，这件事的工作性质就是如此——其实中国的交通还是比较安全的——而是因为骑手们必须争分夺秒、不惜违章地去完成任务。骑手争分夺秒不是因为"系统"逼着他们这么干，而是因为系统"奖励"他们这么干——他们的业绩和收入紧密相连。

赖祐萱介绍，美团和饿了么都给骑手弄了个像打游戏一样的升级系统。你的收入不是跟劳动成正比，而是每周完成的订单数越多，每单的收入就越高。这是一个能让人发挥出最后一丝力气的系统，干得越多越有意义，干得少就实在太不值得了。

这个系统使我想起了一个盒子。

1930年，哈佛大学心理学家伯尔赫斯·斯金纳发明了一个盒子，被后世称为"斯金纳的盒子（Skinner Box）"。盒子里装着一个小动物，比如说一只老鼠或者一只鸽子。盒子的墙上有个控制杆，动物一推动控制杆就会得到食物。

食物是对动物推动控制杆的奖励。斯金纳发现，起初动物会不断地推动控制杆去拿奖励，但是一段时间之后，它们似乎觉得这个游戏没意思了，就只在饿了的时候才去推控制杆。于是斯金纳改进了盒子的设定，把奖励改成了随机的，有时候怎么推控制杆都没有食物，有时候推一下能得到好几份食物。这下动物们就上瘾了，它们不停地推控制杆，就好像玩老虎机的赌徒一样。

斯金纳把这个机制叫作"强化"。只要设计合理的奖励制度，你就能强化一个动物——或者一个人——的某个行为。如果你希望他多做这个动作，你要做的就是用奖励去强化他这个动作。

其实人们早就知道奖励的道理。工人有计件工资，高管有绩效奖金。有的老师会用读一本书奖励一个比萨饼的方法鼓励学生读书，有的家长会让孩子做家务挣取工资。但是以斯金纳为开山鼻祖的"行为学"的贡献在于，你光给奖励不行，你的奖励必须给得巧妙才行——你需要一个能让人上瘾的奖励制度。

这门学问叫"行为设计学"。现在行为设计学已经非常成熟了，不但美团和饿了么在用，国外的优步（Uber）和来福车

（Lyft）也在用，游戏公司更是在用。行为设计学能让奖励的效用最大化，不用给太多奖励就能最大限度地激励行为。其实美团、饿了么还算够意思，毕竟外卖骑手的收入远高于中国城市最低收入。在美国，优步司机累死累活地玩这个开车游戏，到手的收入却常常低于最低收入标准。而因为优步跟司机之间没有正式的雇佣合同，这个低收入还是合法的——毕竟这只是一个游戏。

现在请你离开游戏设计者的视角，你能不能用外卖骑手的视角想想，这个游戏好玩吗？然后你再用公司的视角想想，这个系统真的好吗？

答案是，不好。我们有充分的证据。

早在1993年，美国学者艾尔菲·科恩就有一本书叫《奖励的恶果》[19]，论述了为什么用奖励强化行为不是个好制度。

从20世纪60年代开始，就不断地有各种研究证明，所谓计件工资、绩效奖金不但没好处，而且有坏处。科恩书里列举的证据就有：

> 管理层工资和奖级刺激，和公司利润之间的关系很微弱，而且常常是负相关；
> 绩效工资没有提高教师和社保局官员的工作质量；
> 在有的研究中，计件工资甚至让产量下降了；
> 日本和德国的工人效率最高，但是恰恰没有使用行为主义的物质刺激。

那什么情况下绩效工资有用呢？书中引用一个报告分析，这样的工作有三个特点：

1.测试都是短期的，长期有没有影响不知道；

2.工作任务是简单的，比如体力活或者分发卡片之类的事情；

3.工作表现能直接量化，要么就是比谁做得多，要么比谁做得快。

你看后面两个特点，这不就是外卖骑手的工作吗？而这些研究表明，只要这个工作比较复杂，讲究一些难以量化的质量，直接的金钱刺激就完全没有好效果。

如果奖励对工人都没用，对学生就更没用。我在《万万没想到》这本书里就说过几个新研究，经济学家拿着几百万美元做实验，用发奖金的方法鼓励学生学习，结果是短期可能有效，长期一定无效。

有时候我们做事就是因为喜欢做这件事，比如踢足球或者做数学题，这叫"内在动力"。为了获得奖励而做一件事，则是"外在动力"。所有研究都表明，让人长期做一件事，能做好一件事，甚至主动做一件事的，必须是内在动力。

而科恩的洞见在于，奖励不但提供了一个无效的外在动力，而且还伤害了内在动力。奖励其实是对人的操纵——拿不到奖励就等于惩罚，奖励跟惩罚其实是一个意思。奖励会破坏团队合作。奖励鼓励了简单行动，让人不愿意深入理解工作中的问题，让人回避探索。奖励还能迅速降低人们对工作的兴趣。

以前经济学家泰勒·科文也说过这个问题。本来孩子做家务是在为家庭做贡献，这是一个充满温情的行为，现在你一谈钱，这还有意思吗？

说白了，奖励制度异化了行为。

我们直觉上认为奖励有效，但心里想的都是奖励对"别人"有效——我工作主要是为了享受工作，我是内在动力驱动的，不过奖励制度还是必不可少的，毕竟别人都是为了钱工作——殊不知"别人"也是这么想你的。

那好，如果不谈钱，难道让大家都为了"情怀"而工作吗？那当然不行。这里面有个非常微妙的基本原则。

科恩提出的原则是，你应该"慷慨而公平地支付报酬，尽量确保不要让人们觉得受到了剥削，然后竭尽全力地帮助他们忘记金钱"。

一方给足钱，一方挣够钱，但是双方平时工作的时候默契地不谈钱。

这个原则是不是恰恰是现代企业的工资制度？根据员工的水平、层级和资历给一个比较固定的工资，双方谈判达成一致，完了工作的时候该怎么工作怎么工作，忘记金钱。

有时候你帮老同事打个下手，有时候你带一带新同事，有时候你家里有事请几天假，有时候你主动加个班，没人会算计这些事儿值多少钱。因为你的一个决定，公司一下子赚了几百万，也不会直接分给你；因为你的一个错误，公司损失几百万，也不会让你赔偿。你的表现会默默地转化为升职加薪，但是每个行动都不直接跟金钱挂钩。

只有这样，大家合作才能愉快，你想要弄个什么事儿也能理直气壮。老师完全可以说我上班是为了教学生，公务员完全可以说我上班是为了国家，每个人都可以说我的收入只是工作的副产品。要是一举一动都涉及钱，那实在太可怕了。

所以"奖勤罚懒"是一种非常土的管理方式。美团和饿了么现在能这么做，是因为现在是个极为特殊的时期——人们正在学着适应算法。现在骑手们的收入还比较高，愿意就业的骑手比较多，骑手的谈判能力比较低，骑手们还很年轻，还觉得升级算法很值得。可是这个工作能长期做下去吗？我们不知道。

按常理来说，频繁的奖励和频繁的惩罚一样，是对人的侮辱，是把人当成工具。我们做事最好是享受做这件事本身，而不是把它当作达成别的目的的手段。

而这就要求工作具有一定的模糊性。模糊不但给了人探索的空间，也给了人自由。

一个妈妈对孩子说："你看人家小明学习多好，你为什么不努力学习呢？"

孩子说："努力学习也不一定能学习好啊，再说学习好也不一定工作就好啊，工作好也不一定就生活好，生活好也不一定就孝顺你啊。你喜欢我，我多花时间陪你玩不是更好吗？"

这就对了。正因为有这么多不一定，我们才有一点自由。如果一切都是一定的，如果人人必须按照算法行事，那样的日子还有什么意思呢？

大人物为什么没意思

你是否注意到，越是大人物说话就越没意思。比如说，假设比尔·盖茨到中国访问，一家主流媒体给他搞了个深度访谈，你会特别想看这篇访谈吗？

我完全不好奇盖茨的访谈。他从微软退休以后说的话永远都是这几句：我如何热爱这个世界，我在非洲做了什么什么慈善，我相信科技能改变世界，你们中国很有前途……也许每次用的故事不一样，但姿态永远一样。与其看这样的访谈，我还不如上微博看人吵架。

但盖茨这样的人不可能一直都是这么没意思。他们一开始一定是很有意思的，不然怎么会成为公众人物呢？

这里面有个普遍的道理。等你成为重要人物，你可能也会变得这么没意思。

这是一个"屠龙的少年变成恶龙"的故事。近几年有个更新的版本，主人公是我们非常熟悉的《人类简史》[20]和《未来简史》的作者尤瓦尔·赫拉利。

赫拉利，正在变得没意思。

2020年2月的一期《纽约客》有一篇关于赫拉利的长篇报道[21]，我读了之后，情绪复杂。

作者伊恩·帕克使用了完全写实的手法，只是描写和叙述，几乎不加评论。文章讲了赫拉利从年少求学到成为世界名人的过程，讲了他的工作和生活风格，他对冥想的爱好，他作为同性恋者的感情经历，这些都算正常。但这篇报道中最强烈的信息是，赫拉利现在是一个思想商人。

赫拉利在以色列有个公司，雇用了十二个人，专门负责推广他的书，并推出周边产品。赫拉利的丈夫——也是他的经纪人和领导——的说法是"赫拉利为我工作"。这些人非常精准地营销赫拉利，我看他们简直就是把赫拉利给控制起来了。

他们对赫拉利当前知名度的定位是"介于麦当娜和史蒂芬·平克之间"。2017年达沃斯论坛邀请赫拉利出席，赫拉利团队认为组织方给的位置不好，就拒绝了。2018年达沃斯论坛安排赫拉利和时任德国总理默克尔、法国总统马克龙一起对谈，他们才同意出席。他们对赫拉利跟谁公开座谈、谈什么非常敏感，但敏感的不是思想碰撞有没有意思，而是是否有利于获得更大的知名度，是否能维护良好形象——以及能拿到多少钱。

赫拉利参加私人论坛的出场费超过30万美元，他的公司是个盈利公司。这些其实都无可厚非，让我情绪复杂的是，赫拉利的犀利，好像没有了。

《人类简史》之所以那么流行，是因为这是一本非常犀利的书。赫拉利提出智人的超能力是想象虚构的东西，说农业革命对人的幸福而言是个错误，说小麦驯化了人类，这些思想都引起过争议。在《未来简史》里，赫拉利担心人工智能会夺走人的工作，猜想未来世界会有很多无用之人，"神人"会取代我们智人，这些都是非常有意思的说法。

那现在赫拉利有没有什么新的、能让思想震荡的说法呢？没有了。

赫拉利的第三本书《今日简史》[22]，几乎没有任何新东西。你要问赫拉利人类面临的最大问题是什么，他会告诉你三件事，核武器、生态环境和技术——这不是老生常谈吗？

你要问该如何应对这些大问题，赫拉利只会说各国必须联合起来一起解决，我们要专注！那你有什么具体的建议吗？联合起来专注于干啥呢？赫拉利说："我不知道答案是什么。"

以色列前总理内塔尼亚胡是赫拉利的读者，曾经跟赫拉利有过交流。一个有思想，一个有权力，两人见面聊了什么呢？聊吃素。《人类简史》里有一段描写现代食品工业对动物太残忍了，内塔尼亚胡读了之后决定每个星期一吃素。

赫拉利的团队给他规定了严格的纪律，禁止他对任何敏感议题表态。如果媒体让他谈谈对以色列大选的看法，他绝不会公开支持任何一方——他不能随便花掉自己的信誉。

赫拉利一直鼓吹人工智能技术是人类文明最大的威胁，但是这完全不妨碍他去硅谷各大公司演讲。他会说一些模棱两可没有营养的话，不想让"谷歌"们把自己视为敌人。他曾经激烈批评脸书控制人的思想，但是这不妨碍他去扎克伯格家里做客，然后说"我认为扎克伯格不是个邪恶的人"。

但是赫拉利坚持了自己的论点。他的最新说法是两百年后就不会再有智人了。而正在掌握更多数据的中国，是他的最新假想敌。

帕克问赫拉利，那我们作为个人，该怎么办呢？他说，冥想。

我并不反对冥想。我在专栏里详细介绍过赫拉利的论点，但是我也从别的角度考查过相关的议题。我多次讲到，人工智能技术远远不是外行想象的那样，本质上都是机器学习，非常笨拙，应该叫"人工不智能"。我还讲了，用基因工程创造新人类是非常困难的，因为演化已经把人的基因调节得很好了，而且像智商这样的功能往往有数十个基因共同起作用，根本就没法调。

赫拉利了解这些知识吗？我没看出来。帕克倒是在报道中对赫拉利的物理知识有一次吐槽。赫拉利跟帕克聊到信仰的力量，说信仰就好像物理学中的"弱力"——虽然弱，却是把原子核凝聚起来的力量。可是赫拉利说错了！（把原子核凝聚起来的力量是

"强力"，弱力其实是让原子核"分裂"的力量。)

赫拉利有一个团队，史蒂芬·平克只有一个出版经纪人和一个演讲经纪人，但他们做的事情差不多。这些明星学者就好像艺人一样到处参加活动。平克说有些活动是太有意思了，有些活动是太赚钱了，这两种他都不能拒绝。

赫拉利和平克联合做过一期电视节目。观众期待的是思想碰撞——节目的设定正是如此，两人一个扮演技术进步的支持者，一个扮演反对者。但他们不会在辩论中真打起来，因为他们都明白这是节目。

"龙虾教授"——乔丹·彼得森是这两年新近崛起的明星学者。他也曾经试图跟赫拉利约一场辩论节目，被赫拉利团队否决了。团队担心跟彼得森辩论会陷入混战，影响赫拉利的品牌形象。

是的，赫拉利和平克这帮人，已经从学者变成了品牌。这意味着他们不仅要为自己、要为思想负责，而且还要为很多人负责。如果你要为很多人负责，你就会变得没意思。

你会越来越被自己的"立场"所束缚。

普通人，比如中国网民，喜欢表达立场。比如说2020年中国运动员孙杨被禁赛八年这个事件，有的人一听就立即表态支持孙杨——孙杨是中国人，我也是中国人，中国人要支持中国人。立场表达让他有了存在感，他也许会为了表达立场而去寻找一点论据，但是他并不在乎自己的观点有没有技术含量。

而普通人的立场又很容易改变。等到事件的更多细节被披露出来，他发现事情没那么简单，立场马上反转——我是聪明的好人，聪明的好人不跟愚蠢的人站一起。他的立场经常反转。

如果你把立场比喻成爱情，那普通网友的爱情是浅薄的——他们动不动就表白，可以对任何人表白，但是也只有表白。

而大人物，把立场视为婚姻。他们会用各种科学有力的观点去经营自己的立场。他们哪怕在内心对某个议题倾向于某个立场，也绝不会轻易表达出来——因为离婚的代价太大了。

比如你说你是个进步主义者，你出了好几本书赞美技术进步，你有很多粉丝，比尔·盖茨说你的一本书是他读过的最好的书。

那你能说，"哎呀，我跟赫拉利对话之后，觉得还是他说得对，我宣布改变立场，我以前写的书都有问题"吗？你让粉丝和比尔·盖茨情何以堪。

不但不能改变立场，而且还必须时刻重申原有的立场，因为你是一个品牌。对赫拉利的公司来说，指望赫拉利每年出一本书给老读者提供新鲜刺激是困难的，但是开拓新读者似乎更容易一些。公司已经开发出《人类简史》的知识漫画版和电视纪录片版。

而这些都要求赫拉利在每一个场合重复宣讲他以前的论点，代价是让老读者感觉他变得没意思了。

我们喜欢的"有意思"，是一种先锋感。或者是对一个敏感的议题大胆提出一个鲜明的立场；或者是突破自我，改变人们熟悉的立场。这两件事都不适合成熟的思想品牌去做，可是"思想品牌"不就得经常提出新思想才行吗？

这是一个悖论。多伦多大学罗特曼管理学院的罗杰·马丁教授曾经有一个关于智库的说法[23]，说一切智库都面临着"新"和"对"之间的悖论。

按理说，作为一个智库，你的价值是给人提供新思想。可新思想常常有可能是错的——特别是关于社会问题，你又不能先拿社会做个实验。创造性的想法都得大胆尝试一下才知道对不对。企业或者政府要购买你的服务，必然要求你提供一个正确的建议——可是正确的建议往往不新，你不说别人也知道。

从这个意义上讲，智库能改变的事情极其有限。

赫拉利的公司也打算升级为"智库"，给客户提供咨询服务。可是赫拉利现在对任何问题都不敢提出具体的建议——事实上他也不可能提出有价值的具体建议。我们需要这样的智库吗？

赫拉利和平克这样的人，遵循一个古老的命运。他们刚出道的时候只有一身本领而没有任何负担，他们可以大胆打碎一个旧世界。他们是屠龙的少年，如果冒险成功，他们就能建立自己的名望和地盘。

可是有了名望和地盘，他们就不得不维护这些东西。他们发现自我重复比自我更新容易得多，发展带来的利益远远大于新创，大人物的玩法是强强联合而不是互相攻击。他们变得小心谨慎，不愿意，也没必要再去冒险。

他们中的有些人甚至还当上了领导，学会了对任何事物都不表态的道理。他们永远只在大局已定的时候才做总结性发言。而殊不知，当他们从一个演讲走向另一个电视节目的时候，他们已经不再有意思了。当初屠龙的少年，已经变成了恶龙。

屠龙的少年变成恶龙，创新者遭遇窘境，明星学者的立场失去悬念，这些故事说的其实是一回事，那就是革命者会反对新的革命。正是因为这个道理，年轻人才永远有机会。

垃圾问题的成人观点

我想以垃圾处理为例，说说应该怎样思考公共事务。垃圾这个事儿的特点是，它的一部分"收集垃圾"属于我们的日常生活，而另一部分"处理垃圾"却距离我们很远。它既是一个实实在在的生活话题，又涉及环保、地球、子孙后代这种宏大主题。这就使得每个人都可以从某一个角度发表看法，但是容易陷入思维误区。我的结论可能跟一般的说法不太一样。

我敢打赌，现在在世界任何国家为垃圾处理问题拍板作决策的人，都不是垃圾处理专家。我显然不是专家，但不需要是专家也能把这个事儿想明白，前提是得小心思维误区。

面对公共事务，首先你得想清楚，是要解决真问题，还是要表达自己对问题的关心。

比如现在欧美有些环保人士说，为了减轻全球变暖，自己发誓要过一种低碳排放的生活，能坐火车就不坐飞机，能骑自行车就不开汽车。我对他们这种行为表示钦佩，但是我认为其中的抒情意义大于实际意义。反过来说，各国领导人都是乘坐专机飞来飞去，在空调开得特别足的豪华会馆谈判，这种个人行为不环保，却有可能解决真问题。有些记者喜欢嘲讽领导人的专机，赞美环保人士的自行车，那是头脑不够清楚。

摆姿态是容易的，解决真问题是困难的。决策者做不得快意事，你得权衡各方面的利弊，做各种不得已的取舍，不能被情怀左右。你得从个人小日子的角色中抽离出来，换上更高级的视角。

具体到垃圾处理问题上来说，以我之见，普通人有三个思维误区。

第一个误区是，认为地球上的东西用一点少一点，必须特别节省地使用。

在个人的小日子之中资源的确是非常有限的。如果我只有300元钱，今天花200，明天再花100，钱就花光了。但是对地球这个大系统来说，你几乎不可能真正消灭掉任何东西。

你喝一瓶水，这些水在你体内循环上一段时间之后，将会被排出体外，回归大自然。你这瓶水没喝，用来泼水玩儿，水还是会回归大自然。你"浪费"掉的液体水会变成水蒸气，进而变成云，然后变成雨。只要不上热核反应，你连一个原子都消灭不了。

所以所谓的浪费，其实都不是浪费了那个东西本身，而是那个东西存在的形态，或者说浪费的是别人在那个东西上花费的劳动。挺好一瓶矿泉水，你白白倒掉了，你浪费的是矿泉水工厂的劳动。而水，一滴都不会少。

这个认识非常关键，它能帮我们想清楚很多环保问题。比如很多人认为使用一次性木筷是不道德的，因为木头来自树，而树是一种环保的、珍贵的、美好的东西。

事实上，树是一种可再生的资源。只要管理得当，我们使用森林资源不用有负罪感。美国当前的森林覆盖率，只比几百年前建国时低了1%。中国过去二十年来森林覆盖率增长的速度，几乎就如同经济增长的速度一样快——房子照常盖，家具照常打，地板照常铺，树不但没少还多了。树是可以砍的，更何况一次性木筷用的都是最廉价的速生树木。

而且木头的主要成分是碳，跟全球变暖的罪魁祸首"二氧化碳"一样的碳。你用一些一次性木筷，用完当垃圾埋了，这是一个减少碳排放的好事儿。

所以我们对地球上东西使用的正确态度不是"要少用"，而是要合理地取用。

处理垃圾最高效的办法是填埋。

注意"填埋"不是"倾倒"，不是说挖个大坑把垃圾往里面一倒就不管了。现代发达国家，还有咱们中国，对垃圾填埋有一套非常厉害的办法。填埋坑挖好之后会先弄个密封层，使得垃圾放进去不会泄漏，不至于过了多少年之后有毒物质污染地下水源。垃圾在填埋之前会经过多重压缩，减小占用的空间。

按一般标准，每一立方米的填埋空间，能装下大约一吨垃圾[24]。中国一个大型城市，比如天津市，每天大约产生5000吨垃圾，那得挖多大的坑才够呢？答案是用不了多大。一个长宽高都是1000米的坑，体积就是10^9立方米，天津市可以用500年。当然真实的垃圾填埋坑不一定挖那么深，但是你体会一下这个数量级。

那你可能会说，填埋坑是不可再生的啊，这么一直挖坑，不早晚到处都是垃圾坑了吗？不会的。环保主义者爱说"只有一个地球"，但你要知道，我们有的是一个多么大的地球。对一座城市来说，在郊外找个方圆几公里的填埋场，是个很小的区域。而且填埋场满了之后会封顶，会重新覆盖上土壤，只要坑足够深，防泄漏措施足够好，以后在那里建公园、商业区或住宅区都没问题。

地球很大，垃圾填埋并没有让地球上的物质减少一分一毫，只是把东西从各个地方集中放到一个地方的地下而已。

垃圾填埋这种处理方式的主要问题根本不是地方不够用，而是能不能管理好，真正做到不泄漏。据我了解，目前技术是成熟可靠的[25]。各国对垃圾填埋的标准设定越来越高，而即使是这样，填埋仍然很便宜！

合理使用填埋的方法，地球根本就不会变成一个大垃圾场。

第二个思维误区是，认为垃圾的最理想归宿是回收，最好能"变废为宝"。

垃圾回收是有成本的。比如有个装食用油的塑料桶，你把它扔进了回收垃圾箱。你满怀良好的祝愿，希望它能焕发第二春继续为人类造福，这样你就不是一个地球毁灭者，而是地球良性循环中的一员了。

但是要想真正回收这个塑料桶，首先得有人做一些基本的塑料分类，得有人把桶盖拿掉，得有人清洗它，然后才能高温熔化，去做一个什么新的塑料用品。那是什么人在做这些事呢？以前是咱们中国人。美国大量的回收垃圾都"出口"到中国处理，而现在中国不收了，因为中国自己的垃圾都处理不过来。

如果人力越来越宝贵，人工智能还没做到智能处理垃圾，回收就是非常不可行的事情。而且回收也是有污染的，清洗你那个塑料桶难道不会产生污染废水吗？

而对现代工业体系来说，制造一个新的塑料桶，却是省时省力的事情。塑料来自石油，人类把大部分石油都当燃料烧掉了，只有4%～8%的石油用于生产塑料——塑料，很便宜。

所以，最好的办法是，把你那个塑料桶直接填埋。就算将来石油用完了，我们还会发明新的材料，要知道反正地球上的物质总量永远都不会少。同样道理，因为玻璃是用最廉价的沙子制作的，玻璃瓶也应该直接填埋。金属的东西可能比较贵，也许有回收价值。

从经济学来说，什么垃圾是"可回收"的，应该由垃圾回收人员决定。如果他们觉得回收有利可图，就说明这个东西的价值大于回收的成本，那就是值得的。如果扔在那里都没人要，那就没有必要回收。

考虑到清洗、燃烧的环节，回收并不环保。事实上焚烧垃圾非常不环保，会产生各种有害气体。用焚烧垃圾产生的热量发电是高成本的行为艺术，远远不如烧煤。

再进一步，像饮料纸杯、快餐饭盒这种一次性的物品，很可能比使用永久性的杯子和碗更环保。因为你不用洗碗，而洗碗会产生废水。使用一次性饭盒和一次性筷子，而不去浪费人力给你洗碗，我认为这是一种艰苦朴素的美德。

那可能有些人会说，物理学的"熵"怎么办？我们把东西白白扔掉而不重复利用，这是不是促进了宇宙中的熵增呢？首先你大大高估了人的能力。地球不是封闭系统，太阳每时每刻往太空中白白照射的那些阳光才是真正在浪费熵，我们地球人不管干什么都影响不了那个大局。而且如果你真懂物理学，回收垃圾和燃烧垃圾，其实会产生更多的熵。

所以填埋是最好的办法。那为什么人们非得执着于回收呢？这就引出了第三个思维误区——我们总想拒绝"坏东西"的存在。

有些明星说为什么自己不想生孩子，因为他觉得这个世界不够美好，人生太苦，他不忍心看到自己的孩子受苦。这样的人必定是想要一个绝对完美的世界，但绝对的完美是不存在的。

对"棘手"的问题，你根本就不应该指望有个彻底的解决方案。你最多只能追求控制它。垃圾，是个不好的东西，但是我们真的不可能彻底消灭垃圾，这就好像你不可能完全消除犯罪、不可能完全消除疾病一样。

当前中国真正的垃圾问题是怎么更好地收集和控制垃圾，不要让人到处乱扔。而复杂的垃圾分类搞不好还会迫使人们乱扔垃圾。

那你说像日本的垃圾分类不就做得很好吗？那可能不是经验，而是教训。日本人本来可以过更轻松的生活，是日本政府刷存在感，逼着老百姓搞垃圾分类的行为艺术。我们为啥不吸取教训呢？

说到底，垃圾并不是什么无法直视的坏东西——垃圾也是原子组成的物质，就来自我们的身边，只是角色变了。垃圾不是无情物，化作填埋物，也能起到支撑地球表面的作用。

正确型人才和优异型人才

我们这个社会对"人才"这种东西有很多互相矛盾的看法。有时候我们觉得真有天才，有时候我们觉得高手都是培养出来的。高手爱强调练好基本功，高手又说"功夫在诗外"。我们一方面赞美巨星灵机一现的神来之笔，一方面让中国国家足球队的队员接受军训。有的人说，要想培养科学大师应该让孩子从小学习音乐；有的人说，要想出球星就得在高考加试足球。

先别着急说你支持哪个观点。有很多争论是因为大家说的不是同一个东西。人们常常用水平高低或者学科来把人才分类，比如有"天才"，有"理工科人才"，有"艺术人才"，有"复合型人才"，等等。在我看来，想要研究人才的培养、成长和管理，我们需要另一个分类视角。

人才可以分成两类：一类叫"正确型人才"，一类叫"优异型人才"。

这两个名词是我发明的，也可以使用别的词，比如"对的人才"和"好的人才"，我没找到完美的词语，但这个意思是明确的。

正确型人才专注于怎么把事情做"对"，优异型人才专注于怎么把事情做"好"。对，是有标准的；好，是没有标准的。

咱们拿美女来打个比方。在各种重大的场合，比如什么典礼或者仪式上，通常都会有礼仪小姐。她们都很美，身材、长相、举止、表情都很好。你一看就知道她们不是一般人，可以说都是挑了又挑、选了又选的人才。

她们是正确型人才。她们穿统一的服装，她们的高矮胖瘦都是一样的。她们都接受过专业的礼仪训练，她们的动作整齐划一，连倒个水都要列队成直线。她们的训练项目甚至包括微笑时嘴角的弧度。她们面对意外能够处变不惊，她们跟你说的话永远都是正确的。

有时候我们赞美礼仪小姐，说你就好像大明星一样漂亮，但真正的明星可不是这样的。

明星得风情万种。明星不穿跟别人一样的服装。明星的长相可以五花八门。明星没有"正确"的动作，只有各种临场发挥。明星甚至无视组织和纪律。我们对明星的期待是有特点有个性——明星，是优异型人才。

这两种人才的区别并不是谁比谁"优秀"——一个不红的女演员的收入也许不如空姐高，甚至在亲友聚会上临时演个节目都不如空姐演得好，但她选择的是不一样的路线。正确型人才和优异型人才的训练方法、行为模式和管理方式，截然不同。

我们对"人才"这个东西的认识的一切矛盾，也许都源自没有区分正确型人才和优异型人才。

比如你想学习"写作"，你可能去上一个写作训练班，你可能买一些教写作的书。但是你想过这个问题没有，你学的是哪种写作？

正确型的写作是写"对"。你可以买一本史蒂芬·平克的《风格感觉：21世纪写作指南》[26]。他会告诉你"基本的句法规则""适当为句子加标点""不要过多使用僵尸名词"，甚至从认知科学的角度解释"什么是知识的诅咒"。掌握这些技能，你不管是写论文、写公文、写信、给领导准备个讲话稿，都可以写得很流畅、通俗易懂，你甚至还可以偶尔在报刊发表一些小文章。

但平克不能把你训练成作家。作家是靠写作谋生的人。他们谋生靠的是另外的写作技巧，他们必须能从众多的正确型写作者中跳出来，被读者识别到才行。为此他们必须有"正确"以外的东西。他们每个人的风格都不一样，他们有本事让你只读一小段，甚至一句话，就能发现他们的与众不同。作家是优异型人才。

正确型人才有模板，优异型人才没有。我们看团体操整齐划一非常好看，但是像NBA球星，每个人的技术特点都不一样，他们哪怕最基本的投篮或罚篮动作都不一样。正确型人才是容易替代的，可是职业体育比赛中要换个人，那整个的配合打法就都要变。什么样的演员是喜剧演员？没有标准。赵本山、陈佩斯、黄渤、郭德纲，他们每个人都定义了喜剧演员。

像文艺和职业体育这样的行业，只有优异型人才才能生存，而其他行业同时存在这两种人才。

我们对正确型人才的期待是可靠性，不能出错，正确型人才的价值由短板决定。跟模板对比，如果你有一处不足，那你就不标准，关键时刻就指望不上。

而优异型人才的价值则由"长板"决定。你有多少缺点那是你的事，只要有一招鲜就行——而这一招，必须是出类拔萃的，最好是绝无仅有的。可替换性是优异型人才的噩梦。既生瑜，何生亮？每个优异型人才都必须占领，并且守住一个只属于自己的地盘。

正确型人才讲套路，优异型人才讲发挥。一个正确型人才总结成功经验，可以说这是因为我做对了什么，我没有犯什么错误。而一个优异型人才常常说不清上一次怎么就成功了，就好像是梦幻一样的表现，也可能是运气好，也可能因为喝酒了，也可能那天状态就是不一般，他不知道怎么复制。

正确型人才讲稳定、讲专业、讲标准，优异型人才讲风险、讲创新、讲艺术。正确型人才关心自己有什么，希望履历完整，最好各项技能点都加满，追求"我有"；优异型人才关心自己是什么，希望独树一帜，在江湖中建立自己的人设，追求"我是"。正确型人才要对团队有可靠的输出，优异型人才则要引领团队的变革。

世界的大趋势是越来越同质化，昨天的风格可能是今天的标准。但是作为个体，你要想脱颖而出，却必须异质化，找到自己那一点点与众不同。

训练正确型人才主要用负反馈。你这个动作不对，教练马上纠正，你马上改。教练非常清楚什么是对的。被发现错误，你才能提高。你需要开诚布公的批评。

现在美国有很多公司在尝试把负反馈融入日常管理，积极开展批评和自我批评。比如像瑞·达利欧在《原则》这本书里说，桥水公司实行"激进的事实"和"激进的透明"，要求必须互相批评，而且还弄了个App互相打分。

但是两个管理学家，马库斯·白金汉和阿什利·古道尔，对桥水这种做法提出了质疑[27]。白金汉和古道尔认为，负反馈有效，那是建立在三个假设之上。

第一，别人比我们更了解我们自己。

第二，学知识就好像往一个瓶子里倒水一样，不管什么东西直接加进去就行。

第三，高水平像模板一样，是可以直接模仿的。

而对现代美国公司来说，这三条都不适用。关键在于，现在只有一些初级的工作才讲"对不对"。比如护士打针，最好的方法大概只有一种，分几步，你最好按照标准操作。但高水平工作都不是标准化操作的，而是像NBA球星一样，根据每个人自身的特点和偏好形成不同的风格，不能直接互相模仿。

他们说的这种其实就是优异型人才。优异型人才需要用正反馈的方式训练——是看你哪方面强，就加强哪方面的训练。白金汉和古道尔甚至认为这样的技能并不是灌输给你的，而是你自己摸索着表现出来，由教练或者领导在你身上发现的。他们建议的训练方法是，看见哪个手下或者学生有突出的表现，立即叫暂停，然后告诉他这是个好的表现，下次还要继续这么做。

批评只能让人标准化，不能突出特长。优异型人才不是从错误中提高的。白金汉和古道尔说，如果你专门考查错误，你可能会说，作为领导人不应该有太强的"自我"，因为那些最差的领导人常常都有很强的自我——可是殊不知，那些最好的领导人也都有很强的自我。如果你考查错误，你会认为销售人员不应该对订单感情用事，应该平常心——表现差的销售的确爱感情用事，可是殊不知，最好的那些销售也感情用事。

成功的反义词不是失败，而是平庸。优异型人才和失败的人才有很多相似之处。

桥水是个非常成功的华尔街公司，但桥水是个讲"原则"的公司，是个算法公司，是个集体主义的公司，是个士兵公司，是个螺丝钉公司。桥水的每一个人都是可替换的，连CEO和CFO都分别有三个替补。达利欧很爱说创新和演化，但是从桥水的管理方式来看，他更需要的是正确型人才。一般公司不是这么干的。

理解了这两种人才的区别，很多问题就变得简单了。

传统中式教育，培养的是正确型人才。什么东西都有正确答案，主要使用负反馈，学生有标准化的榜样，讲究意志力、组织性和纪律性。

这一套方法是如此的根深蒂固，以至于如果中国足球队表现不好，我们想到的方法是让他们去军训！

我们也希望球员能尽情挥洒个性，我们也感慨标准化教育培养不出大师，可是我们不知道，不标准的教育应该是什么样的。

如果"追求对"是不对的，那难道应该追求"不对"吗？现在教育改革的问题所在，就是放松了对"对"的要求，可是又不知道怎么搞"素质教育"。难道素质教育就是琴棋书画什么都学吗？

优异型人才的特点，恰恰不是素质教育说的什么"全面发展"，而是在某一方面极致发展。只不过这个方面未必是学校里教的那些主流学科而已。

挥洒个性的本质不是获得全面发展的心理素质，而是通过长期的正反馈训练收获强烈的自信。

教育改革的正确方向不是签订停火协议，更不是取消奥数，而是给特长生提供更多的上升通道。

正确型人才是管出来的，优异型人才是"惯"出来的。

第六章　逻辑讲硬道理

> 逻辑自己就能照顾自己，我们要做的只是去看一看它是怎么做的。
>
> ——路德维希·维特根斯坦

学点逻辑思维

我们在生活中经常说，"你这话没逻辑""你犯了逻辑错误"，等等。什么是逻辑呢？

你可能学过难度很高的数学，但很可能没有正式学过逻辑学。逻辑似乎是不需要正式学习的，其实你已经会了，只是不知道而已。我给你举个例子，一提逻辑学，人们首先会想起亚里士多德著名的"三段论"，也就是大前提、小前提和结论。

大前提：人都要吃饭。

小前提：中国人是人。

结论：中国人要吃饭。

可这不是废话吗？这还用专门学吗？这种学问有什么意义呢？现代逻辑学比这个三段论要复杂得多。不过确实，专门学习逻辑学，对普通人没啥用。以我之见，大多数人犯逻辑错误并不是因为不懂逻辑。你只要耐心地讲理、谨慎地审视自己的思考过程，单凭直觉也可以避免逻辑错误。

但是"我会只不过我不知道"和"我会而且我知道"是两种非常不同的境界。英文世界形容一个人聪明有个很酷的词，叫"sharp"——思维像刀一样锋利。多一个逻辑学的眼光，有意识地运用逻辑，你的思维会非常 sharp。

理解逻辑之前，我们先来讲讲数学和逻辑的关系。

1. 数学和逻辑

我总是说"这个宇宙是数学的"。这主要表现在宇宙中的物理现象无比精确地、简直是不可思议地符合数学方程。但更底层的道理是，这个宇宙是讲理的。

你给小孩一个苹果，然后再给他一个苹果，那他手里一定拿着两个苹果——除非他吃了一个或者扔了一个。1+1一定等于2。不管你在哪个国家、哪种文明、哪个星球，1+1=2这个事实不会变，否则就是不讲理。

这就是数学。数学是绝对正确的。亚里士多德研究的那一套自然科学，今天几乎全都过时了。但是2300多年前的欧几里得几何学，今天仍然完全正确。当然今天有"非欧几何"，但是请注意，非欧几何可不是否定欧几里得几何学，而是在换一个前提的情况下，推导出另外一套几何来。

为什么科学知识可以是错的，数学定理却绝对是对的呢？

因为大部分科学知识来自经验，这是一种所谓"归纳法"思维。比如说你今天看到太阳从东边升起，明天看到太阳从东边升起，那你可以把这个经验归纳成一条知识——太阳从东方升起。这个知识很可靠，但事情没有理由总是这样。也许哪天我们要实施"流浪地球"计划，太阳就不会从东方升起。

科学讲证据，但证据是永远也搜集不全的，所以你不可能保证科学知识的绝对正确。

而数学，却是纯逻辑的操作。我给你举个例子。

如果你上过大学，那你就上过学。

这就是一个逻辑推导。我们可以把它写成下面这个样子。

上过大学 ⇒ 上过学

其中的"⇒"读作"推出"，代表逻辑推导。只要你对"大学"和"上学"的定义跟我一样，那你就不得不承认，这个推导是绝对正确的，因为大学也是一种学校。数学大厦就是用这种绝对正确的推导一步一步构建出来的，所以数学永远都不会错。

再比如说勾股定理，直角三角形两个直角边的平方和等于斜边的平方。这听起来一点都不显然，但这个不显然的结论可以通过一步一步显然的推导构建出来，比如下面这张图[1]就是一个证明。

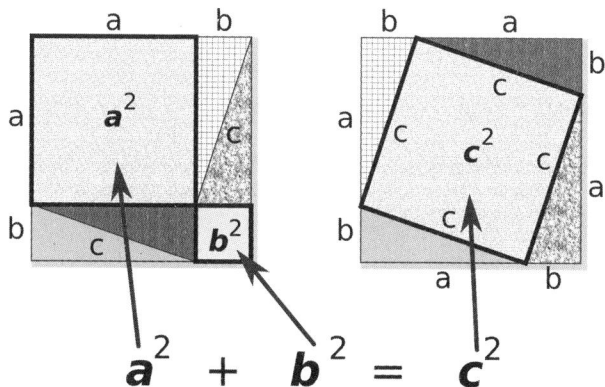

图6-1

证明过程中的每一步，都是像——

这是一个边长是 a 的正方形 ⇒ 它的面积是 a^2

这样显然是正确的推导。逻辑推导适用于古今中外东南西北所有的人，包括外星人。如果你承认什么是直角三角形，什么是正方形，你承认什么叫面积，你终将承认勾股定理。古希腊哲学家苏格拉底据此认为，每个人天生都有知识，学习只不过是回忆。苏格拉底曾经随便找了一个奴隶小孩，当场辅导他学会了做几何题。只要你讲理，逻辑绝对不会排斥你。

我们为什么必须承认逻辑？从更深的层次上来说，是因为逻辑推导并不增加任何新的信息。它只是让你换一个角度来看待这件事。你上过大学，换个角度说，你上过学。这句话并没有提供新信息，但是说了和没说是不一样的。

你既然承认这些，那么，你就得承认那些。这就是逻辑。数学家就用这么简单的逻辑，从几个最基本的前提出发，推导出了让人眼花缭乱的数学大厦。你承认最简单的数学，就得承认整个数学大厦。

3月14日是圆周率日，那天有个朋友问了我一个很有意思的问题。他说，既然圆周率是个无限不循环的小数，我们并不知道圆周率的所有数字，那圆的周长和面积是不确定的吗？

是确定的。不知道 ≠ 不确定。圆周率的每一个数字都已经存在于数学王国，你无法改变它。我们在原则上可以把圆周率计算到任何一位，只是还没有算而已，将来不管谁去算，结果都是一样的。数学知识只能发现，不能创造。

正因为这样，逻辑推导的结果才是永远正确的。逻辑最大的好处，就是能够告诉我们什么是绝对的对错。不管你是中国人、印度人还是外星人，只要你讲理，你推导出来的结果就必定跟我是一样的。

你犯生活作风错误，最多就是对不起家庭；你犯政治错误，最多就是背叛国家。但一个人要是明目张胆地犯逻辑错误，那就是睁着眼睛说瞎话，就是自绝于人类文明，我们就没法谈了。逻辑，是最硬的讲理。

2. 抽象思维的好处

其实严格地说，数学之所以绝对正确，是因为它研究的并不是真实世界里的东西。数字"1"并不存在于真实世界。真实世界里有一个苹果、一个橘子、一个人，但是没有抽象的数字"1"。数学世界是一个抽象的世界，是"逻辑世界"。

数学，是用逻辑方法研究逻辑事物的学问。

我们可以对真实世界里的东西做各种解读，但只有抽象世界里的东西才是绝对的。那我们为啥不停留在真实世界，非得用抽象世界的事儿说话呢？

首先，抽象思维能让你认识到事物的本质。比如说，下面这三件事儿，你能不能看出来它们的共同点。

第一，我们应该增加社会福利的支出，去救助穷苦的人。就算福利制度有漏洞，养了一些懒汉，那也是必须付出的代价。

第二，有人调查发现，人在临死的时候，一般不会后悔自己做了什么事情，后悔的都是想做却没有做的事情。

第三，"宁可错杀一千，不可放过一人。"

表面上看这是三个不同领域的事儿，但它们说的其实都是两个数学概念，叫"假阴性"和"假阳性"。假阴性，就是明明它是，你把它当作了不是；假阳性，就是明明它不是，你把它当作了是。这三件事说的都是在假阴性和假阳性之间的取舍。

普通人善于发现事物之间的不同点，而高手，要善于发现各种看似不一样的事物背后的共同点。

其次，抽象思维还能让你举一反三。看清了事物的本质逻辑，你就可以把这个逻辑用在其他地方。

比如你学习博弈论，学了"囚徒困境"，那么你会发现社会中的很多现象都能用囚徒困境来解释。然后你就可以用解决囚徒困境的方法去解决它们。抽象思维能让你类比和推广。

抽象思维的最后一个好处是它能消除歧义，帮助我们对各种问题达成一致意见。逻辑推导是完全客观的，谁来操作都一样。

比如说中医吧，中医有时候的确能治好一些疑难杂症，但中医的问题在于它是一个神秘的、非逻辑的系统。到底什么叫"上火"？什么叫"寒"？它没有一个像数学一样的准确定义。就算一位老中医根据自己的经验和手感能把病给人治好，他也说不清是怎么治好的。而现代医学则是逻辑化的操作，原理A、B、C，步骤1、2、3，明明白白，童叟无欺，可以随时拿过来讲理。

所以就算中医真的有用，因为它不够客观，无法进行逻辑操作，它就无法推广开来大用，很容易败给现代医学。

以我之见，能适应抽象思维，能使用逻辑推导，是现代人上学最该学的能力。

3. 逻辑怎么用？

最基本的逻辑推导就是

A ⇒ B

意思是如果 A 成立，那么 B 就成立。这个推导是可以传递的，A ⇒ B，B ⇒ C，C ⇒ D，那么就有 A ⇒ D。亚里士多德的三段论，其实就是一个逻辑推导的传递。

是中国人 ⇒ 是人
是人 ⇒ 要吃饭
所以，是中国人 ⇒ 要吃饭

任何数学定理的证明都是这样一步一步推导出来的，我们上初中的时候都学过这种推导。简单吧？可是人们日常犯的逻辑错误，恰恰就是这样简单的逻辑错误。

咱们看一个高级的例子。这个例子来自英国女数学家郑乐隽的《逻辑的力量》一书[2]。请看下面这两句话，你能得出什么结论呢？

一、如果你认为女性是一种低等的存在，你就是在侮辱女性。

　　二、如果你认为"哈！这人怎么像个女人似的"是对男性的一种侮辱性说法，那你就是认为女性是一种低等的存在。

　　显然，根据逻辑推导的传递，如果你认为"像女人"是侮辱男性，你其实就是在侮辱女性。而且我们还可以更进一步，如果你本身就是女性，你这么说就是在侮辱你自己。

　　所以说话真得严谨啊。有了这种清晰的表述方式，如果两个人对一件事情有争议，我们就可以让他们把各自的逻辑推导列出来，看看他们的分歧到底在哪里。分歧可以发生在推导的出发点，也可以发生在中间过程。

　　逻辑推导的出发点是我们对这件事的前提和假设，以及我们对各种事物的定义。如果我认为应该人人平等，而你认为有些人就应该高人一等，那咱俩的前提假设就可能不一样。我心目中的"人才"是有能力的人，你心目中的"人才"是有潜力的人，那咱俩的定义就不一样。

　　比如说，咱俩对政府的医保政策有分歧，那我们可以分析一下分歧点到底在哪里。

　　如果我认为凡是中华人民共和国公民都应该享有医保，而你认为只有给医保基金交过钱的人才应该享受医保，那这可能是咱俩的价值观不一样。这是逻辑推导的出发点不一样，这个咱俩可以暂时各自保留意见，不好说谁对谁错。

　　但是如果咱俩都同意每个中国人都应该享受医保，只是对怎么实现这一点有分歧，那就可能是咱俩中间的推理过程有分歧。那我们就应该一步一步地比对各自的逻辑推导，看看是不是谁在哪个地方犯了逻辑错误。

两个真诚的人应该用这个方法解决争论，否则就是各说各话，脸红脖子粗啥用没有。

三个常见的逻辑错误

日常生活中的逻辑都是比较简单的。别人犯了逻辑错误，只要你好好给他讲理，他其实能听明白。逻辑有点像交通规则。我们理解交通规则，知道开车不应该闯红灯，过马路不应该跨越交通护栏，但是我们总会忍不住想要逾越规则。

哪怕没出事，你看看监控录像里面那些违反交通规则的行为也会觉得很难看。一旦出了事，违反交通规则的一方就得受到惩罚。逻辑也是这样。如果你在正式的场合，情急之下说过有逻辑错误的话，不管造没造成严重后果，你事后再看都应该感到无地自容。

这一节咱们说三个最常见的逻辑错误。这些知识可以帮你避免逻辑错误，也可以当武器用。学会识别一些常见的逻辑错误，你就能够随时抓住"对方辩友"的漏洞了。

1. 逆命题

最基本的逻辑推导是

A ⇒ B

我们称之为"命题"。注意，命题是有方向的。如果命题 A ⇒ B 成立，我们说 A 是 B 的"充分条件"，B 是 A 的"必要条件"。调转方向，命题 A ⇒ B 的"逆命题"是

$$B \Rightarrow A$$

我敢打赌这些说法你在学校都学过。我们这里要强调的是，命题和逆命题是完全不同的两码事，一个命题成立，不能代表它的逆命题也成立。

咱们举个例子。国际足联规定，一个国家的国家队队员必须是该国公民。那么我们可以说下面这个命题是成立的。

入选中国队 ⇒ 是中国公民

而它的逆命题则是

是中国公民 ⇒ 入选中国队

这就显然不成立了。是，现在有很多外援因为没有中国公民资格而无法入选中国队，中国公民资格对他们来说很重要。但是，你是中国公民可不代表你就一定能入选中国队。中国公民是入选中国队的必要条件，而入选中国队则是中国公民的充分条件。

你看这个道理很简单，但人们就是会在这里犯错误。比如说，有一位女权主义者发微博说，"所有女性都经历过性别歧视"。用逻辑语言，她这个命题就是

你是女性 ⇒ 你经历过性别歧视

微博上有人反对她的意见，说不对啊，我是个男的，我也经历过性别歧视！这个反对就是无效的。这个反对者真正在反对的其实是上面那个命题的逆命题。

你经历过性别歧视 ⇒ 你是女性

他说的跟人家说的完全是两码事。这位反对者强烈地想说话，可是他说不到点子上。他有反驳的意愿，但是没有反驳的能力，他只是在发表围观群众的感言而已。

那到底应该怎样合理地否定一个命题呢？

2. 否命题

如果我说"橘子比苹果好吃"，你应该怎么否定我这句话呢？

从直觉上来说，可能很多人给的答案是"苹果比橘子好吃"——这个答案是错的。正确的否定是"橘子不比苹果好吃"，因为哪怕橘子和苹果一样好吃，我说的命题也错了。

"橘子不比苹果好吃"，这是**逻辑否定**。如果你非要说"苹果比橘子好吃"，那就是一个**极端否定**。人们在日常生活中经常喜欢用极端否定，但那是不合逻辑的，你应该使用逻辑否定。咱们再举几个例子。

> 命题：小张是个好演员。
> 极端否定：小张是个坏演员。
> 逻辑否定：小张不是个好演员。小张可能是个平庸的演

员，但不等于他是个坏演员。

命题：全球变暖绝对是真的。

极端否定：全球变暖是假的。

逻辑否定：全球变暖可能是真的。也许是真的，也许是假的，我们现在还没有充分的证据。

命题：吃保健品对你的身体有好处。

极端否定：吃保健品对你的身体有坏处。

逻辑否定：吃保健品对你的身体没有好处。没有好处，不一定就有坏处。也可能保健品对身体没什么影响，吃不吃都无所谓。

命题：小王是男的。

极端否定：小王是女的。

逻辑否定：小王不是男的。不是男的，不一定就是女的。有一种说法认为有1.7%的人是双性人。

命题：奥巴马是黑人。

极端否定：奥巴马是白人。

逻辑否定：奥巴马不是黑人。事实上奥巴马的爸爸是黑人，妈妈是白人，所以奥巴马是个混血儿。

命题：所有女性都经历过性别歧视。

极端否定：根本就没有性别歧视，女性地位比男性高。

逻辑否定：有些女性没有经历过性别歧视。

这个道理非常简单。你要否定黑，不一定非要说它是白的，灰色足以否定黑，但灰色不太符合我们的思维习惯。

不论是中文还是英文中所谓的"反义词"，其实都是不合逻辑的。黑的反义词是白吗？什么黑对白、上对下、左对右，你要写对联还行，但是从逻辑角度来讲，要否定黑，不一定是白，它可以是灰；要否定左，不一定是右，它可以是中间地带。

但是人们实在太喜欢使用极端否定了，就好像逻辑否定还不过瘾似的。上级说这个官员是个好官要提拔他，你的逻辑否定应该是他不是一个好官，不应该提拔，他可能是个庸官。但老百姓不愿意这么看问题，老百姓更愿意看到他不但不是个好官，而且还是个坏官，他不但不应该升职，而且还应该下台。

这可能是因为我们在感情上觉得不出手则已，一旦出手就应该往死里打击，什么"矫枉必须过正"。殊不知你这个出手如果不合逻辑，它就是脆弱的，它就会遭到合理的反击。

2019年，网上有个热点是，有所中学的家长指责学校给孩子吃变质食品。家长在网上贴出了一些照片，可是有人说那些照片是家长摆拍的。真相究竟如何我也不知道，所以我们干脆假想一个场景。某个学校的有些食品确实是过期了，但是家长们觉得光这么说不够震撼，所以就人为制造了一些过期食品的照片发到网上，希望引起更大规模的舆论关注。

这个做法对吗？这个做法是脆弱的。我们需要用谎言打击那些说谎的人吗？是事实还不够有力吗？

我们为什么需要用极端否定呢？难道逻辑否定还不够有力吗？

3. 应该指责谁？

另一个常犯的错误是"与"和"或"。郑乐隽有个例子是出事之后应该指责谁。小明这次考试没过，家长指责小明不好好学习，小明说这是因为老师不负责任，不好好教课。家长又说，那为什么别的同学能考好呢？如果你努力学习，就算老师不好，你也应该能考好。

小明的学习这个事儿，其实是一个"与（and）"逻辑。我们设想，需要两个因素：A，小明努力，B，老师好好教。A 和 B 同时起作用，才能导致 C，小明通过考试。这个局面是

A and B $\Rightarrow$ C

那么现在小明考试没过，也就是 C 被否定了，逻辑上就需要"非（A and B）"，而从逻辑上来说

非（C）= 非（A and B）= 非（A）or 非（B）

"or"，也就是"或者"。比如我说"小张是个青年女性"，这句话是说"小张是个青年"and"小张是个女性"。要否定这一点，就是小张或者不是青年，或者不是女性，或者既不是青年也不是女性[3]。

这个道理是，如果一件事是几个原因综合促成的话，那只要其中任何一个原因不成立，这件事就可以不发生。也就是说，从逻辑上讲，你可以指责任何一方。而如果你一上来就专门指责其中某一方，那就是不合逻辑的。所以家长不应该指责小明。

小明完全可以非常有逻辑地这么反驳家长：我考试没过这件事可以有各种原因——也许是我不努力，也许是老师不好好教，也许是这次考试太难了，也许是我病了，也许我国的教育体制逼着

我这样的文艺青年去死记硬背那种考试知识，根本就是个错误，也许各方都有问题，整个系统都不对。

那家长又该怎么办呢？遇到这种多因素联合起作用的事情，我们该怎么判断其中到底是哪个因素出了问题呢？严格来说，绝对意义上的因果关系是不存在的，但是我们可以在概率意义上做一个判断。这要用到哲学家大卫·休谟的"but-for"判据。朱迪亚·珀尔在《为什么》一书中还使用了"充分概率"和"必要概率"的计算，这里我们就不展开讲了。

但是日常的判断完全可以很简单又很符合逻辑。比如你的眼镜掉在地上摔碎了，这难道应该怪地太硬吗？肯定要怪你自己不小心。

再比如，当年里皮要执教国足，虎扑论坛上有人说，这回我们终于能破解中国足球的一个重大谜团了——中国队不行，到底是球员不行，还是教练不行。这是因为此前每一个中国队主教练都被球迷说不行，而我们公认里皮是绝对行的。当然里皮不能解决我们所有的疑惑，比如我们还可以说是足协、俱乐部老板或者球迷不行。

人们犯逻辑错误，或者是因为被某种强烈的情绪所刺激，或者是出于某种目的，想要跳过逻辑，提出很激烈的说法。而逻辑，总是要求你稳一点、慢一点，说得浅一点。逻辑要求我们不被感情挟持，保持理性的克制。这么做绝不是软弱，讲逻辑才是最硬的，能确保自己不受攻击。

以前毛泽东头脑特别清醒，曾经提出过一个"对蒋斗争三原则"——有理、有利、有节。在我看来这比"矫枉必须过正"高明许多。讲逻辑就是有理。不犯逻辑错误，首先保全自己不受打击，才可能有利。不搞极端否定，坚持逻辑否定，就是有节。

讲逻辑，有理、有利、有节，你在任何争论中都会立于不败之地。

愚蠢争论的根源

你说的明明是A，他非得给你总结成B，然后据此展开推导。这个逻辑错误，可以说是大多数愚蠢争论的根源。

1. 稻草人攻击

你在生活中肯定遇到过这样的情况。很多朋友一起吃饭，你吃了一会儿感觉不能再吃了，就说了一句："我不能再吃了，再吃就胖了。"你完全没有别的意思，可是座中有个人突然就生气了。他说："你为什么贬低长得胖的人？"

你肯定会非常委屈。你说的只不过是自己怕胖，你绝对不是对胖子有意见。也许世界上有的人觉得胖点挺好，你也觉得有很多人胖乎乎的挺可爱，只不过你恰好不喜欢自己胖而已。这只是个人喜好问题。

这就叫作"稻草人攻击"。你说的明明是A，他却把你说的等效成B。然后因为B不好，所以他说你说的不好，由此引发争论。他攻击的不是原本的你，而是他想象出来的一个稻草人。

这个场景实在是太常见了。你对中国的某个问题提出了批评，网上就有人说，哈！你不爱国！你只是不喜欢中国的某些事情，那绝对不等于你不喜欢中国，更不能说你不爱国。

多伦多大学心理学教授乔丹·彼得森，因为出版了《人生十二法则》[4]一书和他保守主义的立场成了近年西方世界的名人。彼得森讲话非常犀利，他靠清晰的逻辑打败了很多自由主义者。

2018年的一个电视节目里，彼得森接受了女主持人凯茜·纽曼的访问[5]，整个对话简直是教科书般的稻草人攻击。

纽曼发动稻草人攻击的标志是她说"so you are saying（所以你就是说）……"。整个对话中两人出现了很多很多次如下的模式。

> 彼得森发表一通言论。（A）
>
> 纽曼：所以你就是说……（B）
>
> 彼得森：不是啊！我的意思是……

比如两人谈到男女同工不同酬的现象，为什么女性的收入普遍比男性要低一些。纽曼想说这是社会对女性的偏见，是不公平的。彼得森想说其实还有很多别的因素，一些跟性别偏见没关系的因素。

> 彼得森：有一个性格特质叫"亲和性（agreeableness）"。亲和性强的人得到的工资通常比不亲和的人低。女性的亲和性比男性高。
>
> 纽曼：你看，这又是一个极大的夸张。有些女性的亲和性就不如男性。
>
> 彼得森：对。而有些女性挣得比男性多。
>
> 纽曼：所以你就是说，女性基本是因为太亲和了而不能拿到应得的加薪。
>
> 彼得森：不是，我是说亲和力是影响工资的多个因素中的一个。它大约起5%的作用，可能还有其他18个因素。而所谓

社会对女性的偏见，作用其实没有女权主义者声称的那么大。

类似地，彼得森说哪怕让男女完全自由选择，选择当护士的女性也会比男性多，选择当工程师的男性也会比女性多，不会是男女完全一样的。纽曼就说："所以你就是说，凡是相信男女应该平等的人就都应该放弃吗？"

彼得森说社会等级是一个根深蒂固的东西，我们的大脑中血清素和地位联系的机制，跟龙虾很像。纽曼就说："所以你就是说，我们就好像龙虾一样，男女就应该固定做各自该做的事，谁也改变不了。"

彼得森如果会说中文的话，他心里肯定在大喊："这都哪儿跟哪儿啊！"他每说一件事，纽曼都要给他变出一个稻草人来。节目一播出，纽曼和"so you are saying"这句话就火了，被人到处编排，下面这段是网友的发挥。

> 彼得森：我早餐吃的是培根和鸡蛋。
>
> 纽曼：所以你就是说应该杀死所有素食主义者。

2. 根源

你明明说的是 A，他为啥非得犯个逻辑错误，把你的话理解成 B 呢？我总结大概有三方面的原因。

第一个原因是对方和你处于敌对的阵营。

现在大家的评论是乔丹·彼得森在访谈中大获全胜，主持人纽曼完败。可是我们要知道，纽曼是自由主义阵营的人，她这个节目的目的就是跟彼得森战斗。如果说着说着两人达成了共识握手言欢，那才是真正的失败。那就等于纽曼断送了自己的职业生涯。

这就提醒我们，如果你参加的是一场战争，那你就一定一定得保证逻辑的严谨，让对方抓不到漏洞。你没有逻辑漏洞，对方就只能对你进行非逻辑攻击，这时候你就已经赢了，观众对这个还是能看出来的。

第二个原因是感情。

喜欢讲逻辑的人常常看不起感情用事的人，殊不知感情是最真实的东西。如果一个人感觉自己受到伤害了，那他就是真的受到伤害了——你的本意是不是要伤害他根本不重要。受伤害的感觉，对他来说无比真实，所以他一定要反击。

你说的是怕自己变胖，但是你这句话使他想起了他比较胖，而这个正好是他的痛点。所以中国有句话叫"当着矬人不说短话"。有经验的人说每一句话都会斟酌再三，生怕误伤。

郑乐隽在《逻辑的力量》中有一句话，堪称金句。

> 如果一个人在逻辑世界里生活了太长时间，他和人打交道就会有困难。而如果一个人在感情世界里生活了太长时间，他和世界打交道就会有困难。

我们讲逻辑也不必排斥感情，感情是一个特别有用的武器，逻辑和感情并不是互斥关系。你如果能既懂逻辑又懂感情，还会使用类比之类的手段去赢得别人的同情，争取别人的支持，那不是更好吗？

但是话说回来，如果缺少感情认知的人需要反思自己，那么缺少逻辑认知的人就应该有一点知识焦虑。

第三个原因是一般人的逻辑敏感度太低。

以我之见，一般人犯低级逻辑错误的根本原因是不能理解自身眼界之外的东西。或者说得再严重一点，是不承认自身眼界之外还有别的东西。

比如领导在会议上夸奖了几个员工和几个部门，但没提到老王，也没提老王的部门。老王就会想，是不是领导对自己有意见呢？而如果领导当着老王的面批评另一个人，老王又会想，这是不是在说给我听呢？

老王只能看到自己这点事儿，老王不接受"跟你没关系"这个解释。

允许一个裸露镜头播出并不等于纵容色情文化。这个逻辑非常简单，但是要想把它"内化"，真的不多想、不动感情，你必须见识过很多电影才行。

为什么现代社会要讲"多元化"，要讲"包容性"呢？因为多元认知和包容心态真的是高姿态。当然什么姿态过分了都不对，包容不能是无条件的，但包容是现代人在社会立身的第一步，因为这是一个讲逻辑的姿态。

我们假想一个场景。孩子从学校回来，说今天有两个同学在说话，还看他，还边说边笑，好像是在骂他。

面对这个情况，认知水平比较低的家长，可能会跟孩子说，你当时为什么不骂回去？他怕孩子吃亏，希望孩子是一个强大的人。

但认知水平高的家长知道什么是真正的强大。他的第一反应是，孩子你可能误会了，你的推测在逻辑上是不严谨、不正确的，我们千万不要随便误会别人。你们平时不是在一起玩得很好吗？再说就算他们说你几句，那又能如何呢？明天你们就都忘了。

你猜哪个孩子将来更可能成为大人物？容人之量来自逻辑，逻辑来自认知。

用不讲逻辑的方式去攻击别人，那个形象是很难看的，等于自杀式攻击。讲逻辑不仅仅关乎辩论的成败，也不仅仅关乎决策的对错，更关乎你有没有一个健全的人格。

灰度认知和黑白决策

"灰度认知，黑白决策"是最近流行的一句话，我最早是听罗振宇说的，也不知发明人是谁。这句话非常有道理。我们知道世界不是非黑即白的，其中有很多灰色地带，所以我们必须有灰度的认知。可是如果要做事的话，却不能是灰色的。

比如天气预报说今天下雨的概率是40%，那意思就是可能下雨也可能不下雨，这就是灰度认知。可是在行动上，你要么带伞，要么不带伞，你不可能带一把40%的伞，这就是黑白决策。

其实这个说法以前就有。毛泽东曾称赞邓小平："思圆行方，既有原则性，又有高度的灵活性。"[6]

"思圆行方"，思维是圆的，行动是方的，这不就是灰度认知、黑白决策吗？达到这个境界的人，才可以托付大事。那到底怎么个思圆行方，怎么把握原则性和灵活性呢？这里面有逻辑。

在讲灵活性之前你得先学会原则性。并不是所有认知都是灰度的。

1. 为什么要讲原则

世界上有的人讲原则，有的人没原则，他们的人格高度有云泥之别。讲原则过了头可能有缺点，比如说做事太过死板，有点迂腐，甚至有点"愣"；但是不讲原则，就没有优点。

讲原则，你才能讲逻辑，你才是讲理的，你说的话才值得听，你的行为才是可预期的，别人才会和你合作。如果一个人没原则，什么事情都干得出来，那就绝对不能让他承担任何重要的责任，这样的人就很难在社会上立足。

讲原则，最符合逻辑的做法，是效法数学。数学讲"公理"，也就是无须证明的事实，是逻辑推导的起点。比如欧几里得，就是从五条最基本的公理出发，推导出整个平面几何学。数学家郑乐隽认为人生原则也应该构成一个合理的逻辑体系，最好能从几条基本原则出发推导出整个行动指南。

怎么找到自己的原则呢？最好的办法就是不停地追问自己，我为什么这么认为？一直追问到没有为什么、我就相信这个为止——那就是你的原则。

比如说，有的人认为政府应该通过社会福利项目救助穷苦的人，有的人认为每个人都应该自立自强别指望别人。那你要问，你为啥这么认为呢？如果一个人的回答是，"政府本来就应该这么干，我就这么认为"，那层次就有点低了。

高水平的回答得是这样的：人不是孤立的动物，人与人之间充满了联系。穷苦人的生活得到改善，不仅仅对他们自己有好处，他的亲友、他周围的人都会受益，整个社会环境变好了对交税的人也有好处。帮助别人其实就是帮助自己。

这个答案提供了一个更底层的逻辑，一个更基本的原则。我们现在特别爱说"底层逻辑""第一性原理"这些词，其实就是在追问你的这套逻辑体系的公理是什么——也就是你的原则。

两个讲原则的人哪怕有矛盾，也可以谈，讲一讲各自相信什么，也许就能在某一层原则上达成共识。你是国民党，我是共产党，咱俩政治理念不同，但是抗日救国你得赞成吧？那现在我的部队是去打日本人的，你怎么就不能给个方便呢？这就叫求同存异。

效法数学的精神，原则应该是分层的，越深层的原则越少、越简单、越不容违反。反过来说，如果一个人把什么东西都当作原则，只知道说我喜欢这个不喜欢那个，不知道为啥喜欢为啥不喜欢，那其实是只剩下任性了。

从最底层的几个原则出发，去随时审视和判断自己的决策，你的行事就会非常笃定。别人看你特别靠谱，你自己看自己也有一种荣誉感。

但是话说回来，我们能不能用原则指导我们的一切行为，让每一个决策都那么有逻辑呢？答案是不能。

2. 灰度认知

所谓灰度认知，就是真实世界的有些事并不是非黑即白的逻辑。我要保持好身体，所以我重视食品安全，所以我不吃过期的食物，这很符合逻辑。那如果现在有一瓶牛奶，写着 3 月 26 日过期，而现在是 3 月 25 日深夜，我为了不浪费，是不是应该趁着零点还没到赶紧喝呢？

过期时间不可能是精确科学的。牛奶的性质不会在半夜 11 点 59 分 59 秒到 12 点这一秒钟之内发生急剧变化。实在不想浪费的话，等到明天早上再喝也没啥大问题。世界是有灰度的。

再比如你决心戒酒。今天是中学毕业 30 周年聚会，30 年没见的老师说要跟你喝一杯，请问你能不喝吗？酒喝多了有害，但是不喝与喝多之间，存在一个灰度。哪怕从纯逻辑来讲，这里面也没有明确的分界线。

郑乐隽举了一个美好的例子，是简·奥斯汀的小说《傲慢与偏见》的一个情节。伊丽莎白问达西先生是什么时候爱上她的，达西先生回答说：

> "我不知道是在哪一个时刻、哪一个地点，或者是你的哪一个形象、哪一句话让我爱上你了。那是在很长时间之前，在我意识到爱上你之前，我就已经爱上你了。"

你看爱上一个人也不是非黑即白的，从完全没爱到确定爱上，它是连续过渡的一个过程。这种灰色地带特别不好决策。

比如你为了减肥，决心要少吃饼干，但是你真的喜欢吃饼干。你想，只吃一小口饼干，难道还能影响减肥大业吗？肯定不会。那再吃一口呢？应该也没事。符合逻辑的结论是不管今天你已经吃了多少饼干，再多吃一小口也不会有本质的区别。那你到底应该吃几口呢？

再比如前一段特别热门的"Me Too（我也是）"话题。到底什么行为构成性骚扰？握手肯定没事，那碰一下肩膀算不算呢？

要划线，逻辑上不支持绝对的划线。不划线，就有了得寸进尺的机会。吃一小口饼干没事，再吃一小口也没事，吃着吃着你就胖了。如果握个手没事，碰一下肩膀也没事，最后你可能就被性骚扰了。那这条线到底应该怎么划呢？

3. 黑白决策

所谓黑白决策，就是哪怕不符合逻辑，也要划线。考大学有一个录取分数线，679分就能上清华，678分就不能。这两个同学只差一分，这一分之差完全可以用偶然来解释，也许678分那个同学平时的水平更高。这不符合逻辑，但是没办法，大学只能录取这么多人，就只能有这么一条线。

　　而像吃饼干、喝酒、性骚扰这些事情，并没有什么严格的外界要求，都是自己对自己的约束，这怎么办呢？这个关键思想叫作"缓冲区（buffer zone）"。你划线要预留一个缓冲区，如下图所示。

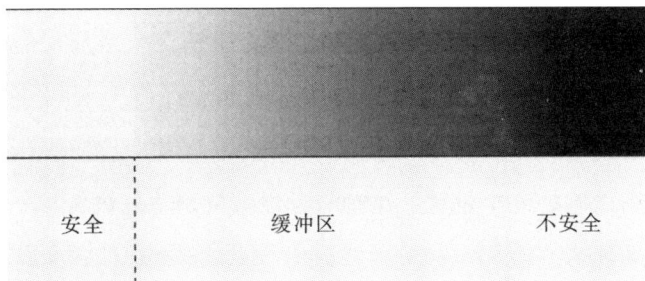

图6-2

　　左边是白，右边是黑，中间是灰。你的线要划在非常靠左的位置，以至于过线之后的很大一块灰色区域仍然是比较白的——那块区域就是缓冲区。过了缓冲区，灰色才变得比较黑。

　　把线划在这里，有了缓冲区，你就有足够的安全感。这是因为哪怕稍微越线一点，你仍然是安全的。你的坚持、你的原则、你的纪律，应该在缓冲区之外。

　　比如吃饼干，如果每天吃三块太多了，吃两块行不行在两可之间，那你就应该规定自己每天吃一块。一块饼干是绝对安全的，偶尔越线其实问题不大，但这条线的存在会让你在越线的时候感到很内疚。

　　再比如职场性骚扰，我们可以这么划线，除了女方主动的握手之外，男女之间应该没有任何身体接触。这条线有点严厉，但是非常安全。轻微的越线行为不会给女性带来巨大伤害，但是能给男性带来很大的警醒。

其实商家在设定食品过期时间的时候，就已经留了一定的缓冲区。宁可过分安全，也不能有一点危险。事实上考虑到这一点，我们不应该过分在意过期时间。

这就是黑白决策。黑白决策保证了原则性。接下来我们要说的就比较高级了，我们说说"灵活性"。

4. 原则性和灵活性

如果一个人完全没有灵活性，划了线就寸土不让，那似乎也不能叫灰度认知黑白决策，因为这跟黑白认知黑白决策没区别。

孔子有句话："不得中行而与之，必也狂狷乎！狂者进取，狷者有所不为也。"我理解意思是，如果做不到中庸的话，那狂、狷这两种人才也还行——而这个"狷"，这个"有所不为"，就是原则性特别强的人。但是，我们从孔子这段话也能看出来，原则性特别强并不是最高级的人才；中行，也就是中庸，才是最高级人才。

很多人把"中庸"理解成坚持原则，那其实是把中庸和"狷"给混淆了。以我之见，中庸的意思就是"既有原则性，又有高度的灵活性"。简单地说，中庸，就是有灰度认知，就是在原则的基础上，可以讨价还价。

比如我认为应该增加社会福利，你认为应该避免滥发福利。表面上看咱俩针锋相对，但是坐下来一谈，我发现虽然你反对滥发福利，但其实你也赞同提供一部分福利——最起码来说，如果一名士兵在战场上受伤、残疾了，国家不能不管吧？

这么说来，咱俩的分歧就不是本质的问题，而是怎么把握一个"度"的问题。这个度，就是你和我之间灰色区域中的某一条线。认识到这一点，我们就有了讨价还价的可能性，就不至于势同水火。

明朝的基本国策是绝对不跟外族侵略者妥协，什么和亲、什么割地绝对没有。成祖朱棣把首都放在北京直面北方威胁，天子守国门，就是要明确不妥协这条线。但是请注意，当初的人划这条线，未尝没有设定缓冲区的意思——就算北京遭到重大威胁，至少南方大好江山还在。这是一条灰度认知之下的黑白决策。可是到了朱由检这一代只剩下黑白决策，灰度认知已经没有了。和谈不能提，撤退不能议，一点灵活性都没有。这不是自己给自己挖坑吗？

有原则，但为了更高的原则可以跟你讨价还价，那仍然是有原则。首都放北京，这就是有原则。那这跟没原则的区别在哪儿呢？有本质区别，但是的确不好把握。这里面没有统一的算法，只能自己斟酌，要不怎么说中庸那么难呢？

供给侧的逻辑使用者

有个笑话是这样的。三个逻辑学家走进酒吧，酒保问他们，三位是都喝啤酒吗？

第一个逻辑学家说，我不知道。

第二个逻辑学家说，我不知道。

第三个逻辑学家说，是的。

这个笑话有点冷，需要用一点逻辑才能欣赏。要想否定"三人都喝啤酒"，只要有一个人知道自己不喝就行了。前两个逻辑学家说不知道，就说明他们自己是想喝的，只是不知道别人喝不喝。而第三个人一看前两个人都说不知道，那就说明这两个人肯定都是要喝，而他自己也想喝啤酒，所以他就可以判断三人是都想喝啤酒。他们的回答有点怪，但是非常准确。

完全符合逻辑的言行就是会有点怪异。你可能会觉得，人有必要这样说话吗？我们学习逻辑学并不是为了变成一个迂腐的人。这一节说的是，你应该尝试做一个供给侧的逻辑使用者。

1. 逻辑与抬杠

前面我们说了常见的一些逻辑错误。其实还有一种更常见的逻辑错误，但是因为实在太常见了，我们已经不好说这到底算不算错误了。这个错误叫作"笼统陈述（sweeping statements）"。

比如有个女性，经历过几次不成功的恋爱，她说"男人没一个好东西"，这就是笼统陈述。这显然是个逻辑错误，全天下这么多男人，怎么可能一个好的都没有呢？

再比如夫妻吵架。

妻子说：你从来都不打扫房间！

丈夫说：你胡说！上个月5号我就打扫过！

妻子说：你总是把厨房弄得一团糟！

丈夫说：我刚去厨房倒了一杯水，就这么一个动作，现在厨房是一团糟吗？

当然你可以说丈夫是在抬杠，但妻子这种笼统陈述确实有问题。你打击的是一大片，我只要举出一个反例来，就把你的命题给反驳了。

我们在正式场合也能看到笼统陈述，比如一个女权人士发表演讲说："每一个女性都是性别歧视的受害人。"可是难道我们就真的找不出来一个没有受过性别歧视的女性吗？犯这种错误是授人以柄，遇到抬杠的就等于吵逻辑架，吵来吵去没有新信息。

要避免笼统陈述，你说话的时候就需要加一些限定语，缩小陈述的范围。不要说"男人没一个好东西"，你应该说，"从我近期接触过的几个男性看来，其中大部分人的表现似乎不怎么样"。

"我自己的经验""近期""大部分""似乎"，这些就是限定语。有了限定语，你的话就精确了。类似的限定语还有"以我之见""有时候""可能""大多数情况下""看起来""至少"等等。这个精神是有一说一，别说二和三，别扩大范围。

我以前听过一个笑话是这样的：一个工程师、一个物理学家和一个数学家，三个人坐火车在苏格兰旅行，他们看见窗外有一只黑色的羊。

工程师说："哈！苏格兰的羊是黑色的！"

然后物理学家说："不能这么说，你只能说苏格兰有些羊是黑色的。"

这时候数学家说："苏格兰至少有一个地方，其中至少存在这么一只羊，它至少有一面是黑色的。"

这就是限定语的精确性。如果你觉得这些太麻烦，郑乐隽提供了一句几乎万能的限定语，叫作"在某种意义上"，英文是"there is a sense in which"。

比如说，"在某种意义上，赵本山是最伟大的人"。对此别人很难从逻辑上反驳，因为他不知道你说的某种意义是哪种意义。也许在赵本山的女儿还是个三岁小孩的时候，对她来说，赵本山就是最伟大的人。

"在某种意义上"，能让你的言论立于不败之地。可既然精确的说法这么好，为什么人们在日常生活中不这么说话呢？

2. 逻辑与表达

那是因为我们想表达强烈的信息。当你妻子说你"从来都不打扫房间"的时候，她是在对你表达一种不满。她这句话有逻辑缺陷，但是她提供了一个信息。很可能你就是在家里不怎么干活。你不能因为这句话有逻辑缺陷就认为这句话完全没意义。

夸张，是一种常见的修辞手法。传说甲骨文前CEO拉里·埃里森到耶鲁大学做过一次演讲——其实这个事儿不存在[7]——这篇演讲非常著名。

埃里森说的大意是：

请你看一眼你左边的同学，这是一个失败者。你再看一眼你右边的同学，他也是一个失败者。那你想想你自己是什么人呢？当然也是个失败者——因为你们没有退学。我是世界第二富的人，我是个退学生。第一富的比尔·盖茨是个退学生。第三富的保罗·艾伦是个退学生。我们这些人退学创业所以才会获得成功，你们这些好学生不退学，所以你们将来只能给我们打工。

这里面每一句话都有逻辑问题。可是你不能不承认，他说得很有意思。他传达了一个让你无法忘怀的信息。

有时候不讲逻辑是一种表达方式。不讲逻辑，可以传递强烈的感情。那如果别人跟你讲感情，你是不是一定要跟他讲逻辑呢？

3. 逻辑与情境

相对于精确的逻辑表达，感情表达之所以容易引起误解，是因为说话的人和听话的人所处的思维情境不同。他默认和你处于同一频道，你应该能理解他的意思，但是你不在这个频道。

郑乐隽在《逻辑的力量》这本书中有一个重要例子。在美国，白人男性相对于少数族裔和女性来说是有一定的优势的。比如公司招人，会不自觉地就优先录用白人男性。我们可以说白人男性在美国是有特权的。

可是如果你在公共演讲中说这句话，马上就会有人站出来反驳你："我就是个白人男性，可是我的收入就很低，日子过得很难，很多女性、黑人和墨西哥人的收入比我高很多，哪有什么白男特权？"

这个人显然犯了一个逻辑错误。白人男性特权的意思并不是说任何一个白人男性的境遇都好于其他所有人，而是说在其他各方面条件都一样的情况下，如果这个人是白人男性，他会受到额外的优待。这个优待也许并不明显，只是一个因素而已，而人生的境遇毕竟是由多种因素决定的。一个白人男性境遇差，并不能说明不存在白人男性特权。

那你能说这个人没逻辑，然后你就把他否定了，然后就干脆忽略他吗？

我们学逻辑不是为了打击别人。我们应该使用逻辑分析，去理解对方到底想表达什么意思，看看我们的分歧到底在哪里。很多情况下，是因为大家处在不同的情境，看问题的视角不同。

在你的视角来看，你可以考察三种特权：富人特权，白人特权，男性特权。我们可以把这些特权的拥有者分成三层，如下图所示。

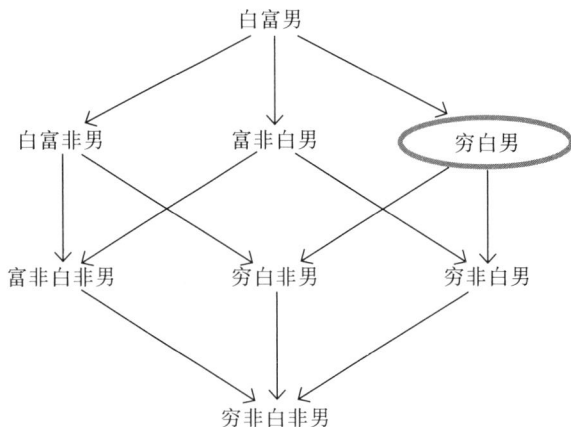

图6-3

最顶层的是白富男，三个特权都有。第二层是三个特权中占了两项，第三层是三个特权中占了一项，最底下一层是什么特权都没有。那么在你这个分类逻辑中，一个穷白男虽然穷，但是仍然拥有白、男两项特权，身处第二层，可以说是个很高的地位。

但穷白男本人可不是这么看的。他认为自己的地位很低。你们俩说的其实是两回事。你的逻辑模型平等对待三项特权，可是在他看来，富这一项的作用实在是太大了，远远超过白和男。

考虑到这一点，你应该做的不是否定他的看法，而是优化自己的逻辑模型。考虑到富的作用远远大于白和男，你的模型应该是下面这样的。

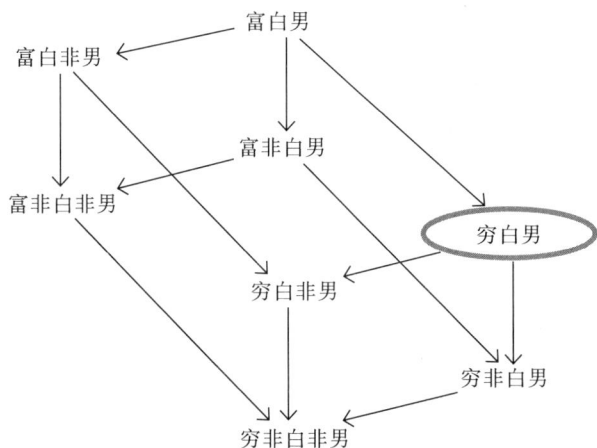

图6-4

在这个图里，穷白男的地位就大大降低了。他仍然位列所有穷人之首（这符合你的"特权"逻辑），同时又列于所有富人之后（这符合他的切身感受）。

这才是使用逻辑的正途。逻辑只是对真实世界的一个抽象描述，不符合你逻辑的东西不一定就是错的，很可能只是你们抽象的方式不同。

4. 逻辑思维的供给侧改革

所以我发明了一个词，叫作"供给侧的逻辑使用者"。需求侧的人是把逻辑当成了攻防手段，把辩论当成了文字游戏。供给侧的逻辑使用者，应该主动改变这个各说各话的局面，我们应该发挥自己逻辑分析的特长，给别人提供逻辑服务。

咱们假想这么一个场景。你过年回家，遇到你的表弟和你的舅妈正在争执。

表弟说："那些保健品根本没有科学根据！"

你舅妈说："不对，我吃了保健品明显感觉身体好多了！"

这时候你应该怎么办呢？

需求侧的逻辑使用者会说舅妈不懂逻辑，竟然用自己的个例质疑科学结论。这话是没错，但是这么说不能解决问题。供给侧的逻辑使用者，应该分析他们两人的分歧点在哪里。

事实上，表弟和舅妈说的是两回事。表弟说的是保健品在统计上没有显著的疗效——但这并不等于对谁都没有疗效，只不过有效的人数不够多，不能排除是安慰剂效应而已。舅妈说的是自己的亲身体会——她不是在睁眼说瞎话，只不过她这个体会不能作为科学结论而已。

你应该给舅妈讲讲，她感觉身体好了可能是碰巧了，不一定是保健品的作用，也可能是安慰剂效应。然后你再给表弟讲讲，所谓科学结论都是怎么来的，统计显著有一定的标准，没有大规模随机试验的结论也未必靠谱。你把话说明白了，争议可能就解决了。智者，应该帮人们互相理解。

生活中有很多争议都是因为大家说的不是一回事儿，或者不在一个情感频道上。"在某种意义上"，可能每个说法都有道理，而我们要做的是体察他说的到底是哪种意义。

郑乐隽反复提到一个词，叫"pedant"，意思是"炫学者"——炫耀自己有学问的人。炫学者说话会加一大堆逻辑限定语，他们不犯逻辑错误，发表观点之前都会有"防杠声明"——但是他们不接地气。我们学逻辑是为了看清事物的本质，是为了发现分歧促进理解，不是为了做一个炫学者。

……啊不对，请允许我重新表述一遍。以我个人谦卑的观点看来，我们中的多数人，学习逻辑，似乎，不应该，是为了去做一个炫学者。

在某种意义上，这几节基本上就是本书关于逻辑学的全部内容。

免费畅听"精英日课"精选内容
了解科学世界里的硬道理

第七章　数学给你最优解

我忠告我的学生们，当他们作出不再选数学课的决定时，在那一刻仔细倾听。他们也许能听到门关上了的声音。

——詹姆斯·卡瓦列罗

排序不等式

咱们说一个简单数学决定的道理。如果你在中学时代搞过奥数，你可能听说过"排序不等式"。你要没听说过也没关系，这是一个非常简单的不等式，初中生都能明白。我建议你了解一下排序不等式，它能告诉你"效率"和"公平"的本质关系。

比如你开了一家商场，平时客流量少，周末客流量多。我们把平时和周末的流量设为 x_1 和 x_2，而 $x_1 < x_2$。你运营商场有两种方法，一个是常规方法，效果一般，设为 y_1；一个是搞活动促销，效果会好很多，设为 y_2，$y_1 < y_2$。我们知道商店的收入是由流量和运营共同决定的，相当于是 x 乘以 y。那请问，搞活动促销这个手段，

你是用在平时呢，还是周末呢？

答案当然是周末。好钢得用在刀刃上。你关心的是总销量，而不是特定某一天的销量。总销量而论，$x_1 \cdot y_1 + x_2 \cdot y_2 > x_1 \cdot y_2 + x_2 \cdot y_1$，也就是大数乘大数加上小数乘小数，大于大数乘小数加小数乘大数。这就叫排序不等式。一般来说，如果你有两组数字，你先把它们各自排好序，$x_1 \leq x_2 \leq \cdots \leq x_n$，$y_1 \leq y_2 \leq \cdots \leq y_n$，那么它们交叉相乘的结果，满足下面这个不等式：$x_1 y_1 + \cdots + x_n y_n \geq x_{\sigma(1)} y_1 + \cdots + x_{\sigma(n)} y_n \geq x_n y_1 + \cdots + x_1 y_n$，$x_\sigma$代表客观流量 x 序列的任意一种排列方式。

简单说就是按照从小到大的"顺序"相乘的和最大；按照相反顺序，也就是"逆序"相乘的和最小；混乱顺序则处于二者之间。再说得简单点，就是让最大的和最大的结合、最小的和最小的结合，总的效果总是好于让大的和小的结合。

排序不等式的证明很简单。把排序不等式玩好了，在数学竞赛里可以有眼花缭乱、出神入化的应用。我们熟悉的那些不等式，比如"算数平均值大于几何平均值""柯西不等式""切比雪夫不等式"，都可以从排序不等式推导出来。但我要说的不是这些，我要说的是一个生活中的道理。

排序不等式，是最底层的"不平等关系"。

而正是因为这个逻辑，"效率"和"公平"本质上是矛盾的。

比如你是某个领导者，你现在手里有个大项目，放在哪个地区都能提升当地的经济发展。那请问，你是把它放在经济发达地区呢，还是边远落后地区呢？

只要你关心的是经济总量的提升，你想通过这个项目给中央政府创造更多的税收，你就应该坚决投发达地区。同样是提升

1%，发达地区的乘数要大得多。

谁都喜欢大数，大数最能让大数发挥作用。世界上的很多配合不是加法，而是乘法关系。资源和人才往往不是一个加数，而是一个因子。把这个因子扩大一点点，整个这一块儿都能放大这么高的比例。所以最好的资源应该用在最赚钱的地方，最厉害的人员应该放在最关键的岗位。最好的电影应该乘以最好的导演再乘以最好的演员，然后给最多的院线排期。

这就是为什么好东西总爱扎堆，有志向的年轻人非得去大城市。这也是为什么会有马太效应，为什么人人都想跟最好的合作。这也是为什么市场总是让财富分布不平等。

排序不等式，是资源配置的"零阶道理"，也就是最基本的道理。

当然，世界是复杂的，事物的发展常常是非线性的，什么东西太多了都会发生边际效应递减。也许这个项目在发达地区的发展空间已经饱和了；也许那个地区暂时落后，以后的发展潜力大；也许大城市生活成本太高了；也许最优秀的导演不会重视你这个剧本，应该找最合适的。但那些都是对零阶道理的一阶或者高阶修正，零阶道理仍然是零阶道理。我们做决策必须首先考虑零阶道理，只有证实了零阶道理在这里不行的情况下，我们才应该考虑那些修正。

有几种情况，会让排序不等式起不上作用。

教育系统有重点大学、重点中学，同一个学校里还会有重点班，重点班的老师是全校最好的。这完全符合排序不等式，教育系统希望培养高水平人才。但是你注意到没有，在任何一个班级里，老师重点关注的，往往不是最好的学生。这是为啥呢？

因为学习成绩有上限。你分数再高，也不能比满分还高。第一名有时候考97分，有时候考100分，满分附近都是随机波动，而对全班总成绩几乎没有影响。如果老师真花点功夫，把某个同学的成绩从60分提高到75分，那可是显著的提高。社会需要优秀人才，但是对老师提高全班总成绩来说，在好学生身上花功夫没有意义。

很多系统对组成部分的要求是有上限的。你造一个大桥，不会重点打造其中一个桥墩，如果别的地方出问题，这个桥墩再好也没用。汽车上的零件也不是越"好"越好，最理想的情况是所有难以更换的零件的磨损寿命是一样的。

还有一种系统，比如福利系统，则要求各个相加项的大小有一个下限。在贫困山区建设通信基站效率确实不高，但是贫困山区需要通信基站。福利系统解决的是公平问题。这种系统有时候会把最好的官员派到最贫困的地区去，并不指望他们创造什么效益，只是希望提高那些地区的下限。而既然是为了公平，那就必然牺牲了效率。

安全系统也强调下限。只要是防守，我们最关心的一定是最薄弱的地方，要把最好的资源和人手放在那个地方。

个人只能做一个乘法因子，管理者要的却是相乘再相加。如果你是一个系统的运行者，你必须清楚判断这是一个不设限系统，还是一个有上限或者下限的系统。

公司在乎的是总收入，本质上是个不设限的系统。排序不等式告诉我们，这样的系统应该狠抓"长板"，因为长板最能提高总量。有下限的系统最关心的是短板，而有上限的系统最希望每块板都差不多。

作为个体，如果你认为自己是个大数因子，那你最好不要待在有上限的系统中。教育系统搞搞数学竞赛什么的，也算是给好学生一个出路。

这个道理很明白，但是我感觉人们对它贯彻得还不够。我们过多地受到了"公平"这个直觉的影响，总想把什么东西都弄均匀一点，这其实是一个思维偏误。

我们假设你的车间有两条生产线，每条生产线需要两个人先后配合，共同完成一件产品。现在你有四个工人，老张和老李的良品率都是95%，小张和小李的良品率都是75%。那请问，你应该把这四个人怎么分组呢？

直觉的分法，是让老张和小张一组，老李和小李一组，这样两个组的良品率是一样的，都是71.25%。你可能觉得这样分组还能让高手带一带低手，能起到骨干作用。

我不知道那个高手"带动"低手的效应能有多大，但是我知道，排序不等式要求你让老张和老李一组，小张和小李一组。你的高手组良品率将是90.25%，低手良品率将是56.25%，而你的总良品率是两组的平均值，也就是73.25%——高于高低搭配分组的71.25%。

排序不等式要求你让高手跟高手搭配，弄一个特种部队。虽然这会降低其他组的效率，但你的总效率是最高的。而且你也不用太担心少了带动作用，高手跟高手在一起互相激发，也许还能进一步提高效率。

也就是说，哪怕在这个只是追求良品率、高手没有太多发挥空间的局面中，根本谈不上什么突破式的创收，我们也应该搞强强联合。那我们再回过头去想想，老师之所以不重视好学生，不仅仅因为好学生成绩有上限，还因为好学生不用老师管自己就能好好学。如果每个学生的成绩都跟老师在他身上花的功夫是乘法关系，老师还是得最重视好学生。

只要是涉及这种需要密切配合、是乘法关系的局面，就应该抽调最强的人马组建特种部队。哪怕所有人做的事本质上都一样，也应该让高手跟高手搭配。

搞平均符合直觉，但是违反数学。

我们个人的生活和学习不也是这样的吗？直觉上你可能认为应该把每一件事都做好，每个学科都学好，其实不是。数学要求这是一个长板的世界，你应该把最好的精力、最多的时间用在最能体现你价值的项目上。

设重点、偏科、不均匀、走极端，这才是自然之道。

支持平静生活的物理定律

有很多人宣称自己喜欢过平静的生活，追求稳定有规律，什么早睡早起，什么"岁月静好"。也有一些人对平静不以为然，认为人生在于折腾，应该制造一些不确定性。这一节我们从物理学的角度来考察一下这个问题。这里面有个通用的、跨领域的道理，可以说是大自然的零阶道理。

我们先进入物理学思维，把这个道理看清楚了，然后再回到生活中，你会活得更明白。

这个物理定律叫作"涨落—耗散定理（fluctuation-dissipation theorem）"。你可能没听说过这个名字，但是它的应用极为广泛，在热力学、电磁学、统计物理、生物学、化学、金融、经济、社会方方面面都有涉及。而且这个理论还出身名门，它最早的起源，正是爱因斯坦在1905年这个"奇迹年"发表的六篇论文中的一篇。

那六篇论文中有一篇提出了狭义相对论，有一篇推导出了 $E=mc^2$，这个可能是一切科学知识里最著名的公式。有一篇提出光是一种量子，开启了量子力学，并且给爱因斯坦带来了诺贝尔奖。但是我们要说的这一篇，却是被引用次数最多、应用范围最广的一篇。这篇论文叫《热的分子运动论所要求的静止液体中悬浮粒子的运动》。咱们从头说起。

1827年，英国植物学家罗伯特·布朗发现了一个看似平淡，实则有点"细思极恐"的现象。他把几个非常微小的花粉颗粒——注意不是花粉本身，花粉太大了，是从花粉中提取出来的小颗粒——放在培养皿的水里，然后用显微镜观察。他发现这几个花粉颗粒一直在水面上跑来跑去，永远都不会停下来。

这很奇怪。水面不是静止的吗？花粉颗粒的动力是从哪儿来的呢？难道它们自己就会动吗？这个发现一开始让布朗很激动。当时人们还不知道生命到底是怎么回事（其实现在也不完全知道）。有的人认为生命之所以是生命，其中必定有一种什么"生命素"之类的东西，一种自然的"活物"。布朗还以为自己发现了生命素，不过他懂科学方法，马上用没有生命的物质做同样的观察，比如用铜粉微粒，发现也是在水面上一直这么动。这个运动被命名为"布朗运动"。当时没有人能解释布朗运动。

一直到将近八十年之后，爱因斯坦出手了。爱因斯坦在1905年的这篇论文中说，花粉颗粒之所以一直都在动，是因为周围的水分子在推着它动。

这可是一个神级的论断。为啥呢？请注意，当时物理学家还不能确定有"分子"或者"原子"这些东西存在。确实古希腊人很早就提出了物质是原子组成的，但那只是假说，因为原子分子都太小了，你用显微镜都看不见。布朗运动其实是原子存在的第一个过硬的证据。爱因斯坦这篇论文，是物理学家证明"物质是由原子组成的"的里程碑。

那爱因斯坦说了，别人凭什么就相信呢？因为爱因斯坦有公式，有定量计算结果，你可以拿这个结果跟实际观测作比较。

爱因斯坦假设水是由水分子组成的，水分子们每时每刻都在做着"热运动"，也就是随机的、永不停歇的运动。其实这个热运动才是温度的本质。热水为啥烫手？因为水分子的运动速度太快，速度快的分子撞在你的手上，你当然会感到疼痛。

所以花粉颗粒每时每刻都在被它周围的水分子们撞来撞去。那水分子既然比花粉颗粒小得多，水分子的数量又比花粉颗粒多得多，它们撞在花粉颗粒上的力量应该互相抵消才对啊？不对。随机 ≠ 均匀。花粉颗粒毕竟不算太大，在每一个时刻，要么这个方向，要么那个方向，在某一方向上它感受到的水分子合力会比其他方向大一点，于是它就被撞动了。

然后到下一个位置，它又被撞向另一个方向。这样被撞来撞去，花粉颗粒在水面上的运动，就体现为"随机行走"。

而随机行走也是讲理的！爱因斯坦用一个精妙的数学方法证明，一段时间之后，花粉颗粒离开出发点的那个直线距离，平均而言，跟时间的平方根成正比。

你看不见水分子，但是你能看见花粉颗粒。你只要测量一下花粉颗粒们的运动，就能验证爱因斯坦的公式——花粉颗粒的运动，体现了分子的存在。

随机行走在自然界和人类生活中都是个常见现象。比如股票市场，因为有众多的博弈力量，基本是个有效市场，那么股价的微观走法在很大程度上就是随机行走，也可以用爱因斯坦的公式做量化分析。

现在咱们不管水分子，单说花粉颗粒。花粉颗粒的这种运动，有时候这个方向受力大，有时候那个方向受力大，东一下西一下，这在物理学上叫"涨落（fluctuation）"。你可以把涨落理解成波动，只不过这个波动没有固定的周期和振幅，它只是随机地来回变动。

如果我们把花粉颗粒比喻成人生，随机行走就相当于随波逐流、没有目的、没有方向、没有主动性，完全被周围外力推着走的一种运动。爱因斯坦告诉我们，随机行走也能让你走得很远。可能你原本没有什么志向，只是一系列的机缘巧合之下，就被推着走了那么远，再回首已是百年身。但是，这种走法还是太慢了。

有方向的行走距离，都是跟时间成正比，而布朗运动这个随机行走，走出来的直线距离是跟时间的平方根成正比。别人走100米，你才走10米。别人走10000米，你才走100米。所以人生要想走得足够远，最好有个方向，别做布朗运动。但这并不是我们这一节要说的道理。

我要说的道理是，就算你有一个方向，布朗运动也会困扰你。

我们设想花粉颗粒自己有个动力，说我要往前方走！它希望走直线，但是它走不了直线。前方、左右两侧的水分子仍然会撞过来，有时候让它滞后一下，有时候让它偏转方向。它的路线仍然会充满涨落。

这个微观的涨落，就是"摩擦力"的本质。摩擦力就是物体在前进方向上因为撞上了介质的分子而产生的阻力。轮胎在路面上摩擦，冰刀在冰面上摩擦，船在水面上摩擦，道理是一样的。而这个阻力会消耗物体前进的动能——这就叫"耗散（dissipation）"。涨落越大，动能的耗散就越多。物体耗散掉的动能会变成周围分子的热能，这就是为什么摩擦会生热，这叫作涨落导致耗散。能量耗散越快，周围分子的运动也会越快，这叫耗散导致涨落。

微观的运动涨落必定导致宏观的能量耗散，而宏观的能量耗散也必定带来微观的涨落运动，这就是"涨落—耗散定理"。

布朗运动是涨落—耗散定理的一个特殊情况。类似的现象还有电流流过电阻导致电阻发热，这是耗散；电阻发热让其中电子和原子的热运动加剧，这是涨落。光打在物体上并没有完全反射，有些光子被物体吸收了，这是耗散；物体吸收光子发热，会让自己也发射出去一些光子，这是涨落。

有涨落必有耗散，有耗散必有涨落。生活中也是这样[1]。

为什么注意力不集中的时候往往花了很多时间却没做成什么事？因为你的涨落太大了。随便一个什么干扰都能吸引你，你一会儿看手机，一会儿跟人聊天，一会儿喝水，一会儿发呆，你几乎就是布朗运动。

但就算你注意力很集中，你一心想做好一件事，也不可能完全避免涨落。物理学给我们的一个智慧是，并不是花粉颗粒在主动吸引水分子，是水分子自动就会来撞它。所以做任何事都会有阻力，正如再好的道路也有摩擦力一样。阻力不是有人故意跟你作对，而是自然现象。

你早上起来能量满满，说我今天上午一定要把这个活儿干完！可是左一个小事右一个小事总来找你，其中很多事情又是你不能不管的。这些小事让你的行动充满涨落。你早上好不容易攒出来的能量，就这样慢慢被小事给耗散了。

小事耗散能量，这就是我们不喜欢小事的原因。你可以用一些心法去应对小事，你的应对方式很重要[2]。这个底层原理是，真正耗散能量的不是小事本身，而是你为了应对小事而不得不做出的"涨落"。

你希望把自己反应出来的涨落，降到最低。

减少涨落，首先就是没事别找事。别今天惹这个明天惹那个，出了问题得赔偿，得罪人得安抚，一边点火就得一边灭火。老百姓说这个人怎么那么多戏呢？物理学家说这就叫涨落。老百姓说你看他无端消耗了时间、精力和金钱，物理学家说这全都是耗散。

有些人不爱惹事，但是容易发脾气，一点就炸，那也是增加涨落。很多时候忍让不是因为害怕，纯粹是为了避免耗散。

所以物理定律提倡的养生之道必然是过平静的生活。干什么事都稳稳当当，不一惊一乍，不左一下右一下，不折腾，涨落振幅非常小，这样能量耗散就小。你看那些能长期运转的机器肯定噪声都小，可能还要定期加点润滑油，减少摩擦。

但**平静≠静止**。为什么走同样的距离，高速公路上开车比在市区里开车省油？因为高速公路上你的速度是基本恒定的，非常平稳，你的涨落小。而在市区，刚踩完油门又得踩刹车，速度变来变去，这么大的涨落都把能量白白耗散了。做事集中注意力就如同在高速上开车，不集中注意力就如同在市区开车。

我们说要养成好习惯，生活要有规律，一日三餐、行动坐卧走最好都在固定的时刻，这就是降低涨落。没有规律的生活会增大压力，导致耗散。

我感觉当很多人说"熵增"的时候，他们其实想要表达的是
涨落和耗散，只是他们不知道这个定理。熵增其实不见得是坏事，
做企业你其实希望制造熵增。真正危害系统运行效率的，是涨落
和耗散。

但涨落也不见得就一定是坏事。涨落会耗散能量，可我们的
存在并不是为了节约能量。有很多事情值得花费能量。比如说搞
创造，就需要一定的混乱，有时候折腾折腾才能发现机会。而且
涨落—耗散定理这个规律是双向的，你耗散出去的能量并没有白
白消失，都变成了某种涨落。也许有些涨落，对你反而是好事。

有些事情值得花费能量。但如果你想节能，你应该尽量避免
无谓的耗散。

傅里叶变换的智慧

傅里叶变换[3]是一个特别常用的数学工具，很可能你已经在大
学学过，但我想专门讲讲。傅里叶变换是构建现代科技的一个基
础方法，它可以说是无处不在——而我感觉这个操作背后有个简单
智慧，值得每个人深思。

就算你没正式学过，你也很可能听说过这个词。计算机上的
声音和图像信号、工程上的任何波动信息、数学上的解微分方程、
天文学上对遥远星体的观测，到处都要用到傅里叶变换。你用手

机播放MP3音乐、看图片、语音识别，这些都是傅里叶变换的日常应用。

什么是傅里叶变换呢？维基百科的说法是，"一种线性积分变换，用于信号在时域（或空域）和频域之间的变换"。这句话恐怕比较难懂，而且懂这句话的人也未必理解傅里叶变换的本质。这一节我们忽略所有的数学细节，一个公式都不用，直奔思想。

以我之见，从本质上来说，傅里叶变换，是把一个复杂事物拆解成一堆标准化简单事物的方法。

咱们用声音来举个例子[4]。注意，声波只是应用傅里叶变换的一个例子，傅里叶变换既不必是关于声音的，也不必是关于波动的。

咱们先说什么是"简单事物"。声音其实就是空气的振动。你拨动一下琴弦，耳边会传来一个纯净的，而且短时间内持续的声音。像一个 A 音符，大约每秒钟要振动440次。所以除非是重低音，你通常不一定能感觉到振动，但是你能感觉到音量和音调——音量就是振动的幅度，音调就是振动的频率。

下面这张图表现了一个简单的声音。横坐标是时间，纵坐标是振动的幅度。这个声音呈现完美的周期性变化，说明它的频率是固定的，它有一个单纯的音调。这个曲线的形状是"正弦波"，也就是高中学过的正弦曲线的样子。

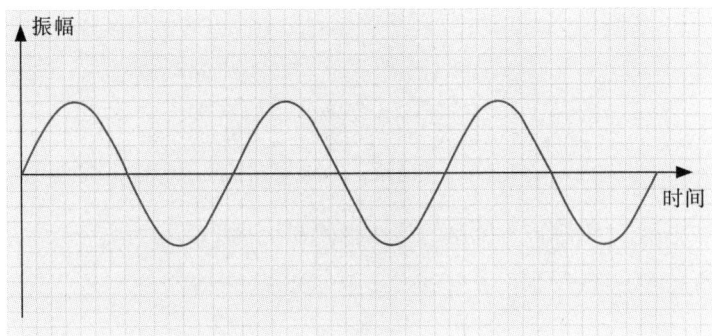

图7-1

　　这就是一个简单事物。真实世界中绝大多数声音都不是简单的，比如我们说话的声音就明显不是一个纯净的音调。放大了细看，复杂的声音是下面这样杂乱的振动。

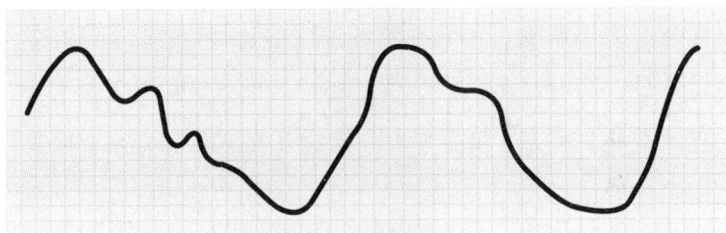

图7-2

　　好，现在关键的洞见来了：复杂的振动，可以看作是一系列简单振动的叠加。

　　比如上面那条曲线看似复杂，其实是三个简单波动相加而成的。

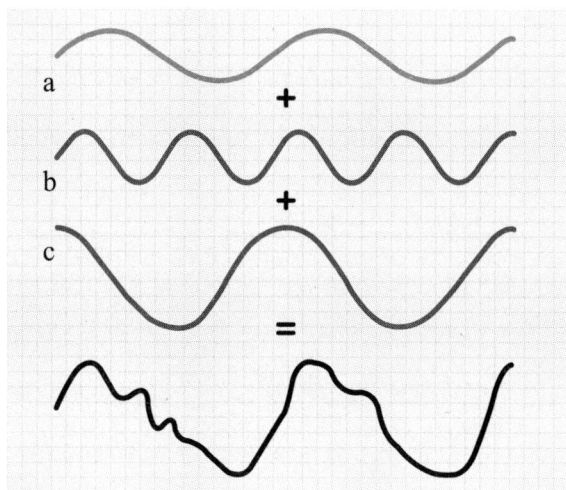

图7-3

你可以把图中最下面的复杂曲线当成你在一天之中感受到的温度变化。表面看来，你感受到的温度变化很复杂，但是实际上，你知道你是在同时经历三件事情。图中的曲线c就相当于大自然温度的自然变化，曲线a相当于你在室内还是室外，曲线b代表你是穿上还是脱下外套。

把这一件复杂的事情拆解成三件简单的事情，你就完全能看明白它到底是怎么回事了。

而所谓傅里叶变换就是说，如果我们先规定好一系列的简单波动，那么任何一个复杂的波动，就都可以用这些简单波动拆解。

比如我们看下面这个波形。

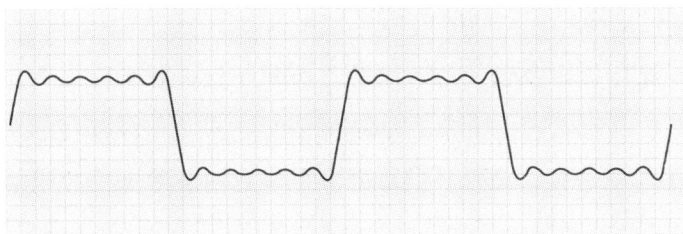

图7-4

这个形状看起来有点怪，但是似乎又有一种整齐的规律，那到底是什么规律呢？傅里叶变换是一套数学操作，能把任何形状的曲线拆解成一系列简单波形的叠加。上面这个波形，其实是下面这几种波的叠加。

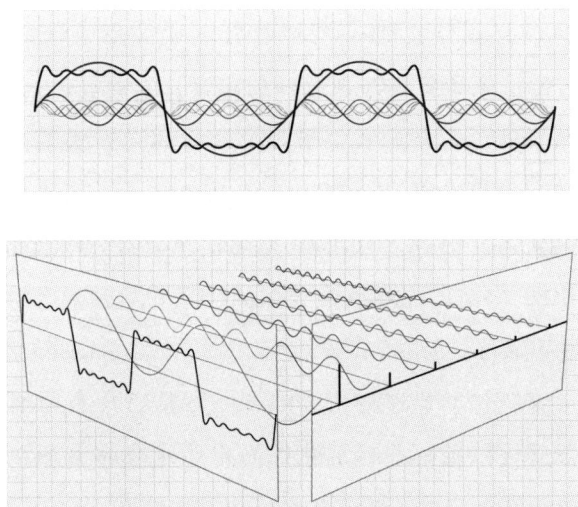

图7-5

图中灰色的，就是一系列简单波动。傅里叶变换能告诉我们图中每一个简单波动对黑色曲线的贡献度有多大，比如说——

黑色曲线 = 频率是100的灰色曲线 × 0.5 + 频率是200的灰色曲线 × 0.2 + 频率是300的灰色曲线 × 0.1 + 频率是400的灰色曲线

× 0.08+ ……

那现在我们设想一下，如果上面那些各种频率的灰色曲线都是大家约定俗成的"标准化的简单事物"，那么想要描写那个看似复杂的黑色曲线，我们只需要报出组成它的各种灰色曲线的"成分"就可以了！

黑色曲线 =（0.5，0.2，0.1，0.08，……）

这就是傅里叶变换。

现在你看出傅里叶变换的好处了吗？明明是一条复杂的曲线，可是我们只需要用几个数字就可以描写它！

这就是数字音乐的原理。那些标准化的简单音调都是大家约定好的，所以只需要记录一个声音分解成简单音调的成分值就行。而且因为特别高频和特别低频的声音，人的耳朵是听不见的，所以标准化简单音调并没有无限多个。我们只需要用很有限的一组数字，就能描写一段时间内的一个复杂声音。这就是最基本的WAVE 音频格式。把 WAVE 文件里的信息再做一些压缩处理，就是 MP3。JPG 图像的原理也是类似的，只要把时间上的波动改成空间上的波动就行。

傅里叶变换并不要求你记录的这一段信息具有周期性。任何形状的线条都可以用那些标准化的简单曲线合成出来，哪怕只有一个周期也可以做，是不是"波动"并不重要。

那些"标准化的简单音调"都是如何选取的呢？这其中有一些讲究，要求"不重不漏"。所谓不重，就是它们互相之间不能有重叠；所谓不漏，就是它们组合在一起必须在一定的分辨率之内，可以覆盖耳朵能听见的所有频率。比如你不能说这一个简单灰色曲线又可以用其他几个简单灰色曲线合成出来——那样的话傅里叶变换的解就不是唯一的了。

这些标准化的简单事物是傅里叶变换的一个基石，你可以把它们想象成"维度"。复杂事物就好像是由那一大堆简单事物构成的多维空间中的一点，每一种简单事物的成分就构成了这个复杂事物的坐标。为了保证坐标系统的清爽，各个维度之间应该是互相垂直（数学语言叫"正交"）的关系，就是谁也不能覆盖和取代谁。

数学概念就说到这里，下面说意义。

你每一次照着菜谱做菜，都是在做傅里叶变换。

菜谱说，用这个、这个和这个食材，什么时候加多少盐，什么时候放多少水。那些食材、盐和水，就是傅里叶变换中的"简单的标准化事物"。

菜谱无须告诉你牛肉是什么东西，西蓝花是什么东西，盐和水又是什么东西，大家约定俗成地都知道它们是什么东西。菜谱只需要把成分告诉你就行。

这说明什么呢？说明如果一个社会有一个大家约定俗成的、标准化的简单事物话语体系，我们的交流就会非常方便。这也说明，要想让交流方便和高效，你就必须得有一个约定俗成的、标准化的简单事物话语体系。

比如古代行军打仗有个最原始的密码系统。事先约定二十个字，每个字代表一个意思。通信的时候写一首诗，比如其中有一句是"大漠孤烟直"。收信人一看"大"字上盖了个章，而事先约定"大"的意思是要求增兵，收信人就知道对方想说什么了。

没有这个标准化的约定，我们就无法有效交流。请问谁能用语言精确描写前面图中那条曲线呢？了解一个领域，就得了解这个领域的话语体系。

现实中使用的傅里叶变换，总是失真的。理论上有无限个标准化简单音调，但是现实中我们只用有限个数字描写一个声音。这是因为那些不易分辨的，或者振幅特别低的音调都被省略了。所以对数字化声音来说，你得知道你面临下面这几个限制。

　　1. 你发不出不能用我们选取的那几个标准化音调描写的声音；

　　2. 你声音的特别细微之处，将会被忽略；

　　3. 所有能传播的声音都是规定好的单纯声音的排列组合而已。

所以福柯说，"人类的一切知识都是通过'话语'获得的，任何脱离'话语'的东西都是不存在的。"

这就意味着，在傅里叶变换的视角下，这个世界并没有什么新鲜的东西。

比如有一天你做了一个梦。你觉得这个梦太精彩了，就把它写成了一个小说。你认为这要是拍成电影肯定能火，就兴冲冲地把它拿给一个编剧朋友看，结果他说，你这不就是《罗生门》×0.5+《哈姆雷特》×0.2+《侏罗纪公园》×0.3吗？

他给你的剧情做了个傅里叶变换。

现在的情况是，凡是能想到的剧情，可能都已经被人拍过了。我以前专门写文章说过，TV Tropes 这个网站列举了所有的剧情桥段。

你所谓的创造，通常只不过是已知的、标准化的简单事物的排列组合而已。

这就是为什么成熟的领域里搞"纯创新"那么难。如果这个领域已经形成了自己特有的话语体系——也就是说都用上傅里叶变换了——你首先要做的大概是学习这个话语体系。

不过好在真实世界并不一定是一个完全可以数字化的封闭系统，也许傅里叶变换终究不能把整个世界给标准化。

伯克森悖论

有一个不怎么著名，但是应用场景很广的统计学现象，叫"伯克森悖论（Berkson's Paradox）"。你可能没听说过这个名词，但是你肯定听说过下面这样的说法。

关蓉蓉是一个青年女性，有过几次恋爱经历但是都没成。有一天，朋友给她介绍了一个各方面条件都很好的男子。可是关蓉蓉一看照片就拒绝了。关蓉蓉说："我想清楚了，我要找一个性格好的暖男，可是这个人太帅了。以我自己的经验和对周围人的观察而论，长得帅的男人性格都很差。"

秦奋是研究所的业务骨干，能力一流但是有点木讷。这一次所里评职称，秦奋给全所作了个报告，但是发挥得不是很好。所长徐治功说："我们用人要看长板，不能因为报告没讲好就让秦奋落选。以我这么多年的经验而论，不善言辞恰恰是智商高的特征。"

大学生邓豫突然对文学产生了兴趣，决心发奋读书，通过经历虚构的故事迅速领悟人生的智慧。他向一位老师请教应该读哪些人的作品。老师说："你应该多读一些小众的作家。以我读过这么多书的经验而论，像村上春树这种特别流行的都没啥深度。"

伯克森悖论是说，哪怕上面这些人的亲身经验都是真的，他们从经验中总结出来的结论，也很可能是错的。

理解这个悖论能消除你的一些偏见。咱们先说几个常见的，再说一个高级的应用。

我们要借助"相关性"这个统计概念。经济学家曾经做过很多次的统计，长得漂亮的人收入会更高一些。那么我们可以说，"漂亮"和"收入高"这两个特性之间存在一个"正相关"。相关性只是一种大致的关系，有些长得不漂亮的人收入也很高，但是在统计意义上，以社会总体而论，有这么一个趋势。

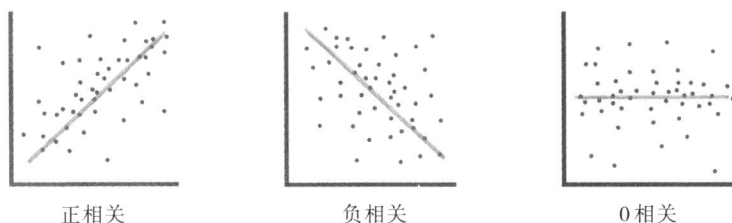

正相关　　　　　　　负相关　　　　　　　0相关

图7-6 [5]

像智商和学习成绩，性格外向和受到关注，这些都是正相关。反过来说，身高和体操之间可能存在一个"负相关"，因为太高的人不容易做出高难度的体操动作。

那么关蓉蓉说的就是，"长得帅"和"性格好"之间，存在一个负相关。你在直觉上可能认为她说的有道理。你可能设想，长得帅的男子从小被宠着，肯定惯坏了；而长得不帅的男子从小受打击，有利于磨炼好性格。

但是你这个设想没道理。

我们干脆假设，长得帅不帅跟性格好不好完全没关系。你看看在这样一个世界里，关蓉蓉会观察到什么。

下面这张图[6]的横坐标代表长得帅，纵坐标代表性格好。图中每一个点代表一个青年男子。这些点的位置完全没有任何规律，相关系数 =0。

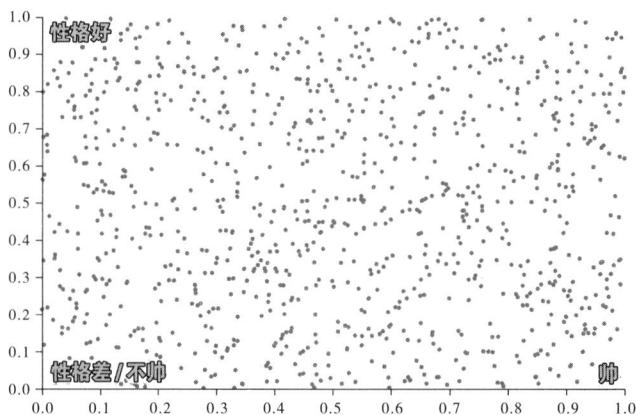

图7-7

如果关蓉蓉考察所有这些男子，她一定不会认为长得帅的人性格不好。但关蓉蓉看到的不是这张图。长得特别丑或者性格特别差的人根本就不会进入她的视野。关蓉蓉考虑的对象，关蓉蓉关注的案例，都是长相和性格至少要有一定水平的人，也就是：长相 + 性格 > 某个阈值。

所以关蓉蓉看到的只是图中右上角那个三角区中的人。

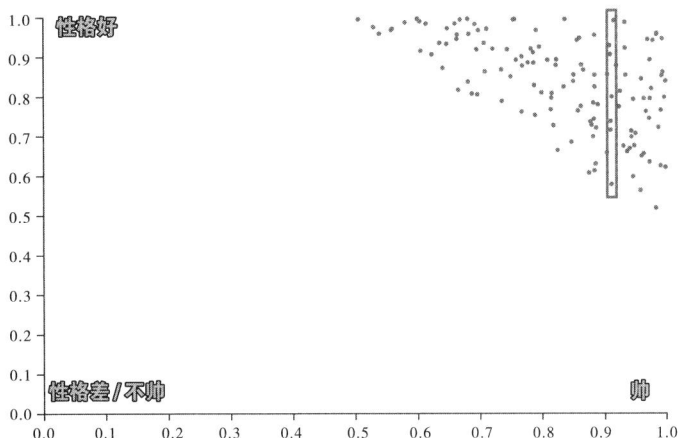

图7-8

这些人突然有了个三角形的趋势。因为三角形斜边上的两个角的存在，长得越帅的人似乎越容易性格比较差；性格越好的人似乎越容易长得不帅。性格和长相之间出现一个取舍。这正是负相关。

因为关蓉蓉只能看到这个三角形，所以她据此推测，一定有一种力量在摧毁帅哥的性格，也许他们从小被惯坏了。

可是这些点都是我们设计的！你一开始已经知道，这些点代表的性格和长相没关系。我们根本没安排什么摧毁性格的神秘力量。

关蓉蓉之所以得出错误的结论，是因为她的统计不全面。要想进入关蓉蓉的法眼，长相和性格都不能太差。有些人长相只能算说得过去，但是靠性格特别好也入选了；有些人性格属于勉强还行，主要是凭长相入选。因为这两种人的存在，使得关蓉蓉感觉长相好的人受到了性格的摧残，决心远离长相好的人。

可事实上，如果你选定图中长相得高分的一列点——比如只看

"长相=0.9"的人——你会发现性格出现在三角区中灰色框中任何一点的可能性是完全一样的。看到别人长得帅就认为他性格不好，就会错过长得又帅、性格又好的人。

当然我们设计的这些点并不能代表真实世界。真实世界中也许真的有"长得帅的人被惯坏了"这个可能性，也许没有。但是我们证明了，关蓉蓉的观测并不足以推出那样的结论，关蓉蓉对帅哥的歧视没道理。

伯克森悖论的常见形式，就是如果你对两个特性有一个总体的阈值要求——这两个特性哪怕没关系，甚至哪怕原本可能是正相关——在你考察的那个范围内，也能让你感觉它们有负相关性。

为什么很多人觉得学术水平高的人都不善言辞？跟关蓉蓉选男朋友是同样的道理。一个人要想进入学术界，业务能力和说话能力都得有才行，而且这两个能力可以互相弥补。既然已经进入了研究所，那就必然有的人水平高而不善言辞，有的人能说但是水平不算太高。但你不能说既然这个人讲话能力一般，他水平就肯定极高——也可能他两项加起来只是勉强过线而已。

一个作家要被人所知，要么他的作品特别有深度，让评论家喜欢；要么他的作品特别通俗，让大众喜欢。但这并不意味着流行的就肯定没深度，更不意味着作家只要降低深度就能流行。事实上，有很多号称是严肃文学的作品，虽然不流行，但是也没深度。

像这样的例子有很多。很多人认为漂亮的女生都不聪明，颜值高的演员都没演技，有特长的人必定有明显短板，家里条件好的大学生必定不用功，这些都是伯克森悖论导致的偏见。

伯克森悖论和人们熟悉的"幸存者偏差"都属于"选择偏差"，出错的根本原因都是你统计的数据不够全面。在统计研究中，你稍不小心，就会犯伯克森悖论的错误。

有一个真实的例子是这样的[7]。有人统计了因为出车祸而被送进医院急诊室的摩托车手，发现戴头盔的人所受的伤，反而比不戴头盔的人更重。难道说因为戴头盔的人开车更大胆，所以更容易受重伤吗？不一定。

事实是，很多戴头盔的人因为头盔的保护而只受了轻伤，根本就无须进急诊室。你考察的其实是"身体受到的保护"和"身体受到的伤害"这两个因素——保护必须足够小，伤害必须足够大，才能让这个人进急诊室——这跟关蓉蓉关注的"长相＋性格"是一个道理，所以你看到了不戴头盔和受重伤的假负相关。

我听到一个有意思的例子来自中国的金融业[8]。如果你在银行贷款信息中比较国有企业和民营企业，你会发现民企的效率比国企高。有的学者就把这个结论当真了。但事实上"能拿到银行贷款"是个很强的阈值，企业的"效率"和"风险担保"这两个因素必须都很好才行。国企有国家的隐性担保而民企没有，所以民企的效率必须得高才能拿到贷款——那个学者没有统计那些拿不到贷款的民企。

最后，咱们再说一个有点不容易看出来的例子——高分低能。

谷歌是个非常善于使用统计方法的公司，经常弄个"机器学习"之类的东西。大概是2015年，谷歌把机器学习用在了自己身上，它想看看从哪些因素能判断一个员工是不是能干的好员工。谷歌经常会招一些各大编程竞赛的获奖者。而机器学习发现，在编程竞赛中得过奖，恰恰是一个说明这个员工工作能力不行的因素。

　　这不就是咱们中国人常说的"高分低能"吗？谷歌自己也没想明白这是为什么[9]，它猜测可能是因为竞赛优胜者更善于快速解决问题，未必适合长期的项目。

　　但是伯克森悖论可以完美解释这个现象，高分低能很可能只是错觉。

　　一个科技博客的博主，埃里克·伯恩哈德森，是这么分析的[10]。如果你考察世界上所有的人，显然编程比赛成绩和实际编程能力是绝对的正相关，能在比赛中拿奖说明你必定是个编程高手。在理想情况下，谷歌招人应该只看实际能力，而不管这个人是不是获奖者，那么它招到的人应该是下面这张图中黑色的那些点。

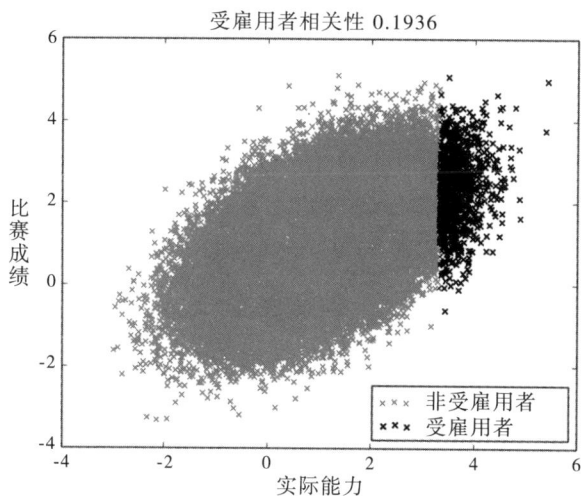

图7-9

　　图中横坐标代表实际能力，纵坐标代表比赛成绩，每一个点代表一个程序员。谷歌的理想招法是在实际能力的某一个阈值上竖着切一刀，只要右边那些点。而对这些黑色点来说，比赛成绩和实际能力仍然是正相关。你不看比赛成绩招人也能招到很多比赛成绩好的人，因为比赛真的能反映水平，这没问题。

那为什么谷歌招到的人中，比赛成绩和实际能力是负相关的呢？因为谷歌在招一个人之前没有办法精确知道这个人的实际能力，它不得不把比赛成绩作为一项重要参考指标，所以它招人其实是像下面这张图这样招的。

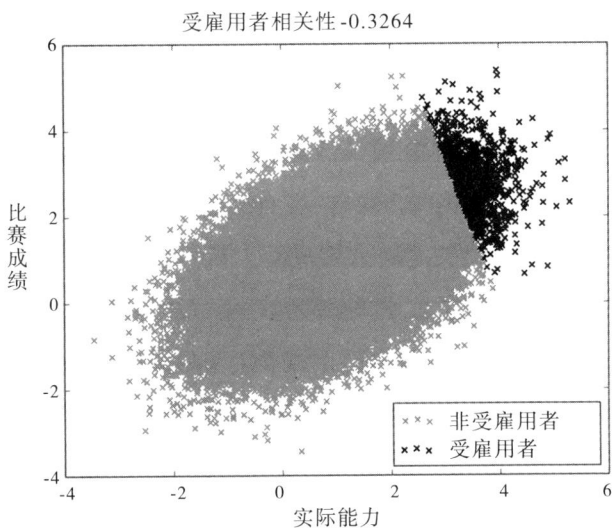

图7-10

就好像关蓉蓉考察潜在交往对象一样，谷歌选择的是分布图中右上角的那些人。而对那些人来说，比赛成绩和实际能力有个假的负相关，典型的伯克森悖论。

出现这个现象的根本原因是能进谷歌的都是优秀程序员。你拿优秀的人和优秀的人比，因为其中有些人是靠比赛成绩突出而显得优秀，所以你会产生比赛成绩好反而能力弱的感觉。其实就算根本没有一个"比赛能力会削弱实际能力"的机制，仅仅是统计分布，就足以让你产生这个感觉了。

所以有"高分低能"这样的感觉很正常，但这是个偏见。面对一个成绩特别出色的人才时，你不应该假设他实际能力不行。

了解了伯克森悖论，下一次再听到涉及能力、人品、长相、运气的各种"负相关"论断，你都应该保持戒心。

生活中有很多这样的民间智慧，比如什么"寒门出贵子"，什么"为富不仁"，什么"仗义每从屠狗辈，负心多是读书人"，什么"杀人放火金腰带，修桥铺路无尸骸"，都十分可疑。

平庸的寒门子弟、遵纪守法的富人、没有英雄壮举的屠狗辈、忠诚的读书人和安享晚年的好心人，他们的新闻阈值太低，他们的事迹没有四海传扬。你必须把这些人都统计上，才能得出正确的结论。

怎样增加优异数

世界上很多事物都符合正态分布，包括人的身高和智商、产品的质量，等等。下面这张图描写了一个均值是1，标准差是0.1，总数量也是1的正态分布曲线。

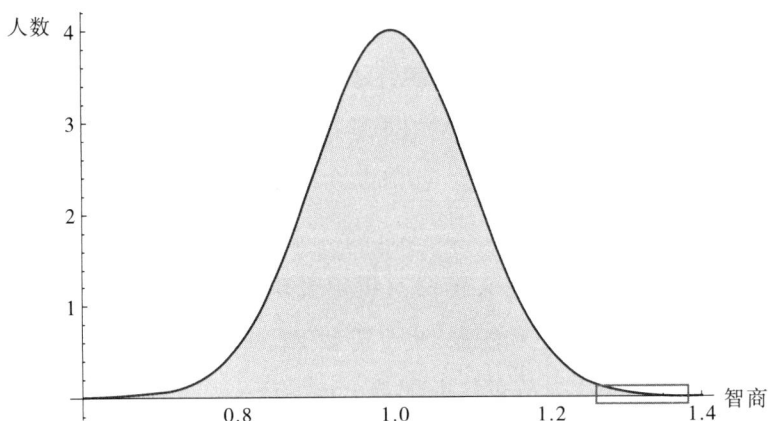

图7-11

咱们以智商为例。图中横坐标代表智商的高低，越往曲线右侧代表智商就越高；纵坐标代表人数，越往上代表人数越多。曲线下方的阴影区域面积就是总人数。

请注意，这三个数值的大小都是可变的，针对具体的问题可以按比例放大或者缩小。比如智商的均值是100分，标准差是15分，那么图中横坐标的1.0对应的就是智商100；1.2对应的就是两个标准差之外，也就是智商130；如果你要研究的总人数是100万人，那么阴影区域的总面积就是100万。

现在我们最感兴趣的，是我用灰色的框标记出来的那个区域，称为"优异区"。它出现在分布曲线右侧的大约两到三个标准差之外的尾巴上，代表统计中最出类拔萃的样本。如果你研究的是人群的智商，这个区域就代表智商最高的人群，他们的智商都在140以上。如果你研究的是一个诗人的作品，这个区域就代表他最高水平的产出。

我们的问题是，如何增加那个区域的面积？

也就是说，如果你是个老师，怎样让你的学生中多出几个聪明人呢？如果你是个诗人，怎样才能多写几首好诗呢？如果你是个企业家或者投资者，怎样才能多抓住几个出类拔萃的好项目呢？

怎样增加优异数，这是有进取心的人最关心的问题，而光凭直觉说我要"努力！奋斗！"那种思维太落后了。正态分布这个数学模型，可以帮你理清思路。

根据正态分布，你可以影响的其实就是三个变量：总量、均值和标准差。

1. 提高总量

提高总量是个直观的办法：如果我们把总数增加一倍，优异区的数量自然也会增加一倍。

比如作为一名专栏作家，我写的文章可能有的你感兴趣，有的你不感兴趣，但是我什么都写。只要我写的东西足够多，总会有你感兴趣的内容。学生多的老师自然更容易遇到好学生，读书多的人更容易有真知灼见。

多年以前，中国制造的水平不像现在这么高，经常有质量问题。当时我记得有人提出一个很有意思的问题，说中国航天的水平非常过硬，发射卫星很少失败，可是中国制造的汽车质量却不行。而对比之下，日本制造的汽车质量很好，可是日本航天的水平却不如中国航天，经常因为技术问题导致发射任务失败，这是为啥呢？

答案就在这个优异区之中。中国搞航天是举全国之力干这一件事儿，可以把每一种零件都让不同的厂家生产很多个，然后从中挑选最好的一个。这就是以总量取胜。总量多了，总能挑出几个好的来。

用提高总量来获得优异数，这是一个用战略勤奋弥补能力不足的方法。但是生产汽车可不能这么干，得保证每辆车的质量都过硬才行。

提高总量，是个低效率的笨办法。

2. 提升均值

提升均值才是解决问题的根本办法。想要理解这一点，请你思考一下：为啥中国有超过十四亿人，都找不出十一个足球天才呢？为啥冰岛只有三十多万人，足球水平却比中国队强那么多呢？

有个写数学博客的外国友人[11]替中国足球操心，说答案就在正态分布曲线的这个形状之中。进入优异区之后，曲线下降的速度非常、非常之快。比如请看咱们开头说的这个分布曲线在尾部的情况。

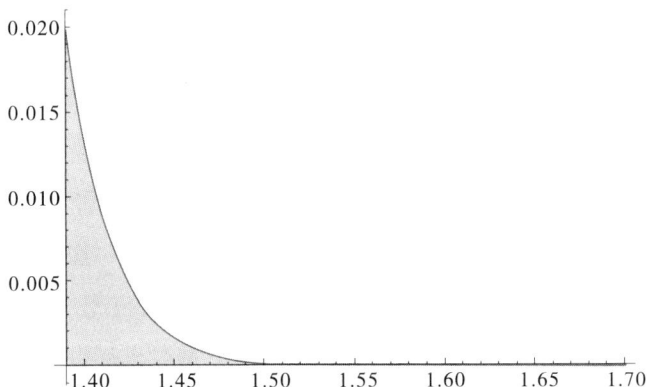

图7-12

从4个标准差到4.5个标准差，再到5个标准差，曲线纵坐标的落差是以数量级的方式下降的。这也就是说，越是天才就越罕见，而且罕见的程度急剧下降。哪怕你有超过十四亿人口，真到了代表天才的尾部区域，也没几个人。如果天才总共就没几个人，你就算把人口再增加一倍，也多不了几个人。

真正有效增加天才的办法，是提高均值。我们看看，如果把全中国人民踢足球的平均水平提高5%，标准差和人口总量都不变，是个什么情形。

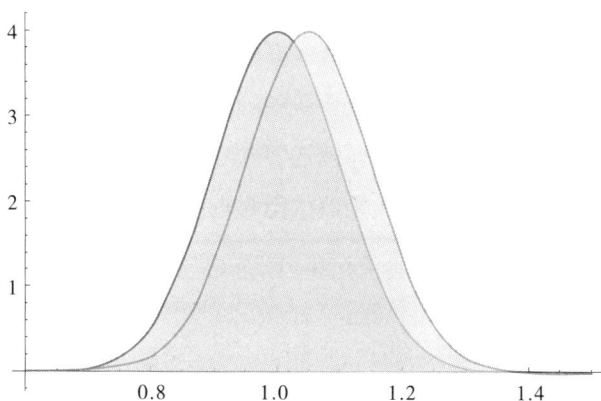

图7-13

这相当于你把钟形曲线往右侧挪动了一点。而这一点，体现在优异区上，就是巨大的差异！咱们把优异区放大了再看。

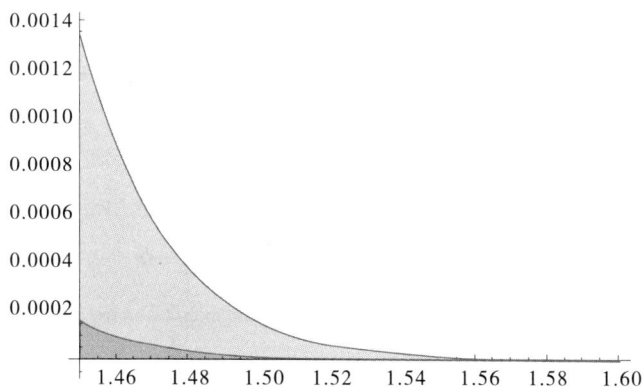

图7-14

4.5个标准差之外，面积会有几十倍的差距。均值对优异区的效果对比总量的效果要厉害得多。

冰岛人口是比我们少得多，但冰岛人踢足球的平均水平可比我们高了远远不止5%。所以冰岛的球星数量比我们多，这难道不是应该的吗？

这个数学博主还举了个特别有意思的例子。单论成年男子的总数，印度有6.5亿，而挪威只有250万；而印度成年男子的平均身高是165厘米，挪威则是180厘米。那请问，身高1米95以上的成年男子，是印度人多还是挪威人多呢？

下面这张正态分布曲线尾部的图告诉你答案。

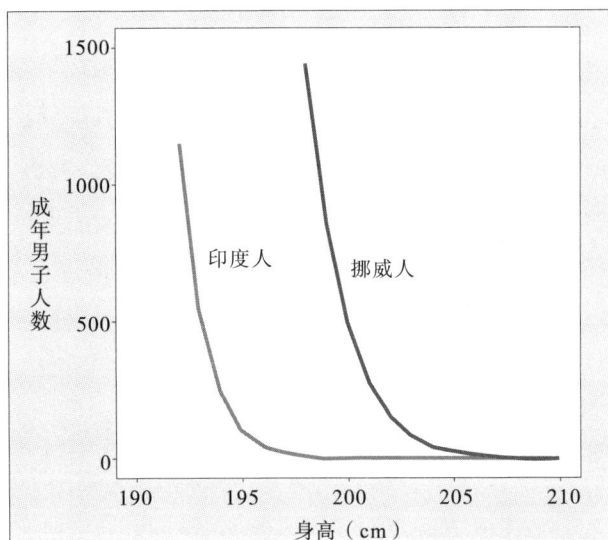

图7-15

1米95以上的挪威成年男子数量是印度成年男子数量的一百倍。总人口多没啥用，优异区曲线下降速度实在太快了，你必须用提升均值的方法把曲线往右边挪动，才能得到更大的优异区。

如果你水平就是不行，产量高是没用的。据说乾隆皇帝弘历一生写了四万首诗，可是现在流传开来的一首都没有。中国有句话叫"勤能补拙"，我理解如果你的勤奋是用于提高均值，那可以；但如果你的勤奋都用在了低水平的高产出上，那勤补不了拙。据说爱因斯坦有句名言是这么说的[12]：所谓精神病，就是翻来覆去做同一件事儿，却期待能有不同的结果。

3. 大标准差

抬高尾部曲线的第三个办法是加大你这个分布的标准差。我们把标准差提高10%，从0.1变成0.11，就成了下面这个情形。

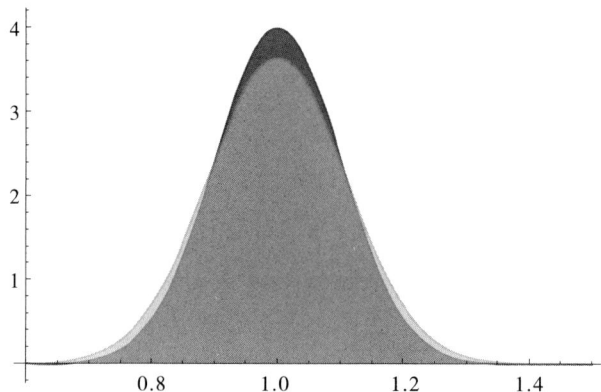

图7-16

中间普通区的人数变少了一点，而优异区的人数明显增加了。

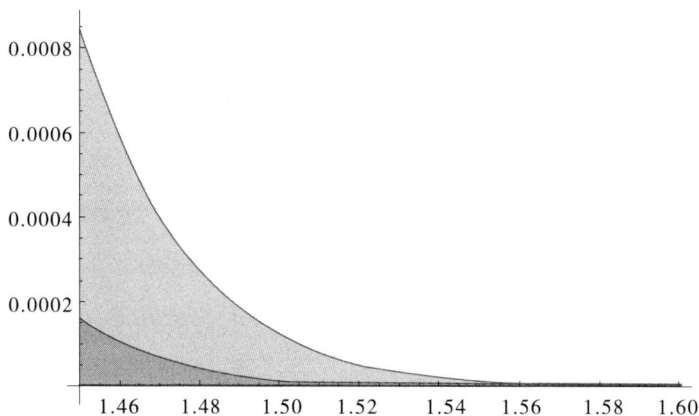

图7-17

对个人来说，扩大标准差意味着你要去尝试一些更极端的事情。比如一个人的工作能力一般，在一个旱涝保收的公司干着，赚钱不多但是很稳定。如果他水平不变又想获得更高的收入，那么冒险加入一家创业公司，是一个办法。当然这么做的缺点是，一旦创业不成就会落入曲线左边的尾巴，进入失败区。

对一群人来说，标准差大意味着这群人的水平参差不齐，有的特别高有的特别低。这里有个著名的学术典故。2005 年，时任哈佛大学校长劳伦斯·萨默斯，就为什么女科学家的人数比男性科学家少这个问题，发表了他的个人看法[13]。萨默斯说这并不是因为女性的平均智商比男性低，而是因为女性智商分布的标准差比男性小。

他说的恰恰就是我讲的这个道理。男性的标准差大，所以在优异区有更多男性。而这并不是说男性作为一个整体优于女性，因为在曲线另一侧的尾巴，也是男性多。男性中特别笨的人，也比女性多。

这纯粹是一个数学性质，但很多人认为萨默斯这番言论是性别歧视，结果萨默斯就因为这段话而被迫从哈佛校长的位置上辞职了。

我在这里假设人的能力都是正态分布的，这个假设不一定对。我们的模型能解释，为什么中国人多可是中国男足的水平不行，但是解释不了为什么中国没有那么多举世闻名的数学家——要知道中国人的平均数学水平可是很高的。

我猜测，到了特别高的水平，人的能力其实是幂率分布的：那些能力强的人会有更大的机会和意愿去进一步提升自己的能力，这里面有个马太效应。要这么说的话，什么"高考加一门足球"这样的办法，其实根本提升不了国家队的水平。

但那只是技术细节。我这里的结论其实对长尾的幂率分布大体上也是成立的。总结来说，要想增加优异区中的数量：

上策，是提升均值。这个方法对优异区的提升非常快，而且没有风险。

中策，是扩大标准差。这意味着你要冒险去做一些极端的事情。

下策，是增加总量。这是一个笨办法，效果很差。

只要想想有多少人还在问"为什么超过十四亿中国人都找不到十一个会踢球的"，就知道并非所有人都理解这个道理。

以数量取胜非常符合人的直觉。有些年轻人以上大学之前就通读了《二十四史》为荣，有些家长对孩子的期待是上小学之前认识几千个汉字，有些人四处积累"人脉"。他们犯了和爱新觉罗·弘历一样的错误，以为一只猴子只要不停地打字，就终有一日能打出莎士比亚名句来——他们大大低估了正态分布曲线尾部下降的速度。

高手贵精而不贵多。如果你的输出很多，可你的水平还是以前那样，说明你从未探索过新领域，你缺的不是运气。

但是，当你的均值已经高到无法再高，当你把能冒的险都冒了以后，数量就是你唯一可以掌控的东西。巴拉巴西在《成功公式》这本书中提出的最后一个定律，恰恰就是要放量[14]。一个人的科研水平二十多岁的时候就已经到顶了，成功科学家和一般科学家的最大区别是，成功科学家一辈子都特别勤奋。

水平够了才配得上比谁敢冒险。水平够了又敢冒险，那就只能比谁勤奋、谁家人多了。

实用者、改进者、竞争者和终结者

我曾经听到有人说，理工科的知识，在生活中几乎都用不上。我理解他的意思是，我们平时也就买个菜算个账用一点小学数学，最多再算算理财和保险；而像微积分、量子力学这些东西根本用不上。一个证据是，文科生不懂那些，日子过得也不错。

我反对这个说法。理工科的知识带给我们的不仅仅是具体的方法应用，更是一种思维模式，能帮助我们清醒思考生活中遇到的问题。而且有些理工科知识就是可以用于日常生活的，比如计算机算法就可以对生活进行指导。如果一个人学了一大堆科学知识，日子却过得很糊涂，作出很多错误的决策，那只能说明这个人并不是真的懂科学。

不过我们也得承认，日常生活中的事，如果你只想做到普通水平，大多确实用不上特别高级的知识。而以我之见，这是因为要解决同样一个问题，不同应用级别要求的实现水平不一样——只有高要求，才需要高级工具。

这一节咱们讲一个计算机科学的著名难题，来看看应该怎么应对难题。

1. 难题

当一个计算机科学家说"难题"的时候，他说的可是真正的难题。

老百姓说的难题通常只有老百姓认为难。比如你让一个小学生做一道高中数学题，他会说这是一道难题——但这个难度是相对而言的，换个数学家来，高中数学题根本不叫事儿。老百姓爱说

"难者不会会者不难"，其实说的都不是真的难题。

真正的难题，得是绝对意义上的难。哪怕有一道题，现在活着的所有人都不会做，你也很难说将来会不会有人找到一个巧妙的解法，他一说那个解法大家都会觉得很简单，所以那还不能算"绝对意义上的难"。

而计算机科学家，找到了一种绝对意义上的难题。术语叫"NP困难（NP-hard）"。如果再强行翻译一下，大约叫"非确定性多项式困难"。不过你不必在意这个术语，你只需知道，凡是"NP困难"的问题，都是绝对的难题。

为了理解这一点，咱们先看看什么是简单的问题。

比如现在给你一份学生名单，让你找一找，其中有没有一个叫"王小二"的学生，这就是一个简单问题。简单体现在计算时间短。你只需要把名单上的名字过一遍就行。对计算机来说，这是最简单的搜索。我们容易理解，如果名单上有 N 个名字，那么搜索时间将会和 N 成正比。

再看第二个问题。还是 N 个学生，现在让你按照考试分数给他们排个名次。如果你手动，先挑最高分，再挑第二高的分这么排，你就太慢了。如果你对计算机算法有一定了解，你大概知道有一些特别聪明的排序算法。其中最快的排序算法所需要的运行时间，大约和 $N\log N$ 成正比。排序比搜索要慢一些，但是这个时间也还可以，我们仍然可以说这是一个简单问题。

那什么叫"困难问题"呢？请看第三题。

在一张地图[15]上有 N 个城市，想象你是一个推销员，你能不能找到一条最短的路线，不重不漏地经过所有这些城市去做推销，然后回到起点。比如像下面这条路线。

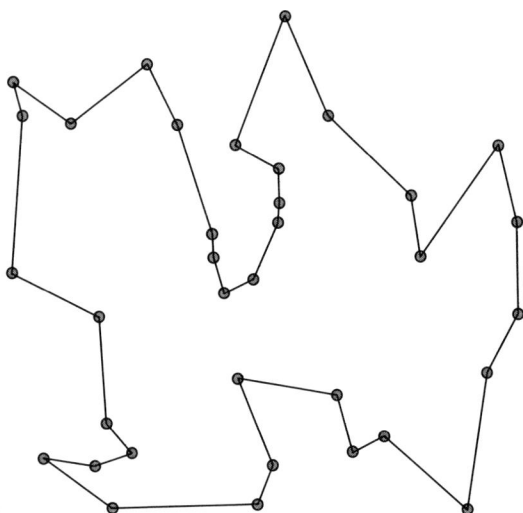

图7-18

这个问题听起来很直观，好像挺简单，这不就是快递员每天都面对的问题吗？但是，这是一个非常难的问题。上面图中就是一条看起来不错的路线，但你怎么知道它是不是所有可能路线中"最短的"一条呢？

这个问题叫作"旅行推销员问题（Traveling Salesman Problem）"。这是一个最著名的组合优化问题。这是一个"NP困难"问题。

解决这个问题没有什么特别聪明的计算机算法——你几乎只能把这些城市的所有排列组合都计算一遍，看看其中哪个最短。你所需要的计算时间，不是跟 N 成正比，也不是跟 N 的平方成正比，也不是跟 N 的几次方成正比——而是跟（N-1）的阶乘（（N-1）！）成正比。

如果是10个城市，你得尝试超过36万种路线。如果是15个城市，你得尝试超过871亿种路线！[16]

这才叫难题。难题的意思，就是换谁来也没用，根本就没有巧妙解法，只能老老实实地这么算，而计算它所要消耗的时间是你无法忍受的。

20世纪70年代，计算机科学家发展了一套"计算复杂性"理论，"NP困难"这个概念就是那时候提出来的。1972年，加州大学伯克利分校的理查德·卡普证明旅行推销员问题是个NP困难问题。这也就是说，不但现在没有好的解法，而且我们在理论上证明，这个问题几乎不可能存在什么好的解法。

我为什么要说"几乎"呢？因为这里面涉及一个数学猜想，叫"P=NP"，也就是说也许还有存在简单算法的一线希望，不过多数计算机科学家不相信那个猜想。

总而言之，"NP困难"是真正的困难。连计算机都认为它是个难题。那我们应该怎样面对这样的难题呢？这取决于你是个实用者，改进者，还是竞争者。

2. 启发式算法

说到这里，也许你对旅行推销员问题有个不吐不快的想法。为啥非得追求"最短的"路线呢？我们日常生活中如果要连续去几个地方，有谁会精心计算各种排列组合呢？我们都是找一条看起来差不多的路线就可以了！

没错。这就是"实用者"的态度。计算机科学家非常理解这个立场。事实上，面对NP困难问题，最方便的做法，就是找个差不多的解。

这就引出了"启发式算法（heuristics algorithm）"，也就是使用看起来比较聪明的套路，寻求一个差不多的解。

对旅行推销员问题来说，有个简单的启发式算法叫"最近邻居法"：从任何一个城市开始，每次访问的下一个城市都是距离当前城市最近，同时又尚未被访问过的城市。

比如下面这个局面[17]。

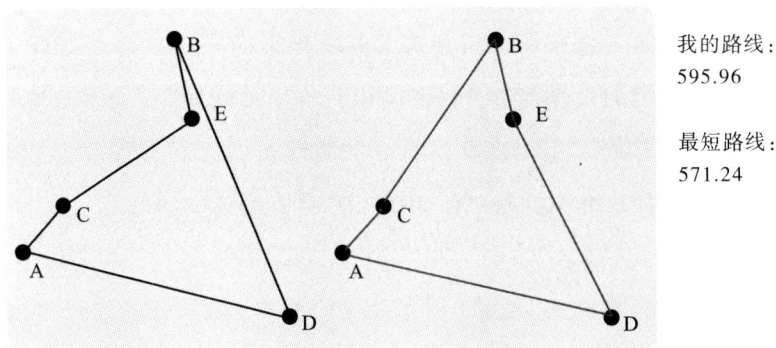

我的路线：
595.96

最短路线：
571.24

图7-19

左边路线是我从 A 点出发，用最近邻居算法找到的一条路线；右边路线是理论上的最短路线。我们看到，我选的路线只比理论最短路线长了那么一点点。谁会在乎这点差异呢？

这个最近邻居算法的计算速度非常非常快，而且一般的经验，它得到的结果，平均而言，大概也就比真正的最短路线长了25%。对实用主义者来说这是完全可以接受的。

类似这样的例子非常多，可以说是计算复杂性理论界的一个常识。对于NP困难问题，通常都可以用启发式算法得到差不多、过得去的答案。你将来在江湖上行走，如果有人跟你说"NP困难"，你的第一反应就应该是"启发式算法"。启发式算法是如此的省时省力，而且它们得到的答案常令人惊奇地接近最佳答案。

大卫·威尔逊在《生命视角》这本书里也提到了旅行推销员问题，他认为演化就是一种启发式算法。生命演化不一定能确保找到最优解，但是一定能给你一个不错的解。

对实用者来说这真是一个愉快的认知。如果你非得寻求理论上的最优解，你就成了一个"终结者"，你是想要终极答案，你是在终结这个问题。何必费那么大的劲呢？差不多就行了，真实生活哪里需要终结呢？

但是有些人并不满足于最近邻居算法。

3. 改进者和竞争者

我们说了，旅行推销员问题其实是快递员每天都面对的问题。而一个真正的快递公司——美国 UPS，就对这个问题非常感兴趣。他们不满足于最近邻居算法，他们想要更好的启发式算法。

这是因为 UPS 在这个问题上不是一般的老百姓。他们有55000 个快递司机，他们每天要前往1600 万个投递地址。哪怕是能让每个快递员每天少走一英里，UPS 每年就能省下3000 万美元。

UPS 是个改进者。几年前我看到一个报道[18]，UPS 开发了自己的路线规划系统，叫 ORION。ORION 并不能终结旅行推销员问题，它也是一个启发式算法，但它能给出更好的答案。如果你面对的是一个价值几千万美元的问题，为改进下的功夫就是值得的。

而计算机科学家还从另一个角度改进了算法。我们知道最近邻居算法能得到大概比理论最短路径长 25% 左右的路径，但这并不是绝对的，只是一般的经验而已。有时候最近邻居算法给的答案不但不是最短的，还可能是最长的。那有没有一个算法，能确保给一个"肯定不坏"的答案呢？

1976 年，伦敦帝国学院的尼克斯·克里斯托菲德斯教授提出一个算法，能保证它给出的路线比理论最短路线最多长 50%。他的方法非常数学化，我也不会讲，你也不用问，我想说的是这件事儿有多厉害。

此后几十年一直有人想打破这个纪录，都没有成功。直到2011年，斯坦福大学和麦吉尔大学的一个联合团队，才打破了这个50%的纪录[19]，轰动一时。那他们创造的新纪录是多少呢？是49.9999999999999999999999999999999999999999999996%——小数点后面有49个9。

那你可能会说，搞这样的改进值得吗？值得。因为他们不仅仅是改进者。

他们是竞争者。

4．日常问题和精英解法

我邻居家有个小女孩刚上高中。她的父母有一次跟我们聊天，不经意地告诉我们，说女儿在学校里踢足球——不是一般地踢足球，是踢"竞争性"的足球。

我一听就肃然起敬。这不是业余爱好，不是陶冶情操，不是锻炼品格，这是冲着正式比赛和国家队去的。竞争，能让人舍得发挥最大的潜能。

为什么我们在日常生活中用不上特别高级的技能呢？因为我们通常都是实用者。实用者的态度是够用就行，而"够用"很容易。

这辆车的造型可能没有那辆车那么酷，但是安全、越野、油耗各方面性能其实都不差，而价格便宜了一半，那就买这辆呗。实用者追求以最小的投入获得比较高的产出。

人们经常说什么"精益求精"，什么"追求卓越"，其实实用者不需要那些。比如你要写个报告，为此要做很多调研，请问你应该调研到什么程度？答案是够用就行。在这个时代搜集信息是没有止境的，你必须学会适可而止。调研是个边际效应递减的事儿——如果调研带来的好处已经比不上调研本身的成本，那你就应该停止调研。没有这个实用态度，你就寸步难行。

可你不能什么时候都"只选对的不选贵的"。有时候对的就得是贵的。像UPS改进路线算法，那个边际效应很难减下来，你就得舍得大投入，你就值得用高级的手段。

而对竞争者来说，"边际效应"几乎就是个没有意义的概念。面对胜者通吃的局面，赢了就赢得一切，输了就啥也没有，那你就得真的全力以赴。也许赛车性能提高5%，价格要提高五倍——那你也得花这个钱。竞争者不能计较性价比。

如果一个人过惯了普通的日子，可能看什么问题都是实用者心理。比如有人说高考为啥要考那么难的数学呢？我们根本用不上啊！殊不知高考是个竞争项目，那么难的数学就是为了把问这种问题的人淘汰掉的。

再比如，以前中国的很多工厂，生产车间都是脏乱差，一点都不规范。你要说应该规范化，工厂老板可能会说规范很贵啊，对付对付差不多就行了。这种实用者会对自己的小精明沾沾自喜。

比如有个段子说，怎么判断生产线上肥皂盒里装没装肥皂呢？高级手段又是微电子又是X射线，而乡镇企业的一个小工想了个办法：用电吹风吹！空盒子自动会被吹走。

过日子也许真的可以这么干。但是要想在国际竞争中占据一席之地，这种对付的办法可是不行的[20]。你需要更强的安全性和可靠性，你会对生产环境有极端的要求。

陶醉于实用主义小精明的人，对高级知识的力量一无所知。

面对难题，弱者的思维方式是从实用者开始，在现实中被逼改进。而强者的思维方式是从终结者开始，实在解决不了，退而求其次才寻求改进。

怎样优化悬念和意外

你被人"剧透"过吗？"剧透"是在一个人想看，但是还没看一个影视剧时，提前告诉他关键剧情，使他在看片过程中失去悬念的行为。现代人越来越重视对过程的体验，被剧透的痛苦越来越强烈。

读侦探小说的乐趣在于跟着主人公一起破案，你不想一上来就知道杀人凶手是谁。看体育比赛必须得看现场直播才刺激。看电影《第六感》，你绝对不能提前知道布鲁斯·威利斯扮演的那个儿童心理学家其实一开始就已经死了。

如果你还没看过《第六感》，请原谅我的剧透。但是咱们想一想，反对剧透这个事情挺有意思。如果你读一本书，学习一个什么知识，你关心的是信息本身。只要能得到全部的信息就行，信息的具体顺序并不重要，毕竟知识对你的意义是长期的，获得知识的过程只是一瞬间而已。可是读小说、看电影、收看体育比赛，获得信息的顺序却无比重要。

信息顺序能给我们制造刺激感。既然刺激感非常难得，那就是一种稀缺的东西。既然是稀缺的东西，那就是经济学问题。真的有经济学家研究了这个问题。

到底怎么安排信息，才能把读者和观众的刺激感给最大化呢？美国西北大学和芝加哥大学的三个经济学家专门为此写了一篇论文[21]，第一作者是西北大学的杰弗里·伊利教授。如果你对怎么制造刺激感有兴趣，你应该了解这项研究。

1. 悬念和意外

这三个经济学家认为，刺激感不是单一的变量，它有两个维度：一个是"悬念"，一个是"意外"。而我们在欣赏一个作品的时候感受到的悬念和意外，都是由我们对某个事情的"信念"的走势变化决定的。

比如说观看一场体育比赛。如果你非常确信有一方能赢，也就是说你的信念非常强烈，而且那一方果然赢了，这场比赛对你就没啥意思，一点都不刺激。

刺激的比赛应该跌宕起伏。一开始你感觉谁有可能赢，但是你不确定，所以你很愿意看。比赛过程中你的信念忽上忽下，感觉赢定了的时候又被对手赶上来还反超了，你都绝望了，结果最后来一个惊天大逆转，你支持的选手还是赢了——这样的比赛过程就比稳稳当当地赢要刺激得多。

下面这张图描述的是2011年美国网球公开赛中，德约科维奇对费德勒的一场比赛。曲线表现的是观众对德约科维奇获胜的信念，它是一个从0到1之间的概率值。

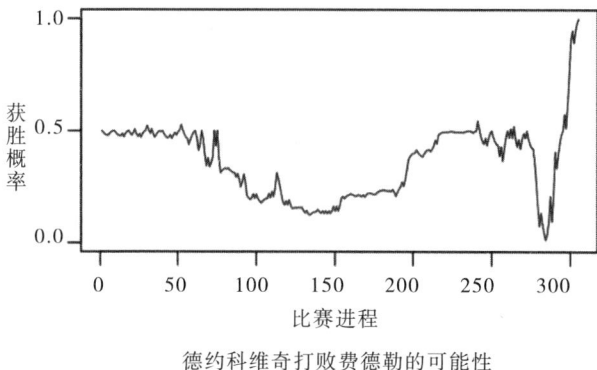

德约科维奇打败费德勒的可能性

图7-20

两人水平差不多，一开始的信念值是0.5。随着比赛进行，德约科维奇比分落后，信念值降到了0.2左右。接下来德约科维奇奋起直追，信念值又回到0.5。可是就在这时候，费德勒连续打出好球把比分拉开，观众感觉德约科维奇几乎输定了，信念值降到了0.1以下。最后阶段，德约科维奇突然爆发，上演惊天逆转，德约科维奇获胜！

哪怕你不是德约科维奇的球迷，你也会认为这是一场非常刺激的比赛。而对比之下，下面图中穆雷对纳达尔的比赛就不够刺激了。纳达尔很快就取得了领先优势，而且一直把优势保持到最后的胜利。

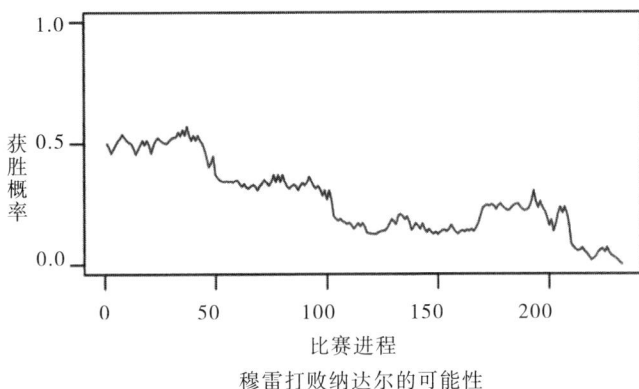

比赛进程

穆雷打败纳达尔的可能性

图7-21

信念值曲线对悬念和意外都有影响。

所谓悬念，是你无法预测比赛结果的那种感觉。可能现在你的信念值是0.5，你知道随着比赛进行这个信念值会发生变化，但是你不知道它会怎么变。悬念，是对不确定性的感受。

所谓意外，则是比赛过程中突然发生了一件你意想不到的大事，导致你的信念值发生巨变。现在中国队0:1落后伊朗，而比赛已经进行到了第85分钟，留给中国队的时间不多了。本来你以为这场输定了，可是中国队5分钟之内连进两个球，居然赢了，这就叫意外。

悬念是在大事发生之前的感受，意外是在大事发生之后的感受。我打个不精确的比方，悬念就好像是"灰犀牛"——你知道这件事可能发生，但是你不知道它到底会不会真的发生，你也不知道它什么时候发生。意外则有点像"黑天鹅"——你连想都没想到，它居然就发生了。

从维护稳定的角度，我们既要警惕"黑天鹅"，又要防范"灰犀牛"。但是从吃瓜群众看热闹不怕事儿大的角度，我们希望戏里有悬念和意外。

2. 优化

有多少悬念和意外，完全取决于信念值的走势。篮球比赛的得分多，如果不是势均力敌的话，双方很快就能拉开差距，弱队很难逆转，比赛到后期往往会进入"垃圾时间"，所以悬念不足。

足球比赛的得分低，强队和弱队比常常就是一两个球的差距，所以比赛中的悬念能保留很长时间。虽然不常进球，观众也得总盯着比赛看，生怕稍微离开就错过了进球。但也因为进球少，一场足球比赛中的意外通常不多。

像乒乓球和排球这样搞分局的赛制，就算这一局大比分输了，下一局还可以重新开始，用五局三胜的方法决胜负，落后者一直都有机会反转，可以说是把悬念保留到了最后，比赛没有垃圾时间。

那如果让你来设计一个比赛的规则，或者让你写一本惊险小说，你应该怎么安排信息顺序，才能让悬念和意外最大化呢？

三个经济学家说，要想让悬念最大化，你必须一直保留"剧情反转"的可能性。如果一方已经赢定了，或者读者早早就知道某人肯定是凶手，悬念也就不存在了。

考虑到这一点，足球比赛远远不如《哈利·波特》里面的那个"魁地奇"比赛的悬念强。

魁地奇比赛中寻常的进球可以得10分，但是只要哪一方最后抓住金色飞球，立即就能得到150分。弱队可以单凭一个厉害的搜捕手逆转比赛，悬念一直保留到最后。

但是仅仅保留逆转的可能性还不行。悬念是有了，可谁都能逆转，观众会觉得不够意外。

而要想让意外也最大化，你必须让每一次反转发生的可能性越来越小才行。这个人明明快要输了，结果居然赢了，这样才刺激！

研究者提出，最优化的剧情进程，应该像下面这张图中这样。

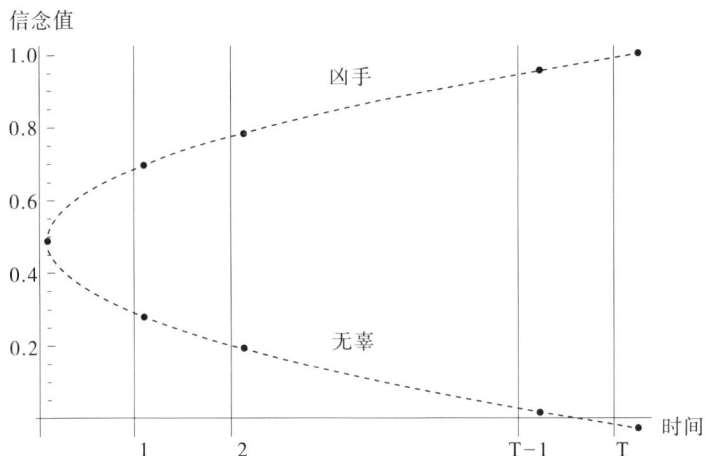

图7-22

图中横坐标是时间，纵坐标是信念值，上下两条曲线代表两种可能的结局。比如说，上面的曲线代表这个人是凶手，下面的曲线代表他是无辜的。最佳剧情，应该在两条曲线之间来回跳跃，一会儿走上面曲线，一会儿走下面曲线，每一次跳跃代表一次反转。

比如一开始证据显示这个人有很大嫌疑，剧情走上面的曲线。到了时间是1的地方，新证据又证明他是无辜的，那么从1开始就走下面的曲线。在1那里发生的跳跃很突然，读者感到了意外。

沿着下面的曲线继续往前走，读者感觉这个人很可能真是无辜的，哪里知道在2的地方又发生了一次反转。这一次反转跳跃的幅度更大，意外感更强。新的证据显示他就是凶手。

而且越来越多的新证据都说明这个人是凶手。读者这时候觉得不太可能再反转了，因为证据太强了。结果故事快结束的时候居然又来了一次反转！

因为读者预期可能有反转，所以才有悬念。因为每一次反转都比上一次难，所以反转本身的发生才有意外。这简直是完美的剧情节奏。

但是，请注意，反转可不是越多越好。

3. 反转

三个经济学家在论文里没说反转几次好，但他们在《纽约时报》发表了一篇介绍这个研究的文章[22]，其中提到，一部小说剧情的最佳反转次数是三次。

这个道理是反转要稀有一点，悬念和意外的效果才好。如果剧情一会儿一个反转，读者和观众就会见怪不怪，甚至觉得你这个剧情根本不靠谱。我们应该把观众的意外感当作一种稀缺资源。你一次只能给他们制造这么多意外，意外太多就不叫意外了——三次正好。

而且也不应该是所有作品都追求悬念和意外。在经济学播客《魔鬼经济学》的一次访谈[23]中，这几个经济学家甚至提出，现在好莱坞有点滥用剧情反转。人们都能猜到一般的剧情套路。可能观众一看你这是个悬疑片，就预期剧情会发生反转，你越是证明这个人是好人，观众就越相信他最后必定是个坏人。这种观影心态就不太好，明明是个煽情的故事，搞成了智力游戏。

观众的这个心态是所有悬念小说和电影共同培养出来的。这有点像是公地悲剧——每个作家都想让自己的作品里带点悬念和意外，结果却弄得观众对悬念和意外不敏感了。

这个最优配置仅仅是在优化作品的刺激性，而我们欣赏任何作品都不单纯是为了追求刺激。如果纯粹是要把比赛悬念和意外最大化，研究者建议足球比赛应该修改两条规则。

第一，不看进球个数，而是哪个队打进最后一个球就算哪个队取胜。这样比赛一直到最后都有悬念。

第二，随着比赛的进行，双方的球门要变得越来越小。这样能让进球越来越难，增加每个进球带来的意外。

可是你愿意看这样的足球比赛吗？任何一方打进一球之后必定会全面转为防守，这样的比赛还好看吗？

所以好看不等于刺激。真正的难处不在于怎么安排剧情反转的节奏，而在于怎么让每一次反转都显得真实和自然。

这就是本书关于数学的全部内容。

……但是，请注意，反转三次不是绝对的。悬念来自不确定性。如果你每次都确定反转三次，剧情就没有悬念了。真正的好办法是在反转两次到四次之间随机选择。咱们再反转一次，下一章讲一个有意思的、系统性的、高级的数学应用。

扫码免费听"精英日课"精选内容
用理工科思维突破自我认知局限

第八章　期权思维

> 君子对青天而惧，闻雷霆而不惊；履平地而恐，涉风波不疑。

——陆绍珩

只是权利，不是义务

作为数学和逻辑思维的一个高级应用，我们最后来讲讲"期权"的智慧。

期权本是一个金融概念。不过我们讲期权，并不是研究怎么做期权的投资或者投机，而是用期权思维研究做事的方法。期权思维并不仅仅属于金融市场，你在生活中也可以使用。期权思维的本质是掌握对风险的主动权。一般人谈风险都是说要防范风险，是被动的；而期权思维则是积极主动的，要利用风险，特别是，它能让你识别和抓住机遇。

有句话叫"机遇只偏爱有准备的头脑"，但据我观察，现实世界中有准备的头脑太多，而机遇太少。所以对机遇光有思想准备不行，你得有动作才行。期权，就是我们锁定机遇的动作。

这一节我们先说说期权的基本知识。

1. 什么是期权

"期权"这个词听起来很有专业味道，并不是日常用语。但是在英文中，它其实是一个特别简单的词，叫"option"，直译就是"可选项"。可选项的意思不是像做选择题那样给你四个选项，让你必须得从中选出一个。option是说，你可以选，也可以不选——它是你的权利，而不是义务。

如果没有期权思维，你不一定能意识到"可选项"这个权利有多么宝贵。

我给你举个例子。比如你有失眠的毛病，每天晚上躺下都担心睡不着，可是越担心就越睡不着。有一天，你得到了一种安眠药，这个药非常好使，任何情况下吃了就能睡着。你吃过几次，效果良好。

这个安眠药，就是你的可选项。其实你并不是每天都吃，有时候你不吃药也睡得挺好。但是有这个药放在家里，你就有一种踏实的感觉，你就完全不用担心失眠。可以用，但是不一定用，这个权利，你说好不好？这就相当于参加高考之前已经有一所很好的大学提前录取你，给你保底了，那你还用担心考试发挥失常吗？

权利常常都伴随着义务。比如你生在古代大户人家，家里已经给你定下了一门亲事，对方条件不错——这桩亲事固然是你的一项权利，但同时也是义务。协议已经签了，你悔婚就会受到社会的谴责，这就不叫可选项。而今天的一个女神，如果身边有个备胎随时愿意跟她结婚，但是女神也可以选择别人，这才叫可选项。

那你可能说生活中哪有那么好的事儿呢？只讲权利不讲义务？有的。只不过有时候得花钱买。最常见的，就是股票期权。

下面这张图就是 2019 年 5 月 24 日这天，苹果公司的一个股票期权。

苹果 2019年8月 看涨期权180.000
期权报价-延迟期权报价 美元
9.95 -1.15 (-10.36%)
截至美国东部时间下午3:59开市

图8-1

这是一个"call"，也就是"看涨期权"。它的意思是允许你在 2019 年 8 月 16 日这一天，以每股 180 美元的价格，买入苹果的股票。

这就是一项权利，而不是义务。如果 8 月 16 日那天苹果的股价高于 180 美元，哪怕它涨到了 500 美元一股，你也有权以 180 美元的价格买入——多出来的差价都是你赚的。反过来说如果到时候股价不到 180 美元，那你什么都不用做。

当然，这个权利不是白给你的。5 月 24 日这天，这个看涨期权的价格是 9.95 美元——你花这个钱，去买那个权利。比如说，如果到时候的股价是 200 美元一股，你这个看涨期权就会值近 20 美元，你实际上净赚了差不多 10 美元。

还有一种期权叫"put"，中文叫"看跌期权"，意思是到时候你有权以固定的价格"卖出"一只股票。我觉得英文的说法更形象，看涨期权是你有权利把它拿过来，看跌期权是你有权利把它放过去。

现在很多上市公司会把期权作为给员工，特别是给管理层的一个激励。比如你们公司现在的股价是90美元。董事会决定，给你一个期权，允许你在两年以后以100美元的价格买入公司的10万股股票。如果到时候的股价是110美元，你这个期权就会值100万美元！而如果那时候股价不到100美元，你这个期权就没有用了。

对你来说这是一个很好的激励，你会全力以赴把股价干上去。对董事会来说，这是一个廉价的许诺：股价真上去了，董事们也跟着赚钱；股价要没上去，董事们在你身上啥钱也没花。

所以期权真是好东西啊。

2. 期权投机

还有更刺激的玩法，期权可以用来投机。

比如现在苹果股价是179美元，而你相信它会在8月16日之前涨10%，达到近197美元。但是你投入的资金只有5万美元，全买苹果股票，就算真涨了10%，你也就赚了5千美元——这好像没什么意思，不刺激。

怎么才能让回报配得上你的野心呢？你可以买看涨期权。

苹果	2019年8月	看涨期权185.000
期权报价-延迟期权报价		美元

7.55 -0.84 (-10.01%)

截至美国东部时间下午3:59开市

图8-2

像这个8月16日交割，185美元的看涨期权，现在的价格是7.55美元。如果到时候股价涨到197美元，这个看涨期权就会值

12美元，是现在的约1.6倍——你的5万美元可以变成近8万美元。而如果股价能涨到201美元，你投的资金就直接翻倍了。在这个投机的意义上，期权是一个杠杆。

更好的是，期权还允许你做空。比如你非常不看好苹果，认为它现在179美元的股价太高了。如果是在中国股市，而你手里现在没有苹果股票，你什么都做不了。但是在美股，你有两个办法可以用这个见识挣钱。

一个办法是直接"卖空"。美股允许你先借，比如说一千股苹果，把它给卖了，等股价跌下来之后你再把股票买回来还给人家。这个做法能让你先拿到钱，但是非常危险，因为如果苹果不跌反涨，你就不得不花很多的钱买回来，而且因为涨价无上限，你的损失也是上不封顶。

而用期权就好办了，你可以买一个苹果的看跌期权。

苹果　　2019年8月　　180.000看跌期权

期权报价-延迟期权报价　　美元

10.65 -0.15 (-1.39%)

截至美国东部时间下午3:59开市

图8-3

上面这个看跌期权允许你在8月16日以180美元的价格卖出，它目前值10.65。如果到时候股价跌到160美元，它就会值20美元，你相当于赚了差不多一倍。

股价的上下浮动也就10%左右，可是你的收益却是成倍的，这就是杠杆的作用。但是请注意，如果你判断错了，那些期权到时候就会一文不值。手里拿的如果是股票，就算股价跌下来了，你还可以死等涨上去的一天；可如果是期权，到期就可能清零了。我本人曾经有过惨痛的教训，这个就不说了。

3. 期权是一种保险

其实股票期权这个东西，不是用来给你当杠杆去投机用的。老实厚道的人应该怎样用期权呢？对投资者——而不是投机者——来说，期权其实是一个保险。

比如现在你手里有一只股票，你长期看好它，所以你想一直拿着。最近宏观形势不太好，你感觉有下跌的风险，但是你又不想卖，那你怎么办呢？

你可以买它的看跌期权。那么如果这个股票真的跌的话，因为你有看跌期权，哪怕它跌得再惨都跟你没关系，你可以以一个固定的价格把它卖出去，你的损失最多也就是当初买看跌期权的那点钱。你的损失就有了上限。

同样道理，如果你手里这只股票有点太热了，可能是个高点，你还可以卖一个交割价格比当前价格略高一点的看涨期权。如果股票真的下跌，你卖掉的看涨期权就会变得不值钱，买你看涨期权的人就不会行使他的权利，你就等于白赚了看涨期权的钱。而如果这只股票反而还涨上去了，你将会不得不把股票卖出去——不过那是一个比当初更高的高点，再加上你卖看涨期权收到的钱，你还是赚了一笔。

具体是买看跌期权好还是卖看涨期权好，这些技术细节不是我们在这里讨论的范围，我主要想说的是期权是一个对冲风险的手段。你可以一边持有一只股票一边卖看涨期权，也可以一边卖空一只股票一边买看涨期权，这使得你在冒险的同时能把损失控制在一个限度，在观望的同时提前锁定一笔盈利。

所以对手里拿着很多股票的人来说，期权是一个保险。大户操作保险，这件事非常符合逻辑。而反过来说，如果你手里的资金太少，不持有股票而去裸买期权，你就等于以一个小户的身份去给大户提供保险，这不荒唐吗？

人家说，啊，我有保险，所以我不在乎股价波动。而你呢？你就是那个波动。这不可悲吗？

总而言之，我们讲这些不是为了说明期权应该怎么操作，更不是鼓励你去投机，我们是想说明"可选项"的价值。期权，是对从未来的风险和机遇中受益的权利的提前锁定。为此你会付出一点点代价，但这常常是值得的。

金融市场上的期权交易，可以说已经把"可选项"给玩到极致了。各方都非常理解可选项的价值，一点儿都没浪费。我认为成熟的金融市场大体上都是均衡的，期权该值多少钱，已经反映在它的交易价格之中，一般散户没什么必胜的机会。

但生活中有很多可选项，却不是充分交易的。因为缺少期权思维的意识，有很多可选项的价值被人低估了。

比如有个开发商在一个新规划的地区建房，现在一切都还在图纸上，一年以后才能建好。你可以跟开发商先签约，谈好价格，一年后再买入。为了确保你不违约，开发商会要求你交一笔抵押金。这些操作很正常吧？

如果你有期权思维，你就应该马上意识到，你这相当于用抵押金买了一个看涨期权。如果一年以后房子升值，你有权以当初的低价买入这个房子；而如果房价跌了，你大可违约，无非就是损失了那一点抵押金而已。这不就是看涨期权吗？

考虑到这一点，你正确的操作是多签几份合约。等房屋升值，你可以把这些合约转卖出去。我不知道在中国允不允许这么干，但是在美国，我听说有人是这么干的。

因为买房的手续麻烦，这个期权很可能是个不充分的市场，签约抵押金很可能没有反映期权的真实价值。所以遇到这样的事情，你应该果断签。

怎样发现这样的机会呢？关键在于如何合理评估一个可选项的价值。

如果你有特权你应该喜欢什么

期权就是可选项，可选项可以是个很宝贵的东西，因为你只有权利，而无须承担义务。股票期权和实物期权都是非常成熟的东西，因为交易频繁，可以说市场是基本均衡的。再考虑到很多人用期权投机，这些期权的价值已经体现在价格上了，而且可能还被高估了，并不适合非专业人士裸买。

但是如果你有期权思维，你会发现有很多可选项的价值被低估了，没有被充分交易。很多时候人们不一定能意识到那是一个期权。

中国球员武磊曾经一度在西甲联赛表现非常好，身价达到了500万欧元。但是你可能不知道，武磊的第一次转会，是徐根宝把武磊买到上海崇明岛训练基地，才花了4万元人民币[1]——因为当时武磊只有十二岁。

买成年球星相当于买股票。你得支付巨额的转会费，还得给他提供一份丰厚的、有保障的合同，如果他来了以后表现没达到球队预期，你会损失很多钱。

但是职业俱乐部签一个青少年球员，则是买期权。你支付一个很少的价格就可以把他锁定。如果他将来踢出成绩，你有优先签约权，到时候可以把他变成股票，而且可能连转会费都省了。如果他不是球星的料，你最多损失一点青训的钱，那和巨额转会费相比是微不足道的。

那好，现在我问你一个问题。假设有两个小球员，他们的表现平均下来差不多。第一个小球员发挥不稳定，有时候感觉特别厉害能得全场最高分，但有时候会发挥失常，而且脾气不好。第二个小球员的发挥则一直很稳定。那请问，你优先选哪一个呢？

这就涉及期权定价的问题。

1. 期权的价格

期权其实是一个很古老的东西。用定金锁定未来的交易价格，这种行为早在古希腊就已经存在。期权在近代股票市场上也是很早就出现了。但是期权到底应该如何定价，这个问题直到20世纪70年代才被解决，而且还受到1997年诺贝尔经济学奖的关注。

大家公认的期权定价模型叫"布莱克—斯科尔斯模型（Black-Scholes Model）"。这是一个复杂的公式，我们没必要讲它的任何细节，而且你也用不上。其实真正的期权交易员也不怎么用这个公式，不是拿公式计算一个期权"应该"值多少钱，发现低估了就买入——因为这个公式本身包含了说不清的不确定性。

纳西姆·塔勒布在《反脆弱》[2]这本书中提到，他当年在沃顿商学院听老师讲过期权。那个教授讲了"布莱克—斯科尔斯模型"，但是塔勒布认为教授并不懂那个公式意味着什么，也不知道期权定价原理有什么普遍的意义。

不过期权定价公式能给我们一些做判断的直觉。影响期权价格的因素主要有五个：股票当前的价格、期权的到期时间、期权规定的股票履约价格、固定的银行利率，以及股票的波动性。我们不考虑银行利率，其他几个因素的影响都是可以理解的。

简单起见，咱们研究一个看涨期权——它允许你在一定时间之内，以一个固定的履约价格，买入一只股票。

首先，这个期权的到期时间越长，它的价值肯定越大。时间越长，股价就越有机会涨上去，你的等待余地就越大。

其次，相对来说，这个股票的当前价格越高越好，期权规定的履约价格越低越好。如果你有权在三个月之内以70元的价格买入，过了还不到两个月这个股票就已经是120元了，那你说这个期权岂不是非常值钱吗？

时间和价格这些都是常识判断，对所有股票都一样，谈不上什么学问。真正能反映一只股票自身特点的变量，是一个有点说不清楚的不确定因素，也是决定期权价值的关键所在——那就是波动性[3]。

这只股票的波动性越大，期权的价格就越高。

2. 期权喜欢波动性

为什么波动性越大，期权价格就越高呢？我们来讲讲这个公式意味着什么。

我们考虑一只股票A，它当前的价格是100元。股票A的表现一直都非常稳定，好的时候能到105或者106元，不好的时候也就跌到94或者93元。那在这种情况下，你花5元买个履约价是110元的看涨期权有意义吗？没有。它到110元的可能性很低。

而另外一只股票B，当前价格也是100元，但是它的波动性很大，好的时候能达到125元，不好的时候能跌到65元。它下行的风险其实更大，但是你哪怕花10元买一个110元的看涨期权，都很有意义。

这是因为你只有权利而没有义务。股票B向上的波动幅度越大，你赚的钱就越多——如果它能涨到200元，你一个看涨期权就值90元，翻很多倍。而B向下的波动，不管幅度有多大，它跌到哪里，跌得有多惨，你其实无所谓，因为你最多也就损失了买看涨期权的10元。

如果这个东西对你来说是个可选项，你会希望它的波动越大越好。因为你有权利挑好的，而没有义务负担坏的。

这是一种不对称性：波动上行，你的盈利上不封顶；波动下行，你的损失只是固定的一点点。这个不对称性就是塔勒布说的"反脆弱"的数学原理——这个不对称让你希望它折腾。而我们看到，只有当你手里有期权的时候，你才谈得上"拥抱不确定性"——如果你拿的是股票，你就得承担一切下行的波动风险。

期权，是一个特权。

回到前面说的那两个小球员。第二个小球员发挥稳定，意思就是他的波动性不大，也就是他的上限不高。他很可能会是一名表现尚可的球员，也许将来能在中甲联赛确保一个主力位置，但是不太容易成为球星。

而第一个小球员偶尔能打出特别漂亮的比赛，说明他上限很高，他有成为球星的潜质。当然，他有很大的风险，要想成为真正的球星，他必须学会控制自己的脾气，克服身上的弱点——但是那些跟你没关系。他能踢出来你就用他，他踢不出来你还有别的选项。他的命运如何沉沦都跟你关系不大，你手握不对称性，只关心上限就可以。

你有这个特权，因为你是俱乐部。而对比之下，小球员可没有这个特权，他们只拥有自身的股票，还无法交易。他们必须拼命努力才能赢得你的挑选。

那你可能说，如果有个小球员一直稳定地发挥巨星水平，那不是更好吗？是啊，那种情况下他的签约价会很高，还搞什么期权，应该直接买股票。

总而言之，股票思维不能只想着赚钱，还必须得关注下限，要有什么止损啊，黑天鹅啊，短板啊之类的考虑；而期权思维只关心上限。

如果你有特权，你应该喜欢波动性，你应该喜欢极端。

波动，并不仅限于时间上的波动。

3. 特权挑选极端

咱们设想你是一个公司的领导，你们公司的业务水平很高，需要特别出类拔萃的人才，请问你应该如何选才呢？

一个策略是只看清华北大这种"高学历人才"的简历。比如2020年搞大裁员、准备撤出中国的甲骨文北京公司，当初就是这么挑人的。而从这个选材标准你就能看出来，这是一个不需要不确定性的公司。只选高学历，是股票思维，是确保一个比较高的下限，追求稳定性。

如果真的需要球星式的厉害人物，你得用期权思维。你应该广撒网、多看人，甚至给很多人试用的机会，搞宽进严留。一旦遇到特别厉害的人物，他给你带来的好处是上不封顶的；如果不够厉害，你无非就损失了一点面试的时间和试用期的工资而已。

敢说什么"求贤若渴"、什么"不拘一格降人才"的，都得既有进取心又有特权才行。他总是充满期待地开始一段关系，然后无情地挑选和放弃。

极端的事物总是罕见的，必须广撒网才能找到。大连万达每年送30个小球员到西班牙训练，这么多年过去了，没出什么球星。为啥呢？因为这种精英培养的模式是股票思维。去西班牙训练很贵，你不得不限制选材人数，而30个人里很难出一个真正的球星——3万人能出一个就不错了。中国足球不行的根本原因在于缺球星，缺球星的根本原因在于踢球的孩子太少。

塔勒布给期权做了一个定义。

期权 = 不对称性 + 理性选择

因为有不对称性，你这才是一个特权；而理性选择是你对特权的行使。理性选择并不是一个很高的要求，如果你只有权利没有义务，你真的不需要太高的专业技能，你只要懂得挑选就可以。没有特权的人只能勤学苦练，有特权的人看着别人勤学苦练。最成功的老板常常不是专业水平最高的人，但是他们非常善于使用特权。

自己开公司是股票思维，风险投资是期权思维。你正在研发一个可能一鸣惊人的项目，那请允许我在这个项目还没惊人的这个时刻，给你投一点钱。如果项目不成，我的损失很小；如果项目能成，我保留了上不封顶的获利可能性。你自己尽心尽力，我享受不对称性。乔布斯为什么说要"保持饥饿，保持愚蠢（stay hungry，stay foolish）"呢？因为有特权的人不用太聪明，只要胃口够大就行。

奋斗是股票思维，演化是期权思维。大自然不知道哪个方向是正确方向，它只是让各种生物在各个方向都尝试而已。万一哪个基因突变特别好，大自然就可以"选择"那个生物——这就叫

"自然选择"。

结婚是股票思维，暧昧是期权思维。一个拥有优势地位的大小姐，有众多的追求者，就很可能会鼓励那些追求者们去做一些冒险的事情，来向她证明实力。比如她可以搞个什么"比武招亲"之类的活动。她不在乎谁落败，她只要挑最后胜出的那一个就行了。"龙虾教授"乔丹·彼得森在《12条人生规则》这本书里对此非常感慨，说女性真是代表混乱啊。从这一节看来，这个混乱，就是期权喜欢波动性。

供给侧是股票思维，需求侧是期权思维。生产者必须把产品做好，而你作为消费者，对选择产品只有权利没有义务。所以你会希望市场有多样性，你会希望商家冒险研发新产品，最好多来一些颠覆式的创新——你不在乎谁破产。

那既然期权有这么多好处，为啥人们还要买股票呢？可能因为某些期权的价值被高估了，可能因为期权有到期时间，可能因为有些期权不可交易。而我认为最重要的理由是，买股票——也就是亲自承担下行的全部风险——才是 skin in the game（利益攸关），才有资格出手干预。

纳西姆·塔勒布与魔法石

那么，该如何寻找这种期权式的机会呢？

生活中的确有很多这样的机会，但也有很多事不但不是机会，而且还是累赘和危险。我们人生在世也不只有权利，还必须承担很多义务。理想的人生，一方面要通过行使权利而不断成长，让自己变得很厉害；另一方面又要安全、妥当地承担义务。

好运气，你能把它的效果最大化；坏的危险，你能把它限制在可控的范围之内。这简直就是人生的核心算法。

对这个算法最有发言权的必须是纳西姆·塔勒布。塔勒布所有的书里我最喜欢的一本，就是《反脆弱》。"反脆弱"这个概念现在已经深入人心了，要说怎么对付脆弱、怎么利用反脆弱，我看很多人的认识还不够，可能是因为其中的操作原理是一个数学思想。

其实这个思想并不难懂，我们先讲一点数学。

1. 两种非线性

你可能经常听说"非线性"这个词，非线性的东西经常带给人们反直觉的故事。那什么是非线性呢？

咱们先说"线性"。线性，就是能按比例扩大。比如你买苹果，买一斤苹果是 12 块钱，那买 10 斤苹果就是 120 块钱——输入值增加多少，输出值就会按照固定比例相应地增加多少。画在图上，如果横坐标是输入，纵坐标是输出结果，你会得到一条直线，所以叫"线"性。

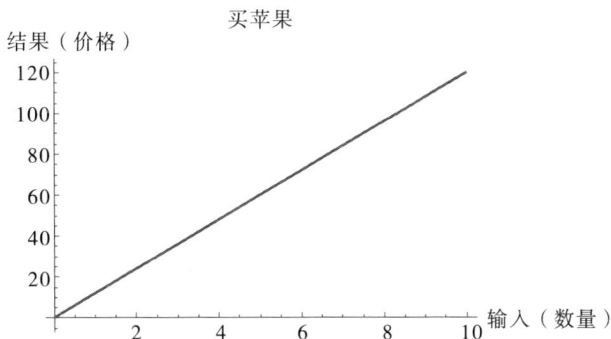

图8-4

而所谓非线性，就是结果和输入的关系不是直线、不成比例。比如喝啤酒，你喝一瓶啤酒觉得很愉快，那你喝两瓶啤酒获得的愉快度，是不是喝一瓶的两倍呢？不是。喝啤酒就是个边际效应递减的事儿，它的曲线是下面这样的。

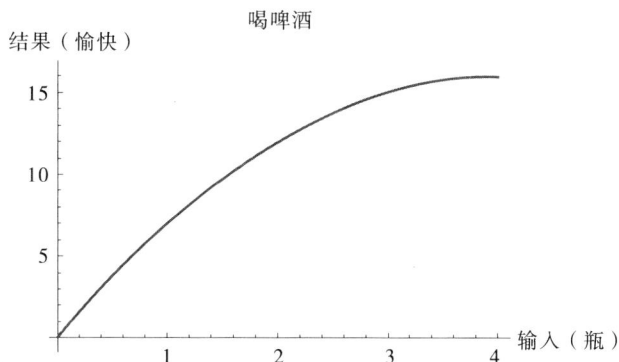

图8-5

随着你喝啤酒的瓶数增加，愉快度并不是直线上升的。它越升越慢，到达一个峰值之后可能还会下降。

如果所有事情都是线性的，我们这个世界就简单了。线性的意思是你的回报和你的付出成正比。你想要多大回报，就得付出多大努力，撸起袖子加油干就行。然而现实并不是这样，有的人努力不大回报却很大，有的人拼命付出却只换回微薄的回报，还有的人一个小小的失误就带来了灾难性的后果。世界上大多数事情是非线性的。

很多人相信权利和义务应该对等，有多大权利就得承担多大义务——那是线性思维。非线性的世界里，有时候很大的权利对应很小的义务，有时候很小的权利对应很大的义务。要想识别这两种局面，你就得理解两种非线性。

我们画一张图，横坐标是输入，纵坐标是得到的结果。第一种非线性，它的曲线是上凸下凹形状，英文叫 concave，比如喝啤酒。

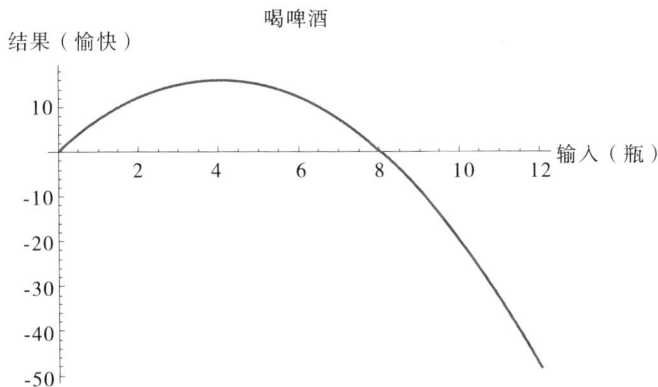

图8-6

少喝是快乐的，喝到一定程度快乐就到顶了，再多喝就危险了，搞不好得送医院。这种曲线的共同特点是回报随着投入边际效应递减，上升缓慢，到顶后越往后下降越厉害，会出现负值，而且下不封底。

这就叫"脆弱"。请记住，脆弱，是一个数学概念，意思是这种上凸下凹的非线性曲线。它上行的利益有限，下行的危险却是无底的。

脆弱的东西容易出现黑天鹅事件。举个例子，假设中央银行想要通过增发货币来振兴经济。一开始用这招效果确实不错，可是继续用就感觉没什么效果了——也许新增的货币都被基础建设和房产给吸收了，但是也没有发生通货膨胀，就好像怎么印钱都没用似的。可是经济没起色，央行只好继续超发。直到某一天，通货膨胀突然爆发了。

如果你判断一件事是上凸下凹的性质，或不是你的义务，你就应该能躲就躲。

第二种非线性，是上凹下凸的曲线，英文叫 convex。这是"反脆弱"的曲线。人的很多技能就是反脆弱曲线，比如说相声。

说相声

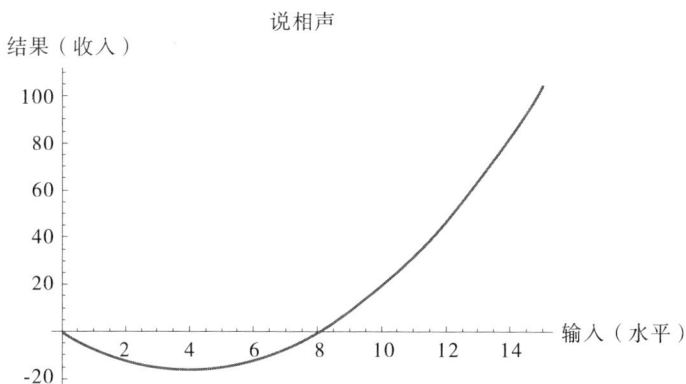

图8-7

想靠说相声挣钱是不太容易的。一开始学艺纯粹是花时间受罪，根本上不了台，账面收益是负的。但你的损失将是有限的。你不可能学相声不成还学出一身伤病来，说相声没有生命危险。但是只要达到演出水准，你就可以挣钱了。而且这是一条边际效应递增的曲线！随着水平的进步，你的收入是上不封顶的。说相声是个能出明星的领域，如果你说得比郭德纲还好，你的市场将是全国性的，你会挣很多很多钱。

下行风险有限，上行空间不封顶，像这样的事儿，如果有机会，你应该主动参与。这是我们想拿看涨期权的地方。

塔勒布把这个上凹下凸曲线称为"哲人石（philosopher's stone）"。以前鼓捣炼金术的学者，包括牛顿在内，有个传说。说为什么把普通金属变成黄金这件事儿总干不成呢？是因为缺少一个关键配料，也就是哲人石。事实上《哈利·波特与魔法石》的英国版本来就叫*Harry Potter and the Philosopher's Stone*——哲人的石头；美国版才叫*Harry Potter and the Sorcerer's Stone*——变成了魔法师的石头。反正这个意思是找到上凹下凸的曲线，你就找到了能炼金的魔法石。

总而言之，边际效应递减的东西是脆弱的，我们应该小心；边际效应递增的东西是反脆弱的，是你想要的。

2. 琴生不等式

那应该如何应对脆弱和反脆弱的局面呢？

一切问题都是数学问题。要知道怎么具体应对这两种非线性，我们就需要了解这两种非线性函数的一个数学性质，叫作"琴生不等式（Jensen's inequality）"，这个名字来自丹麦数学家约翰·琴生（Johan Jensen）。

用我们这一节的语言，琴生不等式相当于说，对于脆弱曲线，函数的平均值小于平均值的函数；对于反脆弱曲线，函数的平均值大于平均值的函数。

这个道理是说，对于脆弱的东西，你希望把输入弄得均匀一点，因为"平均值的函数"比较温和；而对于反脆弱的东西，你希望把它的输入弄得极端一点，因为先取"函数"获利最多。

这就是说，对脆弱的东西，我们要把它分散开。我们还是以喝酒为例。一天喝五瓶白酒你就进急诊室了，但是如果你每天喝一小杯，两个月喝完，你就不会有任何问题。

还有个案例，传说有个国王的儿子做了坏事，国王要惩罚他，下令用一块巨石砸他。手下人一看，也不能真把王子砸死啊，可又不能违反国王的命令，那怎么办呢？于是他们把这块巨石弄碎，分成若干块小石头，把小石头挨个砸在王子的身上——王子当然没事。脆弱害怕的是极端，在脆弱曲线上多走远一点点，损失就可能大很多。

再比如说城市交通。如果总共有20万辆车要上路，你希望它们分布得均衡一点，最好第一小时上10万辆，第二小时再上10万辆。而如果第一个小时上9万辆，第二个小时上11万辆，那第一个小时并不会降低多少通行时间，而第二个小时就有可能发生堵车。这是因为到了一定的临界值，堵车的下行风险会不成比例地增加。

为啥做项目只听说过延期没听说过提前完成的呢？因为项目是脆弱的，意外情况只会让它更麻烦。但简单的项目就不容易延期，为啥呢？因为你可以把它分散开。比如修路就是简单项目，你可以把路分成若干段，每个工程队负责一段，哪里有意外状况不会影响到其他地方。可是像修桥，特别是像软件工程这种复杂项目就不一样了，你没法分段，那就特别脆弱。

脆弱的，你就要让它均匀。

3. 酒要少吃，事要多知

单田芳评书中有一句话叫"酒要少吃，事要多知"，说喝酒要每次少喝点，但是了解知识呢，你多了解一些没有坏处。为什么呢？因为知识是个反脆弱的东西。

你不希望反脆弱的东西均匀分布。比如我是个网络小说爱好者，我时间有限，每天只能追三部小说。起点中文网可能有几万个作者，我希望他们的才华最好都集中在我追的那三个作者身上。我对提高全中国人民的踢足球水平不感兴趣，我们只需要大约两千个职业球员和几十个球星。当然，为了出球星，你必须广撒网去找，你需要巨大的足球人口。但是，你不希望他们的才华平均分布。你喜欢极端。

塔勒布在《随机生存的智慧：黑天鹅语录》[4]这本书中有句话说：

> 一百个人里面，50%的财富，90%的想象力，和100%的智识勇气，都会集中在某一个人身上——不一定是同一个人。

我们观察这个世界，那些分布不均匀的东西，也许它就有集中的好处。也许之所以集中，就是因为那是一个反脆弱的东西。

为什么市场经济中的财富常常集中在少数人手里呢？因为钱能生钱，钱越多就越容易增长。为什么总是少数公司特别能创新，多数公司都平庸呢？因为创新能力也有集中优势。你不希望每个城市都有个创新公司，每个公司都有个牛人，你希望发挥牛人的聚集效应。在反脆弱曲线上多走远一点点，收获就会大很多。

我们说广撒网有利于发现机会，但撒网只是第一步。发现好的方向，你得让它成长才行，否则你无法收割利润。学习是个反脆弱的过程，你得保持开放的态度，什么都愿意了解，但是你不想给每个领域平均分配学习时间。把大部分时间用于一本特别难的书，你才能有巨大的收获。你需要大胆地开始，无情地放弃。

塔勒布据此提出"杠铃原则"：大部分资源用在最低风险的东西上，少量资源用于追逐最高的风险。如果健身是反脆弱的，我们就应该时而放松，时而猛练；如果健康饮食是反脆弱的，我们就应该时而节食好几天，时而大吃一顿。

下面这张图[5]能帮助你记忆这两种非线性曲线：上凹下凸曲线就好像是一个笑脸，是我们喜欢的；上凸下凹曲线是一个不高兴的表情，是容易出问题的。

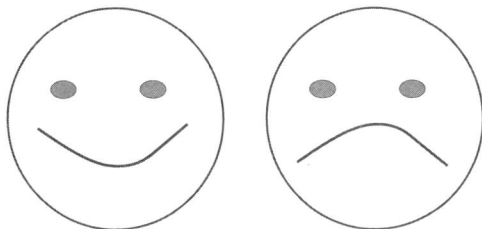

图8-8

这个心法是在生活中寻找这两种曲线。你需要思考，增加一点点投入，它的输出是边际效应递减，还是边际效应递增的？它的风险和利益是怎样的一种不对称性呢？

现在和未来哪个更重要

这章的主题并不是研究期权本身，而是研究怎么在不确定性的世界中把握机会和管理风险。像"不确定性""机会"和"风险"这些词，普通人提起来都是泛泛而谈，说的可能都是一些主观感觉，而我们需要一个理性的、可量化的、可操作的框架。

金融理论就提供了这个框架。首先金融产品是有价的，好就是赚钱，坏就是赔钱，非常可测量。其次，金融市场中的不确定性跟真实世界的不确定性没有本质区别，可以说金融市场反映了真实世界的不确定性。更好的是，这么多年以来，人们在金融市场里，已经把操练不确定性的各种手段都给折腾明白了。现在的问题仅仅是人们并没有意识到，像期权这种东西，并不仅仅属于金融市场，这些手段可以类比到其他领域的风险操作。

经济学家泰勒·科文有本书[6]，以经济学的视角分析人类社会未来的走向。科文使用了"贴现率"这个工具，分析我们应该如何面对可持续发展和环保之类的问题。我读了这本书感觉意思不大，但是科文的博客有个读者，署名"CK"，是个证券交易员，给科文写了一篇读后感[7]。CK提出了一个原创的观点，说我们应该用**期权**来衡量人类文明的价值。

　　CK这个分析相当于一个用期权理解未来问题的框架。人类文明的命运是个虚无缥缈的问题，但是期权思维，可以帮我们看清楚应该如何在现在和未来之间做取舍。

　　现在和未来之间的取舍，或者说"现实"和"梦想"，"眼前的苟且"和"诗和远方"，是人生中最重要的两难问题。有时候我们说要"活在当下""过好每一天""花开堪折直须折"，有时候又说要"面向未来"。有时候说要"不计一城一池之得失"，有时候又说要"寸土不让"。那到底该怎么办呢？

　　如果你永远只顾眼前而不为未来打算，你就肯定走不远；但是你也不可能永远只投资不要回报，或者只学习不工作。这个"度"，到底应该怎么把握呢？期权就是专门操作这个"度"的。

　　我们设想，一个看涨期权允许你以一个固定的履约价格，在未来某个日期，买入一只股票。那么落实到"现在与未来"这个情境，就是：

　　　　这只股票当前的价格，代表"现在"；
　　　　期权规定的履约价格，代表未来的愿景；
　　　　期权本身的价格，代表当前市场对未来愿景的看好程度。

　　如果期权的价格很低，就代表你认为未来那个愿景不太可能实现；如果期权的价格很高，你就很看好未来。那什么叫高，什么叫低呢？一只100元股票的期权是2元，一只10元股票的期权是1元，你能说100元那个股票的期权价格更高吗？交易员使用一个更科学的衡量指标，叫作delta值（对冲值）。

　　一个期权的对冲值，代表当前股价每变动1元的情况下，期权价格变动多少。

比如我们考虑一个当前股价是100元，履约价格是120元，到期时间是6个月之后，目前价格是10元的看涨期权。如果今天股价涨到了102元，那就说明它距离120元的目标更近了，这个看涨期权的价格也应该涨一点，比如涨到了10.1元——那么这个期权的对冲值，就是0.1/2=0.05。

股票当前价格代表现在，期权价格代表未来，所以对冲值，就代表相对于未来来说，现在到底有多重要。

买看涨期权的对冲值，总是在0和+1之间。对冲值的大小，就告诉了你怎么在现在和未来之间取舍。如果delta接近于0，那就表示期权的价格对当前股价非常不敏感，就是说当我们考虑未来的时候，现在并不重要。如果对冲值接近于1，就表示期权价格的变动跟当前股价几乎是一样的，就是说现在很重要。

请注意，对冲值并不是一个股票市场特有的、人为制造的东西！对任何一种不确定的未来场景，你都可以定义一个对冲值，它的规律将是一样的——股票市场只是最方便地展现了对冲值的规律而已。

通过考察对冲值的变动规律，我们就能知道现在和未来在各种情况下的取舍。

我们考虑三种情况。

1. 宁欺白须公，莫欺少年穷

如果一个期权的到期时间距离现在还很远，它的履约价格比现在高很多，那么对冲值就会很小。这时候投资者关注的是长远的表现，并不在乎近期的股价波动。

用占卜的语言来说，这是一个志存高远的"卦象"。这就好比一个刚出校门的年轻人，找了个像是实习一样的工作。他当前的收入很低，但他想的是好好学本领。他认为自己将来必定会有很高的收入。他根本不在乎现在一个月挣多少钱。

如果他突然有一天决定辞职考研，整整一年没收入，你会降低对他的预期吗？不会的。如果念研究生能增加他的竞争力，那就意味着他向上波动的可能性加大了，他的期权价值不但不会降低，反而还会提高。

对冲值小，所以当前股价波动不重要，这就叫"不计一城一池之得失"。在这种情况下我们关注的是未来。我们做事不是为了立即改善现状，而是为未来做准备。

反过来说，如果这个期权的履约价格跟当前股价差不多，那就说明这个人对未来没有什么特别高的愿景，现在这个收入水平就是他能想象的最好局面。那我们可以想见，他会非常在意当前的收入变化——而事实上，这时候的对冲值的确很高。

还有一种情况是期权到期时间还早，可是当前股价表现大大超过预期，已经超过了期权的履约价格。比如你买了个100元的看涨期权，可当前股价已经是120元了，这时候这个期权会很值钱，但是，它的价格变动也会和当前股价一致，对冲值非常接近于1。这是因为期权作为一个投机或者保险的价值已经不大，拿期权跟拿股票差不多。对应到生活上，就是如果你现在的收入已经超过了你设想的未来愿景，你当然会很珍惜眼前的局面。

而如果一个期权快要到期了，只要它还有价值，就说明当前股价已经超过或者非常接近履约价格——这时候的对冲值总是接近于1。这个卦象代表一个快要退休的人，他只能关注现在。当然这里说的只是工资收入这一项，他完全可以在退休后去干另一个事业，重新开一局期权。

总而言之，从当前股价、履约价格和到期时间来看，就是如果你的时间还早，而且志存高远，你就不用在乎现在，应该只关心未来；而如果你的未来愿景没那么大，或者时间已经快到了，你就会非常关注现在。

请注意我在这个论断里对"而且"和"或者"这两个词的使用是精准的。《儒林外史》里有句广东话，叫"宁欺白须公，莫欺少年穷。终须有日龙穿凤，唔信一世裤穿窿"，说的就是 对冲——对老头你可以只跟他聊现在，但是千万别看不起那些志存高远的年轻人。

2. 变革中的人

对冲值的大小还跟股票的波动性有很大关系：波动性越大，对冲值就越小。这完全符合逻辑。如果股价每天都波动很大，或者面临一个即将到来的大波动——比如公司即将发布财报——今天的股价是多少就没有太大意思。你既然选择了买期权，就是在赌未来的变动。

这个卦象相当于一个人搞了个创业，或者只身前往大城市闯荡，他的未来有无限的可能性。也许他本人有个很高的愿景，也许他只是想走一步看一步并没有什么计划。他根本左右不了自己的命运。

如果你看好他，你可以买他一个看涨期权；如果你不看好他，你可以买他一个看跌期权。但不论如何，那个对冲值的绝对值都是比较低的，因为他今天什么样真的不重要。

既然对冲值低，身处这样的变革局面，我们就应该积极面对未来。做一些能把自己往好的方向变革的事，比单纯改善现在的境遇有用得多。波动，要求你把握好方向。

3. 生逢乱世

前面说的那个波动，如果你应对得当的话，机遇还是可以大于风险的，最多也就是创业不成把本钱赔光，最起码还有个破产保护——要不怎么会有人专门买了你的看涨期权呢？

但是有一种极端的情况，则是对称的风险，成败得失全都利益攸关。这就好比说一个人生逢乱世，或者出生在一个颠沛流离的家庭，连最起码的安全感都没有，那这时候应该怎么办呢？

如果用期权模拟这个极端的情况，相当于你既买了看涨期权，又卖了看跌期权。你没有对冲风险，你是在体验风险。股价上行，你就能赚到钱；股价下行，你就一定跟着赔钱——而且输赢在很大范围内都不保底！

数学上可以证明这个组合的总对冲值=1，也就是说你相当于持有了股票。你应该只在乎现在，完全不考虑什么未来。

我们想想，这是不是很多贫困家庭孩子的行为模式？今朝有酒今朝醉，能享乐要及时享乐，因为明天什么都可能发生。

《指导生活的算法》这本书中讲到了探索和收获的取舍，年轻人应该积极探索未知事物——要不要尝试新的餐馆，要不要结交新的朋友——老年人就可以好好享受探索的成果。而本节的话题更沉重，但是也更重要。

现在重要还是未来重要？你得考虑自己现在是什么水平（当前股价）、对未来的愿景（履约价格）、未来距离现在有多远（到期时间）、是不是赶上了大变革阶段（可能向上的波动性），以及是不是生逢乱世（波动的对称性）——期权思维能帮你想明白这个问题。

免费畅听"精英日课"精选内容
帮你和全球精英大脑同步

后记

单独问某一件事怎么做，你只能说尽力做好，并且期待有一个好结果。但是平等地对待所有事情，恰恰是对那些关键事情的不公平。

糊涂的人盲目行事，出了结果才一惊一乍。

聪明人知道结果是对行为的回报，讲究所谓的"因上努力，果上随缘"。

而如果能考虑到"系统"，你就知道，有些事情应该忽略，有些事情应该例行公事地对付，有些事情应该拆成小份降低影响，有些事情却应该孤注一掷式地全力以赴。看似平淡的小事之中，可能会有关键操作；看似惊天动地的大事，可能不过是可控的波动。你要在意的，不是某一件事的目标和结果，而是你对这一系列事情的统筹安排够不够好，决策力够不够强，你的系统是否合理地容纳了好事和坏事，机遇和风险。

这就是"凡夫畏果，菩萨畏因，佛畏系统"。

古人云：君子对青天而惧，闻雷霆而不惊；履平地而恐，涉风波不疑。我最在意的事情，别人根本不知道应该在意；别人很在意的事情，对我来说已经无须在意。我在看似平淡的时刻小心布局，就可以把任何波动纳入囊中。这就是有系统思维、善于决策的人该有的气质。

系统是一个连续变化的东西，可以是一个技能、一项修行、一份事业，或者一段关系。每个反馈、每个动作都是系统的输入和输出，每件事的成败都是系统的自然涨落。真正决定胜利的，既不是一件事行不行，也不是一个人行不行，而是你的系统行不行。系统行，事情自有成长的动力；系统行，好运气会主动来找你。

发展你的系统，完善你的系统，优化你的系统，让你的系统成长壮大起来。做个"有系统"的人，做个会决策的人。

注释

第一章

1. James H. Austin, *Chase, Chance, and Creativity: The Lucky Art of Novelty*, 2003.

2. 见 Dean K. Simonton 关于 creative productivity 的系列研究；另见 [美] 亚当·格兰特：《离经叛道：不按常理出牌的人如何改变世界》，王璐译，浙江大学出版社 2016 年版。

3. Olga Khazan, *Weird: The Power of Being an Outsider in an Insider World*, 2020.

4. Scott Adams, *How to Fail at Almost Everything and Still Win Big: Kind of the Story of My Life*, 2013.

5. 出自和菜头公众号"槽边往事"。

6. Keith Smith, *The Top 10 Distinctions Between Millionaires and the Middle Class*, 2007.

7. Scott A. Shane, Failure Is a Constant in Entrepreneurship, http://boss.blogs.nytimes.com, Jul.15, 2009.

8. Cameron Anderson, Daron L. Sharps, Christopher J. Soto, and Oliver P. John, People with disagreeable personalities(selfish, combative, and manipulative) do not have an advantage in pursuing power at work, *PNAS*, Sep.15, 2020.

9. 中文版见 [美] 弗兰克·奈特，《风险、不确定性与利润》，郭武军、刘亮译，华夏出版社 2011 年版。

10. 关于"公司为什么存在"的理论发展总结，可参考向松祚，《新经济学》第二卷，新经济学范式，中信出版社 2020 年版。

11. 张维迎：《市场的逻辑 (第三版)》，西北大学出版社 2019 年版。

12. Frank H. Knight, The Ethics of Competition, 1997, 原文是"... life is at bottom an exploration in the field of values, an attempt to discover values,

rather than on the basis of knowledge of them to produce and enjoy them to the greatest possible extent."

13. 中文版见 [美] 特伦斯 · 谢诺夫斯基 :《深度学习 : 智能时代的核心驱动力量》, 姜悦兵译, 中信出版社 2019 年版。

14. Morgan Housel, *The Psychology of Money: Timeless Lessons on Wealth, Greed, and Happiness*, 2020.

15. 参见本书《怎样增加优异数》一节。

16. Rex E. Jung et al., Quantity Yields Quality When It Comes to Creativity: A Brain and Behavioral Test of the Equal-odds Rule, *Frontiers in Psychology*, Jul.2015.

第二章

1. 图片来自 justin-hart.medium.com。

2. [美] 徐一鸿 :《可畏的对称》, 张礼译, 清华大学出版社 2013 年版。

3. 张宏杰 :《简读中国史世界史坐标下的中国》, 岳麓书社 2019 年版。

4. 金克木 :《书读完了》, 上海文艺出版社 2017 年版。

5. 本文有关修炼的比喻, 取材于八宝饭的网络小说《道长去哪了》。

6. Daniel Russell, *The Joy of Search: A Google Insider's Guide to Going Beyond the Basics*, 2019.

7. 李泽厚 : 哲学家只提供视角,《新民周刊》2005 年 10 月 5 日。注意文中 "钱钟书" 这个写法不太规范。据我所知 "钱锺书" 的这个 "锺" 字是简化汉字中专门为钱锺书先生而保留的。

8. Steven Kotler, *The Art of Impossible: A Peak Performance Primer*, 2021. 中文版见 [美] 史蒂芬 · 科特勒 :《跨越不可能 : 如何完成高且有难度的目标》, 李心怡译, 中信出版社 2021 年版。

9. Mihaly Csikszentmihalyi, *Flow: The Psychology of Optimal Experience*, 1990. 中文版见 [美] 米哈里 · 契克森米哈赖 :《心流 : 最优体验心理学》, 张定绮译, 中信出版社 2017 年版。

10. Edward Slingerland, *Trying not to Try: The Art and Science of Spontaneity*, 2014. 中文版见 [美] 森舸澜 :《无为 : 当现代科学遇上中国智慧》, 史国强译, 现代出版社 2018 年版。

11. [美] 丹尼尔 · 卡尼曼 :《思考, 快与慢》, 胡晓姣、李爱民、何梦莹译, 中信出版社 2012 年版。

12. 图片来自 https://www.diygenius.com/hacking-the-flow-state/, 编者译。

13. Srinivas Rao, *An Audience of One: Reclaiming Creativity for Its Own Sake*, 2018.

14. Brad Stulberg and Steve Magness, *The Passion Paradox: A Guide to Going All In, Finding Success, and Discovering the Benefits of an Unbalanced Life*, 2019.

15. Robert Wright, *Why Buddhism is True: The Science and Philosophy of Meditation and Enlightenment*, 2017. 中文版见 [美] 罗伯特·赖特：《洞见：从科学到哲学，打开人类认知的真相》，宋伟译，北京联合出版公司 2020 年版。

16. Emma Young, Memory Complaints Are More Common Among Older Adults With Particular Personality Traits, *BPS Research Digest*, May 20,2020.

17. Christian Jarrett, How to foster 'shoshin', *Psyche*, May 17, 2020.

18. Matthew Fisher and Frank C. Keil, The Curse of Expertise: When More Knowledge Leads to Miscalibrated Explanatory Insight, *Cognitive Science*, Volume40, Issue5, Jul. 2016.

19. Shunryu Suzuki, *Zen Mind, Beginner's Mind:Informal Talks on Zen Meditation and Practice*, 1973. 中文版见 [日] 铃木俊隆：《禅者的初心》，梁永安译，海南出版社 2010 年版。

20. Kevin Ashton, *How to Fly a Horse: The Secret History of Creation, Invention, and Discovery*, 2015. 中文版见 [美] 凯文·阿什顿：《被误读的创新：关于人类探索、发现与创造的真相》，玉叶译，中信出版社 2017 年版。

第三章

1. Jennifer Breheny Wallace, Even the small stresses of daily life can hurt your health, but attitude can make a difference, *Washington Post*, Mar.3, 2018.

2. [美] 塞德希尔·穆来纳森，埃尔德·沙菲尔：《稀缺：我们是如何陷入贫穷和忙碌的》，魏薇、龙志勇译，浙江人民出版社 2014 年版。

3. P. Kaisari et al., Top-down guidance of attention to food cues is enhanced in individuals with overweight/obesity and predicts change in weight at one-year follow up, *International Journal of Obesity* , Nov. 2018.

4. [美] 纳西姆·尼古拉斯·塔勒布：《反脆弱：从不确定性中获益》，雨珂译，中信出版社 2014 年版。

5. 原话是 If you never miss a plane, you're spending too much time at the airport.

6. [美] 乔纳森·海特：《正义之心：为什么人们总是坚持"我对你错"》，舒明月、胡晓旭译，浙江人民出版社 2014 年版。

7. 此事详情见于 Meltdown: Why Our Systems Fail and What We Can Do About It, by Chris Clearfield and András Tilcsik, 2018.

8. Scott E. Page, *The Model Thinker: What You Need to Know to Make Data Work for You*, 2018. 中文版见 [美] 斯科特·佩奇：《模型思维》，贾拥民译，浙江人民

出版社2019版。

9. 这个定理叫作Perron-Frobenius定理。

10. Chip Heath, Dan Heath, *Switch: How to Change Things When Change Is Hard*, 2010. 中文版见[美]奇普·希思，丹·希思:《瞬变》，姜奕晖译，中信出版社 2014年版。中文版再版更名为《行为设计学：零成本改变》。

11. David Dorsey, Positive Deviant, *Fast Company*,11-30-00.

12. Marcus Buckingham, Ashley Goodall, *Nine Lies About Work, A Freethinking Leader's Guide to the Real World*, 2019.

13. [美]基思 E·斯坦诺维奇:《超越智商：为什么聪明人会做蠢事》，张斌译，机械工业出版社2015年版。

14. [美]奇普·希思，丹·希思:《决断力：如何在生活与工作中做出更好的选择》，宝静雅译，中信出版社2014年版。

15. Chris Bradley, Martin Hirt, Sven Smit, *Strategy Beyond the Hockey Stick: People, Probabilities and Big Moves to Beat the Odds*, 2018.

16. Steven Johnson, *Farsighted: How We Make the Decisions That Matter the Most*, 2018. 中文版见[美]史蒂文·约翰逊:《远见：如何做出对未来有利的决策》，陈召强译，中信出版社2019年版。

17. [美]斯科特·佩奇:《多样性红利：工作与生活中最有价值的认知工具》，贾拥民译，浙江教育出版社2018年版。

18. [美]菲利普·E·泰特洛克:《狐狸与刺猬:专家的政治判断》，季乃礼译，中国人民大学出版社2013年版。

第四章

1. Joshua Rothman, The Art of Decision-Making, *New Yorker*, Jan.21, 2019.

2. Agnes Callard, *Aspiration: The Agency of Becoming*, 2018.

3. [以色列]尤瓦尔·赫拉利:《未来简史》，林俊宏译，中信出版社2017年版。

4. Todd Rose, Ogi Ogas, *Dark Horse: Achieving Success Through the Pursuit of Fulfillment*, 2018. 中文版见[美]托德·罗斯，奥吉·奥加斯:《成为黑马：在个性化时代获得成功的最佳方案》，陈友勋译，中信出版社2020年版。本文是这本书的中文版序。

5. Todd Rose, *The End of Average: How We Succeed in a World That Values Sameness*, 2015.

6. [加]大卫·爱泼斯坦:《成长的边界：超专业化时代为什么通才能成功》，范雪竹译，北京联合出版社2021年版。

7. Zena Hitz, *Lost in Thought: The Hidden Pleasures of an Intellectual Life*, 2020.

8. David Brooks, *The Second Mountain*, 2009. 中文版见[美]戴维·布鲁克斯:《第

二座山：为生命找到意义》，刘军译，中信出版社2020年版。

9. [美]乔治·R.R.马丁：《冰与火之歌》，谭光磊、屈畅、胡绍宴译，重庆出版社2013年版。

10. Claudia Wallis, Is 70 Really the New 60?, *Scientific American*, Jan.1,2021.

11. Susan Saunders and Annabel Streets, Happy ever after: 25 ways to live well into old age, *The Guardian*, May.26, 2019.

12. Emma Young, Here's How Our Personality Changes As We Age, *BPS Research Digest*, Jun.30, 2020.

13. 桑兵：《学术江湖：晚清民国的学人与学风》，广西师范大学出版社2017年版。

14. David P. Barash, Over Time, Buddhism and Science Agree, *Nautilus*, Dec.23, 2020.

第五章

1. Joseph Henrich, *The WEIRDest People in the World: How the West Became Psychologically Peculiar and Particularly Prosperous*, 2020.

2. 张宏杰：《中国国民性演变史》，岳麓书社2020年版。

3. Morgan Housel, *The Psychology of Money: Timeless Lessons on Wealth, Greed, and Happiness*, 2020.

4. Arnold Kling, *Specialization and Trade: A Reintroduction to Economics*, 2016.

5. Ben S.Bernake, *Essays on the Great Depression*, 2004. 中文版见[美]伯南克：《大萧条》，宋芳秀译，东北财经大学出版社2007年版。

6. [德]黑格尔：《历史哲学》，王造时译，上海书店出版社2006年版。

7. 李录：《文明、现代化、价值投资与中国》，中信出版社2020年版。

8. 芒格名言：要想得到你想要的某样东西，最可靠的办法是让自己配得上它。

9. 原本第4版中文版见[美]本杰明·格雷厄姆：《聪明的投资者》，王忠华、黄一义译，人民邮电出版社2011年版。

10. 原则是投入年能力收入的20倍以上才值得，这个计算是这样的。如果你有2000万元，自己什么都不做，直接买点指数基金和债券什么的，也能有5%的收益，也就是每年100万。如果你非得自己折腾投资，我们假设你虽然不是巴菲特但也表现良好，你大概可以拿到10%的收益，每年多赚100万，才是值得的。

11. 这个效应的意思是"自证预言"：因为你说了它会好，它果然就会变好——它受到了你的影响。

12. [美]瑞·达利欧：《原则》，刘波、綦相译，中信出版社2018年版。

13. Kelly Clancy, Survival of the Friendliest: It's Time to Give the Violent Metaphors of Evolution a Break, *Nautilus*, Aug.22, 2019.

14. [英]赫胥黎:《进化论与伦理学》,宋启林译,北京大学出版社2010年版。

15. [美]贾雷德·戴蒙德:《枪炮、病菌与钢铁》,谢延光译,上海译文出版社2006年版。

16. [美]贾雷德·戴蒙德:《第三种猩猩:人类的身世与未来》,王道还译,上海译文出版社2016年版。

17. Malcolm Gladwell, *Talking to Strangers*, 2019.

18. Hugo Mercier, *Not Born Yesterday: The Science of Who We Trust and What We Believe*, 2020.

19. Alfie Kohn, *Punished By Rewards: The Trouble with Gold Stars, Incentive Plans, A's, Praise, and other Bribes*, 1993. 中文版见[美]艾尔菲·科恩:《奖励的恶果》,冯杨译,山西人民出版社2016年版。

20. [以色列]尤瓦尔·赫拉利:《人类简史:从动物到上帝》,林俊宏译,中信出版社2014年版。

21. Ian Parker, The Really Big Picture, *The New Yorker*, Feb.17&24,2020.

22. [以色列]尤瓦尔·赫拉利:《今日简史:人类命运大议题》,林俊宏译,中信出版社2018年版。

23. Roger Martin: The Paradox of Think Tank Innovation, Keynote, CIGI 10th anniversary conference, Sep. 2011. https://www.youtube.com/watch?v=lwpqewOxclk.

24. How Landfills Work, https://scdhec.gov/environment/your-land/landfills-overview/how-landfills-work.

25. 这篇文章里有对各种垃圾处理技术的资料整理:https://medium.com/@robertwiblin/what-you-think-about-landfill-and-recycling-is-probably- totally-wrong-3a6cf57049ce。

26. [美]史蒂芬·平克:《风格感觉:21世纪写作指南》,王烁、王佩译,机械工业出版社2018年版。

27. Marcus Buckingham and Ashley Goodall, The Feedback Fallacy, *Harvard Business Review*, March-April, 2019.

第六章

1. 图片来自维基百科。

2. Eugenia Cheng, *The Art of Logic in an Illogical World*, 2018.

3. 其实如果我们对"或者"的定义是非排斥性的,那最后一个"或者"就不必说,直接说"小张或者不是青年,或者不是女性"就可以了。

4. [加]乔丹·彼得森:《人生十二法则:现代人应对混乱生活的一剂良药》,史秀雄译,浙江人民出版社2019年版。

5. https://www.youtube.com/watch?v=aMcjxSThD54.

6. http://cpc.people.com.cn/n1/2018/0227/c69113-29837196.html.

7. https://www.snopes.com/fact-check/oracle-of-truth/.

第七章

1. Kunal K. Das, *The Quantum Rules: How the Laws of Physics Explain Love, Success, and Everyday Life*, 2013.

2. 参见本书中《不要被小事击垮》一节。

3. 英文为 Fourier Transform，也被译作"傅立叶变换"。

4. 这一小节的图片和主要例子来自 Aatish Bhatia, The Math Trick Behind MP3s, JPEGs, and Homer Simpson's Face, *Nautilus*, Jun.9,2019.

5. 图片来自 investopedia.com，编者译。

6. 图 7-7 和图 7-8 来自 Chris Wallace, Berkson's paradox Or, the danger of conditioning on a collider. https://observablehq.com/@cjwallace/berksons-paradox Dec5, 2019，图 7-8 中的灰色框是我画的。

7. J. D. Woodfine and D. A. Redelmeier, Berkson's paradox in medical care, *Journal of Internal Medicine*, Mar.16, 2015.

8. 可能出自"数据 seminar"，《什么是"伯克森悖论"，这种现象在生活中有什么影响？》，https://www.zhihu.com/question/317966300/answer/968386116，但原始出处已经不可考。

9. Peter, Being Good at Programming Competitions Correlates Negatively with Being Good on the Job, https://catonmat.net/programming-competitions-work-performance.

10. Erik Bernhardsson, Norvig's Claim that Programming Competitions Correlate Negatively with Being Good on the Job, erikbern.om, Apr.7, 2015.

11. 这位博主没有留下名字。他这篇博客文章在 https://putanumonit.com/2015/11/10/003-soccer1/ 后面几张关于印度和挪威人口的图也是他画的。"海德沙龙 · 翻译组"翻译了此文，在 http://headsalon.org/archives/6560.html。

12. 原句为 Insanity: doing the same thing over and over again and expecting different results.

13. https://www.theguardian.com/science/2005/jan/18/educationsgendergap.genderissues.

14. Albert-László Barabás, *The Formula: The Universal Laws of Success*, 2018. 中文版见 [匈牙利] 艾伯特-拉罗斯 · 巴拉巴西：《巴拉巴西成功定律》，贾韬、周涛、陈思雨译，天津科学技术出版社 2019 年版。

15. 图片来自维基百科，编者译。

16. 严格地说，计算量可以比阶乘更低一些。但是，已知TSP算法最坏情况下的时间复杂度随着城市数量的增多而成超多项式（可能是指数）级别增长。

17. 这个可互动的例子来自可汗学院，Computing>AP omputer Science Science Principles>Algorithms> Solving hard problems: Using heuristics, created by Pamela Fox.

18. Marcus, The Astronomical Math Behind UPS' New Tool to Deliver Packages Faster, *Wired*, Jun.13, 2013.

19. Erica Klarreich, Computer Scientists Take Road Less Traveled, *Quanta Magazine*, Jan.29, 2013.

20. https://www.douban.com/group/topic/44178861/.

21. Jeffrey Ely, Alexander Frankel and Emir Kamenica, Suspense and Surprise, *Journal of Political Economy*, Vol.123, No.1(Feb. 2015), pp.215-260.

22. Jeffrey Ely, Alexander Frankel and Emir Kamenica, The Economics of Suspense, *New York Times*, Apr.24, 2015.

23. How to Create Suspense(Ep.214), *Freakonomics*, Jul.29, 2015.

第八章

1. 晓露，一名跟队17年记者眼中的武磊：那年徐根宝花4万元把他带到崇明岛，上观新闻，2017-03-22。

2. [美]纳西姆·尼古拉斯·塔勒布：《反脆弱：从不确定中获益》，雨珂译，中信出版社2014年版。

3. 为什么我说这是一个"说不清"的变量呢？"布莱克—斯科尔斯"模型假定股价波动服从正态分布，可是凡是看过《黑天鹅》的人都知道，正态分布是个一厢情愿的设定。波动性到底有多大，只存在于交易员的直觉之中。

4. [美]纳西姆·尼古拉斯·塔勒布：《随机生存的智慧：黑天鹅语录》，严冬冬译，中信出版社2012年版。

5. 此图来自塔勒布。

6. Tyler Cowen, *Stubborn Attachments: A Vision for a Society of Free, Prosperous, and Responsible Individuals*, 2018.

7. CK, The option value of civilization, https://marginalrevolution.com/marginalrevolution/2019/01/option-value-civilization.html, Jun. 2019.

图书在版编目（CIP）数据

佛畏系统：用系统思维全面提升你的决策力 ／ 万维钢著 . —— 北京：新星出版社，
2022.5
ISBN 978-7-5133-4841-6

Ⅰ . ①佛… Ⅱ . ①万… Ⅲ . ①逻辑思维—通俗读物 Ⅳ . ① B804.1-49

中国版本图书馆 CIP 数据核字（2022）第 050227 号

佛畏系统：用系统思维全面提升你的决策力

万维钢　著

责任编辑： 白华召
策划编辑： 田　迅　张慧哲
营销编辑： 吴雨靖 wuyujing@luojilab.com
封面设计： 别境 Lab
责任印制： 李珊珊

出版发行： 新星出版社
出 版 人： 马汝军
社　　　址： 北京市西城区车公庄大街丙 3 号楼　100044
网　　　址： www.newstarpress.com
电　　　话： 010-88310888
传　　　真： 010-65270449
法律顾问： 北京市岳成律师事务所

读者服务： 400-0526000 service@luojilab.com
邮购地址： 北京市朝阳区华贸商务楼 20 号楼　100025

印　　　刷： 北京盛通印刷股份有限公司
开　　　本： 635mm×965mm　1/16
印　　　张： 23.5
字　　　数： 273 千字
版　　　次： 2022 年 5 月第一版　2022 年 5 月第一次印刷
书　　　号： ISBN 978-7-5133-4841-6
定　　　价： 69.00 元
